Mit Zahlen kann man spielen

SIEGFRIED MOSER

Mit Zahlen kann man spielen

Mathematische Denksportaufgaben
und Rechenkunststücke

SÜDWEST VERLAG · MÜNCHEN

ZEICHNUNGEN:
HANNES LIMMER

© 1973 by Südwest Verlag GmbH & Co. KG, München
Alle Rechte vorbehalten
ISBN 3 517 00414 6
Schutzumschlagentwurf: Manfred Metzger
mit Photos von Ota Richter
Gesamtherstellung: Waldheim-Eberle, Wien

Inhalt

Das ist doch ganz logisch

Da ist unter Freunden Rede hin und Rede her zu einem richtigen Streitgespräch. Schließlich fällt dem anderen nichts mehr ein. Was sagt er: »Das ist doch ganz logisch!« Damit meint er nun, daß alles, was er gesagt habe, sich richtig aufbaut nach den Gesetzen der Logik. Jeder der Gründe, die er für seine Meinung vorbrachte, werde durch das gestützt, was er vorher sagte:

Weil dies so ist, muß jenes auch so sein; oder weil etwas im Gegensatz zum anderen steht, kann das nächste, von dem er spricht, auch nur gegensätzlich sein; und so folgt eines auf das andere, Wirkung auf Ursache, Folge auf Voraussetzung, endlich ein allgemeiner Grundsatz auf viele Einzelheiten, aus denen er vielleicht abgeleitet werden kann, weil sie ihn zu beweisen scheinen.

Da müssen wir uns vorsehen, daß wir nicht überrollt werden mit seinem »Das ist doch ganz logisch!«. Es kann da irgendwo, von uns und unserem Freund noch nicht erkannt, ein Irrtum sein oder ein Trugschluß. Das ganze Gebäude seines Beweises steht vielleicht auf unsicherem Fundament und stürzt bei der ersten Entdeckung des Fehlers ruhmlos zusammen.

Wer hat nicht schon einmal einen solchen Zusammensturz eines Denkgebäudes miterlebt? Da ist man leicht bereit, sich selbst sehr vorzusehen. Man sagt sich, das soll mir nicht passieren, und man beginnt sich für »Argumentationen« zu interessieren, also für logischen Aufbau und Ablauf.

Der Schritt zu der Erkenntnis ist dann nicht weit, daß dieses berühmte »logische Denken« eine der wichtigsten Tätigkeiten im Leben ist, von der fast immer der Erfolg in allen Dingen abhängt. Man überlegt sich dann eine Sache »logisch« und sichert dadurch den erfolgreichen Ablauf einer Arbeit.

Man denkt, daß man dies zuerst braucht, nun ein weiteres angreift, dann erst kann man das dritte fertigstellen...

Wer wollte schon gern der Dumme sein, den man mit schönen Worten hereinlegt. Kann man aber alle Einzelheiten »logisch überprüfen«, so fällt einem bald auf, wo der Fehler steckt, oder gar, wie einen der andere hereinlegen will...

Wie vieles im Leben, so endet auch das »logische Feststellen« immer mit Zahlen, wird gelegentlich zum Rechnen und nimmt dann auch die für manche so furchterregende Form der Buchstabenrechnung an, die aber ohne irgendwelche Schwierigkeiten ist, wenn man sie als Hilfstruppe des logischen Denkens ansieht.

Was ist denn schon dabei, wenn man den Satz »Sind zwei Buben jeder ebensogroß wie ein dritter, so sind sie auch selbst beide gleich groß« ausdrückt durch $a = c$, $b = c$, also ist auch $a = b$! Das geht doch schneller und ist deutlicher, als wenn man Karl so groß wie Kurt, Konrad so groß wie Kurt, also Karl ebensogroß wie Konrad gesagt hätte.

Dieses Buch, man merkt es schon, zeigt, daß logisches Denken Spaß macht, unterhaltsam ist, schließlich auch ganz leicht zu handhaben sein wird, daß Rechnen und gar Mathematik nur Hilfestellung geben, wenn man die Dinge logisch erfassen kann.

Kurzum, mit Zahlen kann man spielen. In diesem Buch ist vieles spielerisch angelegt. Immer versucht der Verfasser, den Leser hereinzulegen. Er berichtet ausführlich von Dingen, die gar nicht wichtig sind oder die erst an zweiter Stelle kommen. Die eine Tatsache, aus der man alles erschließen kann, ist aber ganz unscheinbar gebracht, so spielerisch nebenbei.

Wie auch im Leben. Wenn uns einer hereinlegen will und uns einen Vorschlag macht, der großen Gewinn mit sich bringen soll, dann ist der Pferdefuß immer gut verborgen, und es ist unserer Aufmerksamkeit vorbehalten, den Trick bei der Sache, den logischen Fehler, zu entdecken und uns damit vor Verlust zu schützen.

Mit Zahlen kann man spielen, logisch denken ist vergnüglich, rechnen macht Spaß. Ziel solcher Vergnügung ist dieses Buch. Aber es macht die Sache auch nicht zu leicht. Die meisten Aufgaben verblüffen, und man denkt, daß man eigentlich nicht dahinterkommen kann. Nun sind zu jedem Kapitel »Lösungen« angegeben, und es juckt einen in den Fingern, dort nachzuschlagen und den leichten Weg zu gehen ... leichte Wege sind meist durchaus falsch.

Das beste ist immer, ein Blatt Papier zu nehmen, auf dem man sich alles aufzeichnet und aufschreibt. Ein Viereck ist das Gasthaus, im Kreis stehen die 60 Mark, welche die Gäste zusammen als Zeche zahlen, fünf können nicht bezahlen, also fünf Striche, dabei je 1 DM, die alle anderen für sie mitbezahlen, usw. Wir vergegenwärtigen uns die Aufgabe durch Zeichnen und Schreiben. Wir sehen genau auf das, was gefragt wird, denn nur diese Sache ist im Sinn der vorgetragenen Tatsachen von Wichtigkeit.

Bald merken wir, daß wir »weg sind von der langweiligen Mathematik«, wir überwinden den gefürchteten »Totpunkt« im Kapieren. Rechnen und Mathematik werden das, was sie wirklich sind: Hilfen und einfache Möglichkeiten, um Denkspiele auch ohne Probieren zu lösen.

Das Probieren ist in diesem Buch nie untersagt. Viele der Fälle sind ganz einfach zu lösen mit etwas Überlegen und dann Probieren aufgrund dieser Überlegungen, während das mathematische Auflösen zu komplizierten Gleichungen führt. Aber gerade das ist vernünftig: von der erfolg-reichen Lösung und der anregenden Unterhaltung aus auf neue Techniken zu blicken und sie sich mit spielerischer Leichtigkeit anzueignen.

Die einzelnen Fälle sind nicht sorgsam auf Schulmeisterart nach der Schwere geordnet, sondern gehen durcheinander. Man nimmt am besten den Bleistift, um die Dinge abzuhaken, »mit denen man schon fertig wurde«.

Jung und alt, die beide Freude an diesem Buch haben werden, stoßen sicher auf Rechnungsarten, die sie etwa in der Schule noch nicht hatten oder erfolgreich wieder vergessen haben. Im Kapitel »Allgemeine Lösungshilfen« werden diese Techniken kurz besprochen, so daß man begreift oder wieder hineinkommt. Doch: Nichts erzwingen wollen, im nächsten Jahr entdeckt man sicher den Reiz der Aufgaben, die heuer noch zu schwer schienen. Darum der Vorschlag, die »erledigten« Fälle abzuhaken.

Außer den Hilfen in den Lösungen und im letzten Kapitel bringt ein Anhang noch die Formeln, die man nicht unbedingt im Kopf haben muß, wie zum Beispiel jene für die Menge an Erde, die einer bei einem spitz geschürften Graben ausgräbt. Das Volumen dieser Erde entspricht einem Prisma, also einem Dreieckskörper mit der Spitze nach unten, und man findet derlei im Formelanhang, ebenso Kreis- und Kugelformeln usw. Auch die Quadratzahlen bis 50, damit man sich auch beim Wurzelziehen leichter tut.

Wäre noch etwas zu erwähnen? Ja, nämlich der Unfug, der in manchen der Fälle steckt. Man soll ruhig sagen: so was Blödes, oder: wenn ich der Gefangene wäre, hätte ich längst das Weite gesucht. Richtig, aber wie bei jedem Spiel gelten auch hier die Spielregeln. Mag die Voraussetzung oft auch noch so sonderbar sein — sie gilt, denn auch das gehört dazu, wenn man mit Zahlen spielen will ...

A. W.

Aufgaben, für die mathematisches Denken, aber kaum Rechnen erforderlich ist

I Ein Aufschneider erzählt: »Stellt euch vor, ich habe mein Glückslos Nummer 2324 verloren und später in einem Buch genau zwischen den Seiten 23 und 24 wiedergefunden.« Warum war er ein Aufschneider?

2 In einer Hauptschule sind 367 Schüler. Wer kann mit Bestimmtheit sagen, ob sich zwei darunter befinden, die am gleichen Tag Geburtstag haben?

3 12 Arbeiter haben 12 Säcke Kartoffeln vom Bahnhof auf den Markt zu bringen. Jeder Mann kann nur einen Sack tragen. Die 12 Mann brauchen dazu eine Stunde. In welcher Zeit werden 6 Arbeiter damit fertig?

4 Gewisse Bakterien vermehren sich so stark durch Spaltung, daß sich ihre Zahl in jeder Minute verdoppelt. In einer kleinen Schale haben sich Bakterien in 56 Minuten derart vermehrt, daß sie die Hälfte der Schale füllen. In wie vielen Minuten ist die Schale ganz voll?

5 Eine andere Art von Bakterien vermehrt sich in der Weise, daß am ersten Tag aus einem Bakterium zwei, am nächsten Tag aus zwei vier, am dritten Tag aus vier acht werden usw. Eines Tages ist die Schale, in der das erste Bakterium angesiedelt wurde, bis zum Rand voll. Wann wäre die Schale voll gewesen, wenn am ersten Tag nicht eine, sondern zwei Bakterien angesiedelt worden wären?

6 In drei verschiedenen Zelten liegen 12, 13 und 14 Soldaten. In der Nacht geht aus jedem Zelt einer auf die Latrine. In der Schlaftrunkenheit findet nicht jeder in sein Zelt zurück. Obwohl nun wieder 12, 13 und 14 Soldaten in den drei Zelten liegen, sind doch in keinem soviel wie ursprünglich. In wie vielen Zelten muß der Unteroffizier vom Dienst Nachschau halten, um genau zu wissen, wie viele Soldaten in den einzelnen Zelten liegen?

7 Eine Erbschaft aus vielen unterschiedlichen Wertgegenständen (z. B. Schmuck, Möbel, Kleider, Bilder u. a.) soll unter zwei Erben möglichst gleichmäßig und gerecht aufgeteilt werden, ohne einen Dritten als Schiedsrichter oder Helfer zu bemühen. Wie ist das ohne Streit zu lösen?

8 Acht Schüler treffen einander, jeder gibt jedem die Hand. Wie viele Händedrücke werden gewechselt?

9 Ein Bücherwurm braucht einen Tag, um eine 1 mm dicke Schicht Papier oder Pappe zu durchfressen. In einem Bücherregal steht ein zweibändiges Werk. Jedes Buch ist 4 cm dick, dazu kommen noch die Einbanddeckel, die je 2 mm dick sind. Wie lange dauert es, bis der Bücherwurm sich von der ersten Seite des ersten Bandes bis zur letzten Seite des zweiten Bandes durchgefressen hat?

10 Ein Vater und zwei Knaben wollen mit einem Kahn über den Fluß. Der alte Kahn trägt aber nur entweder den Vater oder höchstens die beiden Knaben. Wie kommen die drei ans andere Ufer?

II Der letzte Besitz eines Taugenichts ist eine goldene Kette mit sieben Gliedern. Für jedes Glied erhält er bei einem bestimmten Juwelier so viel

Geld, daß er eine Woche davon leben kann. Wie stellt er es an, daß er jede Woche ein Glied abliefert und doch nur dreimal je ein Glied aus der Kette herauslöst? Die Kette besteht aus lauter geschlossenen Gliedern.

12 Zwei Bände eines Werkes, der erste hat 700 Seiten, der zweite hat 500 Seiten, stehen in einer Bibliothek ordnungsgemäß nebeneinander. Wie viele bedruckte Seiten sind zwischen der ersten Seite des ersten Bandes und der ersten Seite des zweiten Bandes? 500 oder 700 Seiten?

13 In einem Eingeborenenkral lagen 4 Marterpfähle bereit, 3 rote und 1 weißer. Drei Gefangene wurden daran vorbeigeführt und ihnen anschließend die Augen verbunden. Als man ihnen die Binde wegnahm, war jeder an einem dieser Pfähle gebunden und so gestellt, daß er wohl die Pfähle der anderen, aber nicht seinen eigenen sehen konnte. Sie erhielten folgende Chance: Wer zuerst mit Sicherheit weiß, welche Farbe sein Marterpfahl hat, ruft seine Farbe und wird freigelassen. Nach kurzem Nachdenken rufen alle drei zugleich: »Mein Pfahl ist rot!« Welche Überlegung mußten sie anstellen?

14 Man zeigt uns eine Anzahl von Hohlkugeln. Es sind zwei Serien von je zehn Kugeln, bei denen jede Kugel in der nächst größeren Platz findet, so daß schließlich alle Kugeln einer Serie in der größten dieser Serie enthalten sind. Die eine Serie ist blank, und die kleinste Kugel wiegt 9 g. Jede weitere Kugel wiegt immer 9 g mehr als die vorhergehende. Bei der zweiten Serie sind die Kugeln gestrichen. Hier wiegt die kleinste Kugel 10 g, und jede weitere Kugel wiegt 10 g mehr als die vorhergehende, die größte Kugel also 100 g. Durch eine Unachtsamkeit ist irgendeine Kugel in die verkehrte Serie geraten. Wie kann man, ohne die große Kugel und die folgenden zu öffnen, feststellen, die wievielte Kugel vertauscht wurde?

15 Herr Braun, Herr Grün und Herr Schwarz sitzen an einem Tisch. Sie tragen eine braune, eine grüne und eine schwarze Krawatte, doch keiner die Farbe seines Namens. Der Mann mit der grünen Krawatte macht die anderen auf diesen Zufall aufmerksam. »Tatsächlich«, sagt Herr Braun. Welcher Herr trug welche Krawatte?

16 6 weiße und 6 rote Kugeln sind in 4 Schachteln zu je 3 Kugeln so verteilt, daß in keiner Schachtel nur solche von der gleichen Farbe liegen. Auf den Schachteldeckeln sind entsprechend dem Inhalt die Kugeln vermerkt (z. B.: WWR), aber alle Deckel sind so vertauscht, daß keine Aufschrift dem Inhalt entspricht. Welche zwei Schachteln müssen geöffnet werden, um zu erfahren, wie die Kugeln verteilt sind und wie die Deckel richtig aufgesetzt werden müssen?

17 In 3 gleichen Schachteln liegen je 2 Kugeln; in einer 2 weiße, in einer 2 rote und in einer 1 rote und 1 weiße. Die Deckel sind entsprechend dem Inhalt mit WW, RR und RW beschriftet, aber so vertauscht, daß kein Deckel auf der richtigen Schachtel sitzt. Aus welcher Schachtel muß man *eine* Kugel herausnehmen, ohne die zweite zu sehen, um zu erfahren, welche Kugeln in den einzelnen Schachteln sind?

18 In 2 Gläsern sind zwei verschiedene Weine, und zwar in dem einen 4 Löffel Rotwein, im anderen 4 Löffel Weißwein. Man gibt 1 Teelöffel voll Rotwein in den weißen und dann vom Gemisch 1 Teelöffel in den Rotwein. Ist nun mehr Rotwein in dem weißen oder mehr Weißwein im roten Wein?

19 Zwei Jäger sind auf Bärenjagd. Vom Jagdlager aus gehen sie gemeinsam genau eine Stunde lang nach Süden, ohne eine Beute auch nur zu sehen. Nun trennen sie sich. Der eine geht nach Westen, der andere nach Osten. Nach drei Stunden kommt jedem ein Bär vor die Flinte. Beide schießen, beide treffen. Sie gehen zu ihrer Beute und müssen feststellen, daß sie denselben Bären erlegt haben. Wo war die Jagd, und welche Farbe hatte der Bär?

20 Ein Amerikaner, der die Pyramiden in Ägypten besichtigte, hörte, wie zwei Kameltreiber stritten und jeder behauptete, daß sein Kamel das schnellste sei. Um den Streit zu beenden, stellte er folgende Aufgabe: »Reitet um die Pyramiden, so schnell ihr könnt, und wer zuletzt ankommt, erhält eine Belohnung.« Beide Kameltreiber sahen sich ratlos an. Ein Scheich, der die Aufgabe mit anhörte, gab beiden Kameltreibern heimlich einen Rat. Beide bestiegen daraufhin die Kamele, schlugen auf sie ein und rasten um die Pyramiden, so schnell sie konnten. Welchen Rat hatte der Scheich den beiden Treibern gegeben?

21 In einem dunklen Zimmer stehen 2 weiße und 3 rote Hüte. Drei Männer werden mit verbundenen Augen hineingeführt, jeder von ihnen setzt einen Hut auf. Wieder ins Licht zurückgekehrt und die Binde abgenommen, sagt man ihnen: »Wer zuerst weiß, welchen Hut er aufhat, darf ihn behalten.« Da der Hut nicht abgenommen werden durfte, sah jeder nur die Hüte der anderen. Es haben zwei einen roten und einer einen weißen Hut auf. Derjenige, der einen weißen und einen roten Hut sieht, sagt nach kurzer Überlegung: »Ich habe einen roten Hut auf.« Durch welche Überlegung konnte er das mit Bestimmtheit sagen?

22 Eine Torte trägt die Inschrift »Oskars Geburtstag«, von der jedes Wort die Hälfte der Oberseite einnimmt. Sie soll durch 2 Schnitte in 4 Teile geteilt werden, doch dürfen die beiden Wörter nicht zerschnitten, wohl aber getrennt werden.

23 Zwei gleich große Tassen sind je zur Hälfte gefüllt, die eine mit schwarzem Kaffee, die andere mit Milch. Man gießt die Hälfte der Milch in

die Kaffeetasse und von dem Kaffeegemisch so viel in die Milchtasse, daß in beiden Tassen wieder gleich viel Flüssigkeit ist. Ist nun in der Milchtasse mehr Kaffee als in der Kaffeetasse Milch oder umgekehrt?

24 Eine Torte soll durch 3 Schnitte in 8 Teile geschnitten werden. Dabei darf die Torte weder in Schichten geschnitten, noch dürfen Teile der Torte aufeinandergelegt werden.

25 12 Würfel wurden sorgsam zu einem Turm übereinandergestellt. Der oberste Würfel steht auf der Seite mit den 3 Augen. Wie viele Augen der 12 Würfel sind nun insgesamt verdeckt?

26 Zeichne auf einen Karton in gleichem Abstand nebeneinander 12 parallele, gleichlange und gerade Striche. Sie bilden zusammen ein Rechteck. Schneide dieses Rechteck genau einer Diagonale entlang auseinander. Verschiebe nun eine Hälfte des Rechteckes entlang der Diagonale um einen Teilstrich so, daß nur noch 11 Striche vorhanden sind. Wohin ist der 12. Strich verschwunden?

27 Für eine Preisfrage einer Zeitschrift sollten 4 verschiedenen historischen Männermoden 4 entsprechende Damenmoden zugeordnet werden. Viele Einsendungen waren völlig richtig, weil alle vier Paare ohne Fehler zusammengestellt wurden. Etwa ein Viertel der Antworten hatten nur ein Paar richtig. Nicht ganz die Hälfte der Einsender stellten zwei Paare richtig zusammen, und viele waren ganz falsch. Aber warum hatte niemand drei Paare richtig zusammengestellt?

28 Wo trainierten die Radfahrer? Jeder fuhr vor seinen Kameraden, jeder fuhr hinter seinen Kameraden, und jeder fuhr zwischen seinen Kameraden.

29 Im Parlament einer Demokratie sind zwei Parteien vertreten, die Agrarpartei und die Fortschrittspartei. Ein Abgeordneter der ersteren, die die Mehrheit besitzt, wechselt zur Fortschrittspartei über. Ein Parlamentssprecher betont: »Damit schrumpft die Mehrheit der Agrarpartei von 12 auf 11 Sitze.« Welchen Fehler beging der Sprecher?

30 Der Kern eines Fichtenstammes ist ein dünner Markstreifen, der sich genau im Mittelpunkt der Querschnittsfläche vom unteren Stammende bis zum dünnen Ende hinzieht. Im Sägewerk wird nun der Stamm genau in der Mitte in Längsrichtung aufgeschnitten. Auf welchem der beiden Halbstämme ist nun der größte Teil des Kerns?

31 In einem Karo-Stoffmuster werden die vier Farben Rot, Gelb, Braun und Weiß in gleich großen Quadraten verwendet. Wie müssen die Farben in einem Quadrat mit 16 Karos verteilt werden, damit weder in einer Zeile oder Spalte noch in einer Diagonale eine Farbe doppelt erscheint?

32 Die 48 Felder des folgenden Quadrats sind so in 4 deckungsgleiche Flächen zu teilen, daß in jedem Teil die Zahlen von 1 bis 7 und 5 leere Felder vorkommen. Die Trennungslinien der deckungsgleichen Flächen laufen entlang der Felder.

		1	3	5		
	7	1	3	5	7	
	2	2			2	2
4	4				4	4
6	6	1		6	6	
	7	1	3	5	7	
		3	5			

33 Die 36 Felder des folgenden Quadrats sind so in 4 deckungsgleiche Flächen zu teilen, daß in jeder

Fläche die Ziffern von 1 bis 9 einmal erscheinen. Die Trennungslinien laufen entlang der kleinen Quadrate.

5	5	2	9	8	6
8	7	2	4	7	6
9	1	1	4	1	1
3	3	2	3	3	9
6	7	2	4	7	8
6	8	9	4	5	5

34 Im Hotel werden Schuhe paarweise vor die Tür zum Putzen gestellt. Das Mädchen, das die Arbeit verrichtet, wird gefragt, wie viele Schuhe zu putzen sind. Es sagt: »Wenn man die Schuhe zu Paaren zusammenstellt, so passen entweder nur ein Paar oder alle Paare zusammen.« Wie viele Schuhe sind es?

35 In einer Hobelmaschine lassen sich gleichzeitig drei quadratische Balken einseitig hobeln. Es sollen 4 Balken dreiseitig gehobelt werden. Ist dies in weniger als den unten gezeigten 6 Arbeitsgängen möglich?

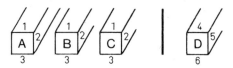

36 In einer größeren Hobelmaschine lassen sich gleichzeitig 4 Balken mit rechteckigem Querschnitt einseitig hobeln. Es sollen 5 Balken auf allen 4 Seiten gehobelt werden. Können die vorgezeigten 8 Arbeitsgänge reduziert werden? Wie viele Arbeitsgänge sind mindestens erforderlich?

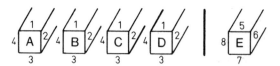

LÖSUNGEN

1 Die Seiten 23 und 24 sind stets Vorder- und Rückseite eines Blattes. Das Los kann also nicht zwischen ihnen liegen.

2 Selbst wenn das Jahr ein Schaltjahr wäre, gäbe es nur 366 verschiedene Tage. Darum müssen wenigstens zwei Schüler am gleichen Tag Geburtstag haben. In Wirklichkeit werden aber einige Tage ohne Geburtstag sein, dafür sich die Festtage an anderen häufen.

3 6 Arbeiter werden in 3 Stunden fertig. Das kommt so zustande: 6 Säcke zum Markt tragen: 1 Stunde. Den Weg vom Markt zum Bahnhof zurücklaufen: 1 Stunde. Wieder 6 Säcke zum Markt tragen: 1 Stunde. Zusammen: 3 Stunden.

4 In 1 Minute, also in der 57. Minute.

5 Am Tag vorher. Mit einem Bakterien-Stammvater war an diesem Tag die Schale halbvoll. Ein zweiter Stammvater hätte mit seinen Nachkommen an diesem Tag die zweite Hälfte gefüllt.

6 Der Unteroffizier muß nur in einem Zelt Nachschau halten.

Ausgangslage in Zelt 1 bis 3: 12, 13, 14 Soldaten

Mögliche Varianten: (A) 12, 14, 13 Soldaten
(B) 13, 14, 12 Soldaten
(C) 13, 12, 14 Soldaten
(D) 14, 12, 13 Soldaten
(E) 14, 13, 12 Soldaten

Davon fallen die Varianten (A), (C) und (E) aus, weil dann jeweils in einem Zelt ebenso viele Soldaten wie zuvor wären, was ausdrücklich ausgeschlossen wurde. Variante B ist deshalb ausgeschlossen, weil in einem Zelt 2 Soldaten fehlen würden, was der gestellten Bedingung, daß aus jedem Zelt nur je 1 Soldat hinausgeht, widersprechen würde. Der Unteroffizier hätte, wüßte er dies alles zuvor, in keinem der Zelte nachschauen müssen.

7 Der eine der beiden Erben teilt die Erbschaft in zwei ihm gleich groß erscheinende Hälften. Der andere Erbe wählt sich eine der Hälften aus.

8 Es werden 28 Händedrücke gewechselt. Der 1. drückt sieben anderen die Hand. Der 2. nur noch 6 Schülern, denn den 1. hat er bereits begrüßt. Der 3. nur noch 5 Kameraden, denn der 1. und 2. haben ihm schon die Hand gedrückt. So werden es also immer weniger Händedrücke: 7, 6, 5, 4, 3, 2 und 1, zusammen 28 Händedrücke.

9 Es dauert genau 4 Tage. Dabei wird angenommen, daß die beiden Bände ordnungsgemäß im Regal stehen, also der Band 1 links und anschließend der Band 2. In diesem Fall befinden sich zwischen der 1. Seite des Bandes 1 und der letzten Seite des Bandes 2 nur die beiden Einbanddeckel. Wo war denn da der Bücherwurm? Ja, der war zwischen beiden Bänden und hat einmal nach links und einmal nach rechts gefressen. So einfach ist das. Er hatte nur Appetit auf die Pappdeckel, gleich 2 mal 2 mm, wofür er die 4 Tage brauchte.

10 Das ist doch ganz einfach. Zuerst rudern die beiden Knaben über den Fluß. Einer bleibt drüben, der andere rudert zurück. Jetzt nimmt der Vater den Kahn, rudert hinüber und bleibt drüben. Dafür rudert der Knabe, der schon drüben war, wieder zurück. Sein Bruder steigt dazu, und nun setzen beide über.

11 Er löst nacheinander das 2., 4. und 6. Glied, wodurch jeweils nacheinander die anderen Glieder frei werden. Anregung: Im Leihhaus könnte auch das Auslösen nur eines Gliedes (des 3.) helfen. Wie?

12 Nur 500 Seiten und nicht 700, siehe Lösung zu Aufgabe 9. Die Seite 1 des ersten Bandes befindet sich in der Mitte, die Seite 1 des zweiten Bandes aber ganz rechts. Von rechts zur Mitte sind es nur 500 Seiten.

13 Jeder für sich mußte sich sagen: Wenn ich an dem einen weißen Pfahl stehen würde, hätten die anderen schon längst gewußt, daß sie nur an einem roten Pfahl stehen könnten, und hätten sofort gerufen. Da sie es aber nicht sofort wissen, muß auch ich an einem roten Pfahl stehen.

14 Durch Wiegen der Kugeln. Alle blanken Kugeln müßten 495 g wiegen, alle gestrichenen 550 g. Der Unterschied im Gewicht entspricht der Ordnungszahl der

13

vertauschten Kugel. Beispiel: Kugel Nr. 8 wurde vertauscht. Blank wiegt sie 72 g, gestrichen 80 g. Die blanken Kugeln wiegen nun 503 g, die gestrichenen 542 g. Der Unterschied ist jeweils 8 g, und es genügt, eine Serie zu wiegen, um zu wissen, welche Kugeln vertauscht wurden.

15 Herr Braun trug die schwarze, Herr Grün die braune und Herr Schwarz die grüne Krawatte. Der Mann mit der grünen Krawatte kann nicht Herr Grün sein. Ihm antwortet Herr Braun, folglich trägt er keine grüne Krawatte. Es trägt also Herr Schwarz die grüne Krawatte. Die Verteilung von braun und schwarz bei den Krawatten ist dann einfach. Da Herr Braun keine braune trägt, hat er die schwarze Krawatte und Herr Grün demnach die braune.

16 Es muß keine Schachtel geöffnet werden, um den Fehler festzustellen, aber alle Schachteln müssen mit einem Deckel mit der entgegengesetzten Beschriftung

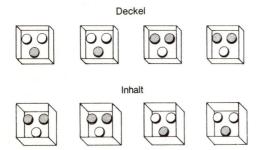

versehen werden. 12 Kugeln auf 4 Schachteln ungleich verteilt, ergibt nur die Möglichkeiten WWR, WWR, RRW, RRW. Da keine Aufschrift dem Inhalt entspricht, kann jeweils nur der Deckel mit der entgegengesetzten Angabe auf den Schachteln sein. Die Deckel müssen also paarweise vertauscht werden.

17 Aus der Schachtel mit der Inschrift RW. In dieser Schachtel können nach der Angabe nur zwei gleichfarbige Kugeln sein, also WW oder RR. Angenommen, die herausgeholte Kugel ist W, dann sind hier enthalten WW. In der Schachtel mit dem Deckel RR können dann nicht etwa zwei weiße Kugeln sein, wie wir bereits wissen; für diese Schachtel bleibt nur RW übrig, und die Schachtel mit dem Deckel WW muß also die beiden roten Kugeln (RR) enthalten.

18 Jedes der beiden Gläser enthält die gleiche Menge des fremden Weines, es ist also in keinem mehr vom anderen Wein enthalten.

Wer es mit Bruchrechnung machen will:

Anfang:	4 Löffel W	4 Löffel R
1 Löffel:	3 Löffel W	4 Löffel R + 1 Löffel W
1 Löffel:	3 Löffel W	4 Löffel R + 1 Löffel W
	+ $^4/_5$ Löffel R	− $^4/_5$ Löffel R
	+ $^1/_5$ Löffel W	− $^1/_5$ Löffel W
Ende:	$^{16}/_5$ Löffel W	$^{16}/_5$ Löffel R
	+ $^4/_5$ Löffel R	+ $^4/_5$ Löffel W

19 Die Jagd kann nur in der Nähe eines Poles der Erde stattgefunden haben, sonst wäre es nicht möglich, daß die beiden Jäger, wenn der eine genau nach Westen läuft, der andere nach Osten, wieder zusammentreffen.

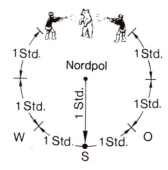

Da sie aber anfangs nach Süden gingen, muß die Jagd am Nordpol stattgefunden haben. Der Bär muß also weiß gewesen sein, weil es am Nordpol nur Eisbären gibt und keine Braunbären. Eine andere Frage ist, ob man wirklich am Nordpol so mühelos über Spalten und Schneewehen laufen kann ...

20 Der Scheich hatte den Treibern gesagt, daß jeder das Kamel des anderen nehmen sollte und daß die Belohnung dem Besitzer des langsameren Kamels zufallen sollte, nicht aber dem Reiter.

21 Er überlegt: »Hätte ich einen weißen Hut auf, würde ein anderer sofort wissen, daß sein Hut rot ist. Da die beiden anderen schweigen, trage ich ganz sicher einen roten Hut.«

22 Die gestellten Bedingungen könnten so erfüllt werden:

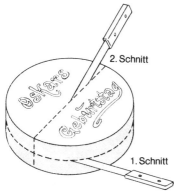

23 In beiden Tassen ist gleich viel vom anderen Getränk. Wenn man eine Zeichnung zur Lösung benutzt:

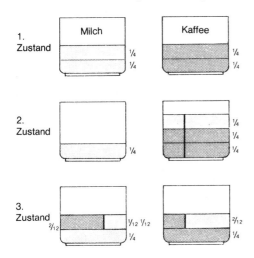

Rechnerische Lösung der Aufgabe:

	Milch	Kaffee
1. Zustand:	$^1/_2$ Milch	$^1/_2$ Kaffee
2. Zustand:	$^1/_4$ Milch	$^1/_2$ Kaffee + $^1/_4$ Milch

3. Zustand:

$^1/_4$ Milch $^1/_2$ Kaffee + $^1/_4$ Milch
+ $^1/_3$ von $^1/_2$ Kaffee — $^1/_3$ von $^1/_2$ Kaffee
+ $^1/_3$ von $^1/_4$ Milch — $^1/_3$ von $^1/_4$ Milch

Um die Bestandteile des Kaffeegemischs in jeder Tasse berechnen zu können, ist es notwendig, ab hier mit einem gemeinsamen Nenner weiterzurechnen, und zwar mit Zwölfteln.

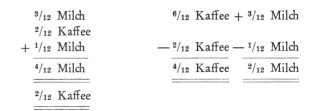

$^3/_{12}$ Milch
$^2/_{12}$ Kaffee
+ $^1/_{12}$ Milch
$^4/_{12}$ Milch
$^2/_{12}$ Kaffee

$^6/_{12}$ Kaffee + $^3/_{12}$ Milch
— $^2/_{12}$ Kaffee — $^1/_{12}$ Milch
$^4/_{12}$ Kaffee $^2/_{12}$ Milch

24 Die gestellten Bedingungen könnten dadurch erfüllt werden, daß der 1. Schnitt diagonal durch die Torte geht, die beiden anderen von oben die Torte vierteln. Es entstehen 8 Teile, die jedoch nicht gleich groß sind. Aber davon war nicht die Rede.

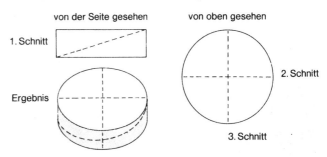

25 Es sind insgesamt 80 Augen verdeckt. Beim Spielwürfel ergänzen sich zwei gegenüberliegende Seiten immer zu 7 Augen.

11mal sind 7 Augen verdeckt = 77 Augen
1mal sind 3 Augen verdeckt = 3 Augen
Summe der verdeckten Augen = 80 Augen

26 Jeder Teilstrich wird durch die Verschiebung um $^1/_{11}$ seiner Länge größer.

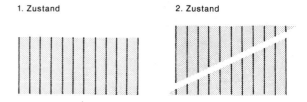

27 Wenn jemand 3 richtige Paare hat, ist das 4. Paar notwendigerweise auch richtig.

28 Auf einem Rundkurs. Nur dann können die gestellten Bedingungen erfüllt werden.

29 Wenn die Agrarpartei 1 Sitz verliert, den die Fortschrittspartei gewinnt, so beträgt der Unterschied 2 Sitze. Zum Beispiel:

	Agrar	Fortschritt	
Bisher Sitze:	36	24	Unterschied 12
1 Sitz wechselt:	— 1	+ 1	
	35	25	Unterschied 10

30 Die Säge des Gatters mit ihren verschränkten Zähnen verwandelt einige Millimeter beim Durchgang in Sägespäne. Der Kern ist also auf keinem der beiden Teile zu sehen; er ging beim Schnitt verloren.

31 Eine von vielen Möglichkeiten ist:

we	ro	ge	br
ge	br	we	ro
br	ge	ro	we
ro	we	br	ge

32

		1	3	5	
	7	1	3	5	7
	2	2		2	2
4	4			4	4
6	6	1		6	6
	7	1	3	5	7
			3	5	

33

5	5	2	9	8	6
8	7	2	4	7	6
9	1	1	4	1	1
3	3	2	3	3	9
6	7	2	4	7	8
6	8	9	4	5	5

34 Es sind 3 Paare oder 6 Schuhe. Warum? 1 einzelnes Paar kann es nicht sein, sonst hieße es in der Aufgabe nicht »oder alle Paare«. 2 Paare können es deshalb nicht sein, weil dabei 1 Paar allein nicht zusammenpassen kann. Bei 2 Paaren passen entweder kein Paar oder beide Paare. Sind es aber 3 Paare, kann 1 Paar passen, während die übrigen 2 Paare nicht zusammenzupassen brauchen. Passen aber 2 Paare zusammen, dann paßt auch das 3. Paar, also entweder 1 Paar oder alle Paare. Es können nicht vier oder mehr Paare sein, weil es dann viel mehr Möglichkeiten gäbe. Bei 3 Paaren:

35 Wechselt man die Balken wie folgt, sind nur 4 Durchläufe notwendig:

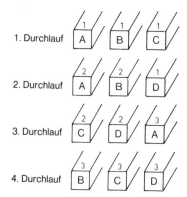

36 Man kann mit 5 Arbeitsgängen auskommen, wenn man die Balken wie folgt wechselt:

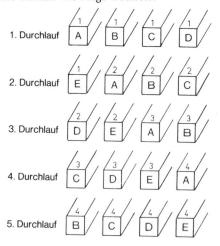

16

Auch Verwandtschaften
können Kopfzerbrechen machen

Die folgenden 15 Aufgaben sollen helfen, die eigene Verwandtschaft besser kennen- beziehungsweise ihre Beziehungen zueinander verstehen zu lernen. Schon beim Lesen der Aufgaben fällt auf, wie umständlich sich so klare Verwandtschaftsverhältnisse wie zum Beispiel zwischen Vater und Sohn ausdrücken lassen. Noch schwieriger sind Aufgaben, in denen mehrere Verwandte »identifiziert« werden müssen oder gar vom Urenkel bis zum Urgroßvater reichen. Aber selbst diese Aufgaben lesen sich nur so verwirrend. Hat man erst einen Ansatzpunkt, dann kann man die lieben Verwandten leicht finden.

1 Eine Frau ging mit einem Kind spazieren. Sie wurde von einer anderen Spaziergängerin gefragt: »Wie sind Sie zu dem Kind verwandt?« Die Frau antwortete: »Seine Mutter ist das einzige Kind meiner Mutter.« Wie sind sie nun wirklich verwandt?

2 Der Onkel hat einen Neffen und einen Bruder. Zu diesem sagt er: »Mein Neffe schaut dir sehr ähnlich.« In welchem Verwandtschaftsverhältnis stehen Bruder und Neffe?

3 Ich unterhielt mich mit der Tochter meines Vaters über die Tochter seines Vaters. Wer sprach über wen?

4 Die Mutter meiner Schwester hat eine einzige Tochter und ist die Tochter der Schwester meines Großonkels. Von wie vielen Männern ist die Rede?

5 Der Bruder der Tochter meines Vaters saß am Steuer seines Autos, während ihr Neffe von der Mutter seiner Tante betreut wurde. Wer saß im Auto?

6 Ein Mann ging mit seiner Frau spazieren; seine Mutter war die Schwiegermutter meiner Mutter. Wer war der Mann?

7 Wenn Peters Vater Pauls Sohn ist, in welcher Beziehung stehen sie zueinander?

8 Ich habe weder Brüder noch Schwestern, aber dieses Mannes Vater ist meines Vaters Sohn. Wie sind beide zueinander verwandt?

9 Der Vater meines Enkels ist der Enkel meines Vaters. Wie stehen sie zueinander?

10 Der Bruder meines Onkels ist der Onkel meines Bruders. Kläre die Verwandtschaft.

11 Kann der Vater meines Enkels und der Schwiegersohn der Eltern meiner Schwiegertochter ein und derselbe sein?

12 Ich habe keine Geschwister, aber der einzige Schwiegersohn meines einzigen Schwagers stieg mit dem Sohn der Schwiegertochter meiner Frau in die Straßenbahn. Wie waren die beiden Straßenbahnbenützer miteinander verwandt?

13 Der Schwiegervater der Mutter meines Sohnes ging mit dem Schwiegervater des Vaters ihres Sohnes spazieren. Wer ging mit wem spazieren?

14 Ernas Onkel ist Ottos Enkel. Wie sind Erna und Otto verwandt?

15 Der Bruder der Mutter meines Enkels ist der Sohn der Tochter meines Schwiegervaters. Wie stehe ich zur »Tochter«?

1 Wenn die Mutter der Frau nur ein Kind hatte, ist die Frau die Tochter und somit die Mutter des Kindes. Es ging die Mutter mit ihrem Kind spazieren.

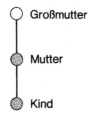

2 Wenn der Onkel nur einen Neffen und nur einen Bruder hat, muß der Neffe der Sohn des Bruders sein. Das Verwandtschaftsverhältnis ist daher Vater und Sohn.

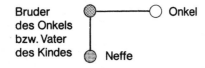

3 Die Tochter meines Vaters ist meine Schwester. Die Tochter seines Vaters ist die Schwester meines Vaters und daher meine Tante. Es unterhielten sich zwei Geschwister über ihre Tante.

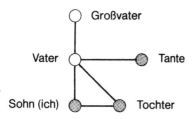

4 Von zwei Männern, weil der Erzähler auch ein Mann sein muß, nachdem die Mutter der Schwester nur eine einzige Tochter hat.

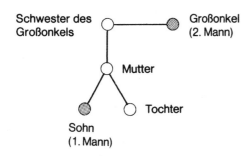

5 Die Tochter ist die Tante des Neffen. Die Mutter der Tante ist die Großmutter des Neffen, weil der Bruder der Tante sein Vater ist. Im Auto sitzen Großmutter, Vater und Sohn.

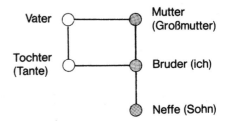

6 Die Schwiegermutter meiner Mutter ist die Mutter meines Vaters, der mit seiner Frau spazieren ging. Der Mann war daher mein Vater.

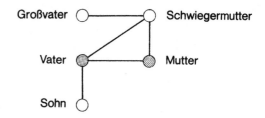

7 Paul ist der Großvater von Peter.

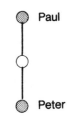

8 Nachdem sein Vater nur einen Sohn hat, muß er der Sohn sein und zugleich der »Mann«, von dessen Vater die Rede ist. Es sind daher Vater und Sohn.

9 Es sind Urgroßvater, Großvater, Vater und Sohn.

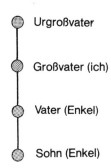

10 Mein Vater hat zwei Brüder, und ich habe einen Bruder. Die Brüder meines Vaters sind auch Onkel meines Bruders.

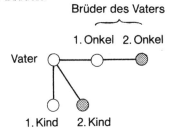

11 Ja, wenn der Mann der Schwiegertochter gleichzeitig der Vater des Enkels ist.

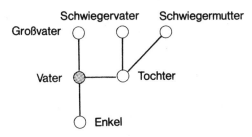

12 Ein Schwager ist entweder der Mann der Schwester oder Bruder der Frau oder des Mannes. Alle diese Verwandtschaftsverhältnisse kommen hier nicht in

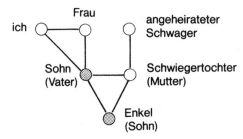

Betracht, es muß sich also um einen »angeheirateten« Schwager, den Vater der Schwiegertochter, handeln. Demnach muß der einzige Schwiegersohn meines einzigen Schwagers mein Sohn sein. Der Sohn der Schwiegertochter meiner Frau ist unser Enkel. Daher waren die beiden Straßenbahnbenützer Vater und Sohn.

13 Der Schwiegervater der Mutter meines Sohnes ist natürlich mein Vater, der Schwiegervater des Vaters ist natürlich der Vater der Frau. Es gingen daher die beiden Großväter miteinander spazieren.

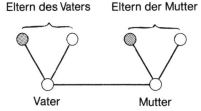

14 Otto ist der Urgroßvater von Erna, weil der Onkel Ernas ein Geschwister ihrer Eltern ist, und dieser Onkel ist der Enkel Ottos.

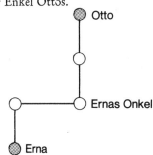

15 Die »Tochter« ist meine Frau. Die Tochter des Schwiegervaters ist immer die eigene Frau oder eine ihrer Schwestern.

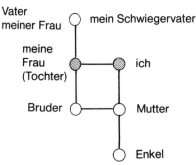

Umfüllaufgaben

Bei den folgenden Aufgaben soll durch Umleeren oder Umgießen eine neue Verteilung von Flüssigkeit in Gefäßen erreicht werden. Dabei ist der einfache Weg, nämlich der, ein Maß zu nehmen und die gewünschten Mengen abzumessen, ausgeschlossen; nehmen wir an, weil kein Maß zur Verfügung steht. Dafür aber ist der Inhalt der gefüllten Gefäße nach der Menge bekannt.

1 Es sind drei Gefäße mit 4, 5 und 7 l Inhalt vorhanden; die beiden ersten sind gefüllt. Es werden aber gebraucht in den beiden ersten Gefäßen je 4 l, und der restliche Liter soll in das große 7-l-Gefäß kommen. Wie mache ich das, wenn ich kein Litermaß habe?

2 Es stehen zur Verfügung ein leeres 3- und 5-l-Gefäß und ein volles 8-l-Gefäß. Durch Umleeren sollen in zwei Gefäßen je 4 l sein.

3 Der Inhalt einer 12-Liter-Flasche soll mit Hilfe von 2 leeren Gefäßen zu 7 und 5 l so geteilt werden, daß in 2 Gefäßen je 6 l sind.

4 In einem Fäßchen sind 10 l Wein, sie sollen mit Hilfe von 2 leeren Flaschen, die 7 und 3 l fassen, so geteilt werden, daß in 2 Gefäßen je 5 l sind. Wie geschieht das?

5 Von 24 Fässern sind 8 leer, 11 voll und 5 halbvoll. Sie sind unter 3 Personen so zu verteilen, daß jede Person gleich viel Fässer und gleich viel Wein erhält. Der Wein darf nicht umgefüllt werden.

6 Drei Söhne eines Weinhändlers wollen sich die Weinvorräte ihres verstorbenen Vaters teilen, ohne den Wein umzufüllen. Es finden sich im Keller 7 volle, 7 halbvolle und 7 leere Fässer. Wie sind sie zu verteilen, wenn jeder gleich viel Fässer und Wein erhält?

7 10 l Wein sollen in 10 Flaschen zu 0,5 l, 1 l und 2 l abgefüllt werden. Wie viele müssen von jeder Flaschensorte genommen werden? Es soll kein Rest Wein übrig bleiben, sondern 10 Liter Wein und 10 Flaschen Verwendung finden.

8 Ein Kaninchenstall hat 5 Käfige nebeneinander. In den linken zwei Käfigen ist je ein weißes, in den rechten je ein schwarzes Kaninchen. Der mittlere Käfig ist frei. Nun sollen die beiden weißen Kaninchen in die Käfige der schwarzen und umgekehrt. Um uns die Sache etwas schwieriger zu machen, wollen wir folgende Regel einhalten: Jedes Kaninchen darf nur vorwärts auf seinen künftigen Käfig zu verlegt werden und nur in einen freien Käfig. Dabei darf höchstens ein Kaninchen übersprungen werden.

9 Aus einem vollen Glas Wein wird ein Drittel abgetrunken, dann wird mit Wasser aufgefüllt. Nun wird wieder ein Drittel abgetrunken und nochmals mit Wasser aufgefüllt. Wieviel Wein und wieviel Wasser ist nun im Glas?

10 Aus einem vollen Glas Wein wird die Hälfte abgetrunken und mit Wasser wieder aufgefüllt. Von der Mischung wird ein Drittel getrunken und wieder mit Wasser aufgefüllt. Schließlich trinkt man noch ein Sechstel ab, das man ebenfalls durch Wasser ersetzt, so daß das Glas wieder voll ist. Wieviel Wein und wieviel Wasser ist jetzt im Glas?

11 Zwei Kannen zusammen fassen genau 3 l. Die kleinere füllt die größere zu einem Drittel. Wie viele Liter faßt jede Kanne?

12 In Österreich hat ein Kolonialwarenhändler auf dem Lande ein Faß mit sehr kräftigem Essig erhalten, der viel zu scharf ist, um ihn unverdünnt verwenden zu können. Das Faß hat einen Inhalt von 60 l. Um den Essig tischfertig zu machen, entnimmt man zuerst 20 l des Essigs und füllt Wasser nach. Der Essig ist immer noch zu scharf. Man zapft nun die Hälfte des Faßinhalts ab und füllt wieder mit Wasser auf. Nun stellt man aber fest, daß der Essig etwas zu dünn geworden ist. Man nimmt nochmals 6 l der Mischung weg und gibt wieder 6 l des ursprünglichen scharfen Essigs hinzu. Nun ist der Essig richtig.
Was möchte der Händler nun wissen? Welchen Wert hat der Liter des fertig verdünnten Essigs, wenn 1 l des starken Essigs 6 S gekostet hat?

13 In einem Behälter sind 18 l Essig, er soll mit Hilfe von einem 8-, 7- und 5-l-Gefäß in dreimal 6 l geteilt werden.

14 Von 3 Gefäßen sind nur die beiden kleineren zu 3 und 7 l gefüllt, während das dritte Gefäß mit 10 l leer ist. Durch Umfüllen sollen nacheinander alle Litermengen zwischen 1 und 10 l in je einem Gefäß dargestellt werden, wobei immer von der ursprünglichen Lage auszugehen ist, daß also zuerst einmal die bereits vorhandenen 3 l in das leere Gefäß gefüllt werden, um 3 l vorzuzeigen, das andere Mal werden die vorhandenen 7 l in das 10-l-Gefäß gefüllt um 7 l zu »zeigen«. Wie steht es aber mit den 8 anderen Mengen? Ein Litermaß darf nicht verwendet werden.

15 Es liegen 12 Spielkarten nebeneinander auf dem Tisch. Man hebe eine beliebige auf, »überspringe« damit zwei anschließende Karten und lege sie auf die nächstfolgende. Man fahre damit fort, bis nur noch 6 Paare auf dem Tisch liegen. Es muß dabei beachtet werden, daß es gleichgültig ist, ob die zu überspringenden Karten nebeneinander oder aufeinander liegen.

16 Es stehen 5 völlig gleiche Gefäße zur Verfügung, die jeweils 6 l fassen. Alle haben Eichstriche in der Mitte bei 3 l, nur das erste auch noch eine Eichung bei 2 l.
Die ersten 3 Gefäße (nennen wir sie A, B und C) sind mit Wasser von 60°, 20° und 10° gefüllt, weitere 2 Gefäße (D und E genannt) bleiben leer. Ohne Zuhilfenahme eines Maßes oder anderer Gefäße sollen die 3 verschieden temperierten Wassermengen durch Umfüllen so gemischt werden, daß zum Schluß in 3 Gefäßen jeweils die Menge von 6 l Wasser gleicher Temperatur ist. Das geschieht natürlich am einfachsten und ohne Temperaturberechnungen, wenn in diesen 3 Gefäßen von jeder Sorte die gleiche Menge enthalten ist, also 3mal 2 l aus A, B und C. Natürlich müssen wir annehmen, daß durch das Umfüllen und Plantschen nirgends die Temperatur absinkt, was in Wirklichkeit sicher der Fall wäre. Wie gießen wir die einzelnen Wassersorten um und zusammen?

17 In einem Behälter sind 18 l Essig, er soll mit Hilfe von einem 8-, 5- und 2-l-Gefäß in Mengen zu 9, 6 und 3 l geteilt werden. Die Aufgabe kann in 6 Arbeitsschritten gelöst werden.

18 In drei verschiedenen Schalen sind 6, 7 und 11 Münzen. Nur durch die Verdoppelung der Münzenzahl einer Schale aus einer anderen darf die jeweilige Münzenzahl verändert werden. Durch drei solche »Züge« soll in jeder Schale die gleiche Anzahl Münzen liegen.

19 24 Streichhölzer liegen in drei Häufchen zu 4, 9 und 11 Hölzchen auf dem Tisch. Durch Verdoppelung der Streichhölzer eines Häufchens aus einem anderen sind nach 4 »Zügen« in jedem Häufchen gleich viel.

1 Es werden zuerst die 5 l in das 7-l-Gefäß gegossen, dann die 4 l in das 5-l-Gefäß. Wenn jetzt aus den 5 l, die im 7-l-Gefäß enthalten sind, das 4-l-Gefäß bis zur Marke gefüllt wird, bleibt im 7-l-Gefäß noch 1 l übrig.

2 Vorhanden sind Gefäße mit einem Inhalt von Mengen, die in Litern bekannt sind, abgekürzt mit »l«:

Anfangs enthalten:	3	5	0
Umgießen:	0	5	3
Umgießen:	3	2	3
Umgießen:	0	2	6
Umgießen:	2	0	6
Umgießen:	2	5	1
Umgießen:	3	4	1
Endlich:	0	4	4

also je 4 l in zwei Gefäßen, nämlich den beiden letzten, denn das erste würde keine 4 l aufnehmen können!

3

Umgießen:		
12	0	0
5	7	0
5	2	5
10	2	0
10	0	2
3	7	2
3	4	5
8	4	0
8	0	4
1	7	4
1	6	5
Endlich: 6	6	0,

also je 6 l in den beiden ersten Gefäßen, da das dritte Gefäß dafür zu klein wäre.

4 Umgießen:

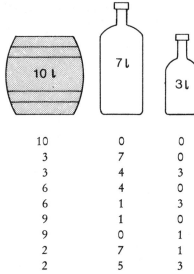

10	0	0
3	7	0
3	4	3
6	4	0
6	1	3
9	1	0
9	0	1
2	7	1
2	5	3

Jetzt können die 3 l aus dem rechten Gefäß zu den 2 l in das Fäßchen gegossen werden, so daß 2 Gefäße je 5 l Wein enthalten.

5 Vorhanden: 11 volle, 5 halbvolle und 8 leere Fässer. Wir verteilen:

	1. Person	2. Person	3. Person
volle	3	3	3
volle	1	1	—
halbvolle	1	1	3

Jetzt haben zwar alle 3 Personen gleich viel Wein (4½ Fässer), jedoch hat die dritte Person 1 Faß mehr. Also werden die 8 leeren Fässer wie folgt verteilt:

leere	3	3	2
Fässer insgesamt	8	8	8

6 Nach Überlegungen wie bei der vorigen Aufgabe kommt man z. B. zu folgender Lösung:

	Sohn 1	Sohn 2	Sohn 3
volle	3	2	2
halbvolle	1	3	3
leere	3	2	2
Fässer insgesamt	7	7	7

Jeder der 3 Söhne bekommt also 7 Fässer. Davon enthalten 3½ Fässer Wein, 3½ sind leer.

7 Die Flaschen müssen in den verschiedenen Größen mindestens je einmal verwendet werden, sonst aber haben wir freie Hand:

Flaschengröße	$\frac{1}{2}$ l	1 l	2 l	Verbrauchter Wein
3 Flaschen	1	1	1	$3\frac{1}{2}$ l
7 Flaschen müssen Verwendung finden für $6\frac{1}{2}$ l Damit diese Menge 7 Flaschen ergibt, ist die Verteilung	5	—	2	$6\frac{1}{2}$ l
				10 l

Zu füllen sind also 6   1   3 Flaschen der angegebenen Größen.

8 Beispiel einer Lösung:

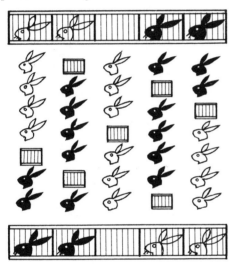

9 Im Glas sind nun 4 Teile Wein und 5 Teile Wasser, wie die Abbildungen zeigen.

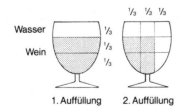

1. Auffüllung   2. Auffüllung

Oder, wenn man rechnen will: $\frac{1}{3}$ von $\frac{2}{3}$ Wein = $\frac{6}{9} - \frac{2}{9} = \frac{4}{9}$ Wein; Wasser daher $\frac{5}{9}$, Verhältnis von Wein zu Wasser wie 4 zu 5.

10 Im Glas sind noch 5 Teile Wein und 13 Teile Wasser Es werden entfernt der Reihe nach jeweils vom Gemisch:

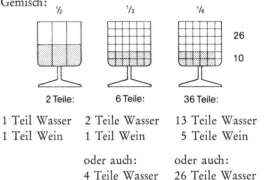

2 Teile:	6 Teile:	36 Teile:
1 Teil Wasser	2 Teile Wasser	13 Teile Wasser
1 Teil Wein	1 Teil Wein	5 Teile Wein
	oder auch:	oder auch:
	4 Teile Wasser	26 Teile Wasser
	2 Teile Wein	10 Teile Wein

Die Bruchrechnung dazu würde folgendermaßen aussehen:

Wasser	$\frac{1}{2} = \frac{3}{6}$	$- \frac{1}{6} = \frac{2}{6}$	$+ \frac{2}{6} = \frac{4}{6} = \frac{24}{36}$	—
Wein	$\frac{1}{2} = \frac{3}{6}$	$- \frac{1}{6} = \frac{2}{6}$	$= \frac{12}{36}$	—
Wasser		$- \frac{4}{36} = \frac{20}{36}$	$+ \frac{6}{36} = \frac{26}{36}$
Wein		$- \frac{2}{36} = \frac{10}{36}$

11 Die kleine Kanne faßt $\frac{3}{4}$ l, die größere $2\frac{1}{4}$ l. Überlegung: Die kleine Kanne faßt $\frac{1}{3}$ der Flüssigkeit, die große $\frac{3}{3}$, zusammen also entsprechen die $\frac{4}{3}$ der Menge von 3 l. Wenn man $\frac{1}{4}$ der 3 l nimmt, hat man den Inhalt der kleinen Kanne mit $\frac{3}{4}$ l. Bleiben für die große $2\frac{1}{4}$ l.

12 Für 1 l des verdünnten Essigs hat der Händler 2,40 Schilling aufgewendet.

Das Faß enthält 60 l.

1. Abfüllung   2. Abfüllung   3. Abfüllung und Zugabe von starkem Essig

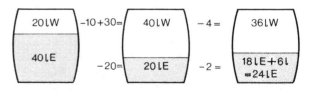

Es wurden entnommen

1. 20 l starker Essig
2. 20 l starker Essig
3. 2 l starker Essig = ¹/₁₀ vom Rest

42 l

6 l wurden wieder zurückgefüllt.

36 l wurden entnommen, blieben 24 l im Faß, die zu 6 Schilling zusammen 144 Schilling kosten. Das Faß enthält nun 60 l verdünnten Essig, so daß ein Kostenanteil von 2,40 Schilling vom scharfen Essig her auf den l entfällt.

13 Auch für diese Aufgabe gibt es mehrere Lösungen. Die Reihenfolge der Gefäße bleibt immer 18, 8, 7, 5.

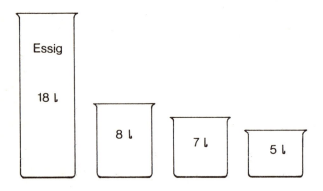

Ausgangssituation:	18	0	0	0
1. Schritt:	10	8	0	0
2. Schritt:	10	1	7	0
3. Schritt:	5	1	7	5
4. Schritt:	12	1	0	5
5. Schritt:	12	0	1	5
6. Schritt:	12	0	6	0
7. Schritt:	4	8	6	0
8. Schritt:	4	3	6	5
9. Schritt:	9	3	6	0
10. Schritt:	9	0	6	3
11. Schritt:	1	8	6	3
12. Schritt:	1	6	6	5
13. Schritt:	6	6	6	0

14 Die 3 Gefäße stehen der Größe nach von links nach rechts nebeneinander. Die Zahlen unter den Gefäßen bedeuten die umgefüllten Litermengen. Eine von mehreren Möglichkeiten ist folgende:

	3 l	7 l	10 l
für 3 l:	3	7	0
	0	7	3
für 4 l:	3	4	3
für 6 l:	0	4	6
für 1 l:	3	1	6
für 9 l:	0	1	9
für 7 l:	3	0	7
	0	3	7
	3	3	4
	0	6	4
	3	6	1
für 2 l:	2	7	1
für 8 l:	2	0	8
	0	2	8
für 5 l:	3	2	5

15 Eine von mehreren denkbaren Lösungen lautet:

Karte 8 auf Karte 11   Karte 9 auf Karte 12
Karte 5 auf Karte 2   Karte 4 auf Karte 7
Karte 10 auf Karte 6   Karte 1 auf Karte 3

Für die Lösung zeichnet man sich am besten 12 Karten auf ein Blatt Papier, macht für jede fortgenommene Karte ein Kreuz in das Feld und zeichnet sich mit einem Pfeil an, wo die Karte hinkam. Für die hier angegebene Lösung sieht das Schema zum Schluß dann so aus:

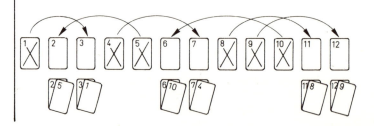

16

5 Gefäße enthalten	A Wasser von 60°	B Wasser von 20°	C Wasser von 10°	D ist leer	E ist leer

wir nennen es Eichmarken: $\frac{3}{2}$ a | 3 b | 3 c | 3 | 3

Nach dem ersten Umgießen sind in den Gefäßen:

Liter	3 a	3 b	6 c	3 a	3 b
2. Umgießen:	3 a + 3 b	0	6 c	3 a	3 b
3. Umgießen:	3 a + 3 b	0	6 c	3 a + 3 b	0
4. Umgießen:	2 a + 2 b	1 a + 1 b	6 c	3 a + 3 b	0
5. Umgießen:	2 a + 2 b + 2 c	1 a + 1 b	4 c	3 a + 3 b	0
6. Umgießen:	0	1 a + 1 b	4 c	3 a + 3 b	2 a + 2 b + 2 c
7. Umgießen:	3 a + 3 b	1 a + 1 b	4 c	0	2 a + 2 b + 2 c
8. Umgießen:	2 a + 2 b	2 a + 2 b	4 c	0	2 a + 2 b + 2 c
9. Umgießen:	2 a + 2 b + 2 c	2 a + 2 b	2 c	0	2 a + 2 b + 2 c
10. Umgießen:	2 a + 2 b + 2 c	2 a + 2 b + 2 c	0	0	2 a + 2 b + 2 c

17

Zur Lösung der Aufgabe führen mehrere Wege. Zur Veranschaulichung des Lösungsweges werden die einzelnen Arbeitsschritte aufgezeichnet, wobei die Reihenfolge der Gefäße, nämlich 18, 8, 5, 2, immer gleichbleibt.

Ausgangssituation:	18	0	0	0
1. Schritt:	10	8	0	0
2. Schritt:	5	8	5	0
3. Schritt:	5	8	3	2
4. Schritt:	7	8	3	0
5. Schritt:	7	6	3	2
6. Schritt:	9	6	3	0

18

	1.	2.	3. Schale
Ausgangslage	6	7	11
1. Zug	6	14	4
2. Zug	12	8	4
3. Zug	8	8	8

Man suche noch andere Lösungen.

19

	1.	2.	3. Häufchen
Ausgangslage	4	9	11
1. Zug	8	5	11
2. Zug	8	10	6
3. Zug	8	4	12
4. Zug	8	8	8

Man suche noch andere Lösungen.

Legerätsel, die mehr Geduld als Denken erfordern

1 Aus vier Rechtecken mit je 6 cm² (2 mal 3 cm) soll ein Quadrat mit 25 cm² zusammengestellt werden.

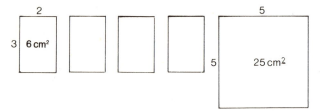

2 Ein Rechteck von 9 mal 4 cm soll so in zwei gleiche Teile zerlegt werden, daß ein Quadrat zusammengestellt werden kann.

3 Zehn gleich große Münzen werden zu einem gleichseitigen Dreieck mit der Spitze nach oben zusammengestellt. Durch Umlegen von nur drei Münzen soll das gleichseitige Dreieck mit der Spitze nach unten zeigen.

4 Auf einer aus 4 Hölzchen zusammengestellten Kehrichtschaufel liegt ein Stück Abfall. Durch Umstellen von 2 Hölzchen soll der Abfall außerhalb der Schaufel liegen. Der Abfall kann nicht verschoben werden.

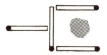

5 Die Perlenkette einer alten Dame ist gerissen. Sie rettet 25 Perlen, die nicht mehr aufgefädelt werden. Die Dame legt die Perlen auf eine Samtunterlage in Kreuzform auf die Kommode. Zählt sie nun von unten nach oben oder von unten zum linken oder rechten Ende des Querbalkens, so sind es jedesmal 15 Perlen. Mit dieser Methode überprüft die Dame täglich die Vollzähligkeit der Perlen. Um sie zu erschrecken, ordnet ihr Enkel die Perlen so an, daß sie nach jeder Richtung nur 13 Perlen zählen kann. Dabei darf keine Perle entfernt werden.

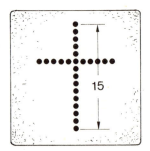

6 Die Aufgabe: 22 durch 8 geteilt gibt 2, ist ganz sicher falsch, auch wenn man sie so schreibt:

$$\frac{22}{8} = 2$$

Diese Ungleichung ist hier durch Streichhölzer in römischen Ziffern wiedergegeben:

$$\frac{XXII}{VIII} = II$$

Durch Umlegen nur eines der 13 Hölzchen, die Verwendung fanden, soll eine richtige Gleichung entstehen. Die Aufgabe ist nicht ganz fair und kann nur von denen gelöst werden, die sich schon einmal mit Kreisberechnungen beschäftigt haben.

Wer hat schon etwas von $\dfrac{22}{7}$ gehört?

7 Noch schlimmer ist diese Aufgabe; sie ist nur für solche, die schon einmal etwas von Wurzelrechnung gehört haben. Wie kann man aus der Ungleichung

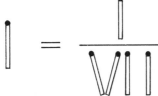

durch Umlegen nur eines Hölzchens eine richtige Gleichung entstehen lassen?

8 Aus der gleichen Wurzelrechnungs-Schachtel stammt auch die folgende Aufgabe:

Aus der Ungleichung I = VII soll durch Umlegen eines Hölzchens eine richtige Gleichung entstehen.

9 Bilde aus 6 Streichhölzchen zwei Drachenvierecke (Deltoide), die keine Seite gemeinsam haben.

Nicht zulässig ist das Knicken eines Hölzchens:

10 Aus 10 Streichhölzern sollen 4 Deltoide (Drachenvierecke) gebildet werden, die einen vierzackigen Stern bilden. Kein Hölzchen darf gebrochen oder geknickt werden.

11 9 Punkte, die zu einem Quadrat angeordnet sind (je drei nebeneinander und je drei übereinander), sollen durch vier Gerade so verbunden werden, daß jeder Punkt nur einmal berührt wird.

12 5 Streichhölzer sind so zu legen, daß jedes Hölzchen jedes andere trifft. Die Hölzchen sollen, von oben gesehen, mit jedem anderen einmal übereinander sein.

13 Von den 17 Streichhölzern sind 5 so wegzunehmen, daß noch 3 vollständige Quadrate übrigbleiben.

14 Aus den 12 Zündhölzern sollen durch Umlegen von 3 Hölzern 6 Rhomboide und 3 Rhomben entstehen.

Rhomben oder Rauten sehen so aus: ◇

Und Rhomboide oder Rautlinge so: ◇

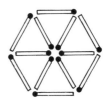

15 Stelle aus 5 Streichhölzern zwei gleichschenkelige Dreiecke zusammen, die nur einen Punkt gemeinsam haben.

Ein gleichschenkeliges Dreieck hat zwei gleichlange Seiten, die Schenkel, und eine längere oder kürzere Grundseite.

16 Diese 10 Streichhölzer bilden drei Quadrate. Durch Umlegen von 3 Hölzchen sollen 4 Quadrate und 2 Rechtecke entstehen.

17 Aus 9 Streichhölzern, die drei Rauten (Rhomben) bilden, sollen durch Umlegen von 2 Hölzchen 4 Rautlinge (Rhomboide) entstehen.

Aus derselben Figur sollen durch Umlegen von wieder 2 Hölzchen 4 Dreiecke und 3 Rauten entstehen.

Über Rhomben und Rhomboide vergleiche auch Aufgabe 14.

18 Die 12 Streichhölzer bilden drei E, sie sollen so zusammengestellt werden, daß 6 Rhomboide und 1 Sechseck entstehen.

19 Aus den 12 Streichhölzern, die 4 Quadrate bilden, sollen durch Umlegen von 4 Hölzern 3 voneinander unabhängige Quadrate gebildet werden.

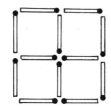

20 Aus den 9 Streichhölzern, die 4 gleichseitige Dreiecke bilden, sollen durch Umlegen von 4 Hölzchen 4 Rhomboide (Rautlinge) entstehen.

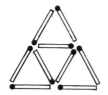

21 Die 12 Zündhölzchen bilden ein regelmäßiges Sechseck und 6 gleichseitige Dreiecke. Durch Umlegen von 4 Hölzchen sollen 4 Rauten entstehen. Durch Umlegen von 3 Hölzchen sollen 4 Rauten entstehen.

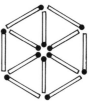

22 Von den 7 Quadraten aus 20 Streichhölzern sind 7 Hölzchen so umzulegen, daß daraus schließlich 4 Quadrate entstehen, die nicht gleich groß sein müssen.

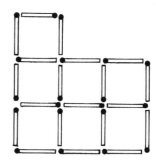

23 24 Streichhölzer bilden 9 Quadrate. Durch Entfernen von nur 4 Hölzchen sollen 5 gleich große Quadrate übrigbleiben.

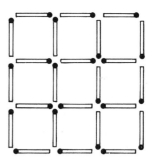

24 15 Streichhölzer bilden eine eckige, spiralenähnliche Figur. 3 Hölzchen sind so umzulegen, daß 2 Quadrate entstehen, deren Größe unterschiedlich sein darf.

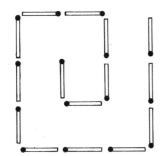

25 In einem quadratischen Teich liegt eine quadratische Insel, deren Seite nur ein Drittel der Teichseite beträgt. Mit Hilfe von 2 Brettern, die nicht länger sind als der kürzeste Abstand vom Teichufer zur Insel, soll ein Steg gebaut werden. Wie könnte man das machen?

26 Aus 18 Streichhölzern wurden 9 gleich große, gleichseitige Dreiecke zusammengestellt. Durch Wegnehmen von 5 Hölzchen sollen 5 gleichseitige Dreiecke übrigbleiben.

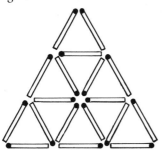

27 Die untenstehenden Punkte sind durch 4 gerade Linien so zu verbinden, daß kein Punkt zweimal berührt wird und daß alle 4 Linien zusammenhängen.

<table>
<tr><td>•</td><td>•</td><td>•</td><td>•</td></tr>
<tr><td>•</td><td>•</td><td>•</td><td>•</td></tr>
<tr><td>•</td><td>•</td><td>•</td><td>•</td></tr>
</table>

28 6 Streichhölzer sind so zu legen, daß jedes Hölzchen jedes andere trifft. (Siehe Aufgabe 12.) Durch sternförmiges Aufeinanderlegen wird die Bedingung nicht erfüllt.

29 6 Münzen sind in Kreuzform zu legen. Durch Verlegen einer einzigen Münze sollen 2 Reihen von je 4 Münzen entstehen. Die Münzen können nach jeder Richtung hin gezählt werden und auch übereinander gelegt werden.

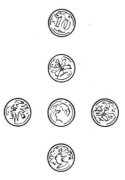

30 16 Streichhölzer sollen zu 5 Quadraten (siehe Skizze) zusammengestellt werden. Durch Umlegen von nur 2 Hölzchen sollen 4 gleichfalls aneinanderstoßende Quadrate gebildet werden.

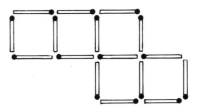

31 Aus 22 Streichhölzern sind 8 Quadrate gebildet (siehe Skizze). Es sollen 4 Quadrate übrigbleiben, wenn 10 Hölzchen entfernt werden.

Das gleiche Ergebnis läßt sich erzielen, wenn 9 oder 8 oder 7 oder 6 oder gar nur 5 Hölzchen entfernt werden.

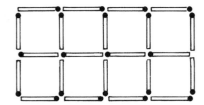

32 26 Hölzchen bilden ein Rechteck. Man nehme 2 Hölzchen weg und bilde aus 24 Hölzchen eine neue Figur, die eine dreimal so große Fläche umschließt.

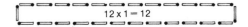

12 x 1 = 12

33 Die 38 Hölzchen bilden ein Rechteck. Nach Fortnahme von 2 Hölzchen sollen nacheinander Figuren entstehen, deren Fläche eineinhalbmal, zweieinhalbmal, dreieinhalbmal und schließlich viereinhalbmal so groß ist wie die ursprüngliche Figur.

18 x 1 = 18

34 Ein Quadrat ist in 6 · 6 = 36 Felder, die wiederum kleine Quadrate darstellen, geteilt. Auf jedem Feld steht eine Figur. Es sind daher in jeder Zeile wie in jeder Reihe je 3 Paare vorhanden. Nun sollen 6 Figuren so entfernt werden, daß trotzdem in jeder Zeile wie in jeder Reihe Paare gebildet werden können, ohne daß weder in einer Zeile noch in einer Reihe eine einzelne Figur übrigbleibt.

35 Ins Gefängnis wurden 5 Übeltäter gebracht, und jeder von ihnen soll in eine besondere Zelle kommen. Sie wurden jedoch irrtümlich in die falschen Zellen eingewiesen, so daß Leo in der Zelle von Franz, Paul in der von Karl, Otto in der von Leo, Karl in der von Otto und Franz in der Zelle von Paul sitzt. Wie können sie in ihre Zellen zurückgebracht werden, wenn nur die Türen zum Wechseln benützt werden dürfen und in keinem Raum (auch nicht für ganz kurze Zeit) mehr als ein Mann Platz finden darf?

Dies ist das Gefängnis; bei den Zellen steht der Name, für den jede bestimmt ist, und der Zugang ist die Treppe im Vorraum, die in der Zeichnung fortgelassen ist.

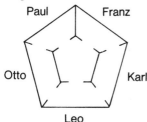

Paul   Franz

Otto   Karl

Leo

Derzeit ist also Leo in der Zelle von Franz.

36 Man zeichne auf ein Blatt Papier ein Quadrat mit etwa 12 cm Seitenlänge, teile jede Seite in 3 Teile und verbinde die gegenüberliegenden Punkte, so daß insgesamt 9 kleine und gleich große Quadrate entstehen. Von Außenfeld zu Außenfeld ist überall ein Durchgang, ins innere Feld gibt es nur 2 Durchgänge, die nebeneinander liegen (nicht gegenüber). Die Ziffern von 1 bis 8 schreibt man auf kleine Kartonblättchen, die in beliebiger Reihenfolge auf die einzelnen Felder gesetzt werden, wobei natürlich ein Feld frei bleibt. Durch Verschieben der Blättchen um jeweils ein Feld auf das jeweils freie Feld, wobei nur die Durchgänge benützt werden dürfen, sollen die Ziffern in geordneter Reihenfolge erscheinen.

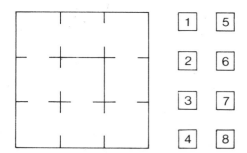

1 Die 4 Rechtecke müssen wie folgt angeordnet werden:

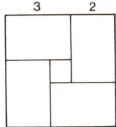

2 Die Zeichnung unten zeigt, wie das Rechteck zu teilen ist, daß daraus ein Quadrat gebildet werden kann:

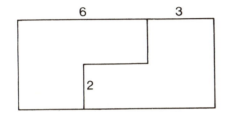

3 Die oberste Münze (die Spitze des Dreiecks) wird unten angelegt und bildet die Spitze des neuen Dreiecks. Die beiden äußeren Münzen der unteren Reihe des alten Dreiecks werden nach oben geschoben und bilden zusammen mit den beiden Münzen der ursprünglich 2. Reihe die obere Reihe des Dreiecks mit 4 Münzen. Die Zeichnung verdeutlicht das Umlegen der Münzen:

4 Das mittlere Zündholz wird um seine halbe Länge nach rechts gerückt, und das Zündholz links unten wird nach rechts oben gesetzt.

5 Die zwei untersten Perlen werden weggenommen und je eine an die Querbalken und diese um eine Perle tiefer gesetzt.

25 Perlen:

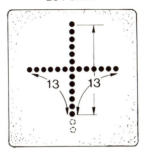

6 Nach Umlegen von 1 Hölzchen sieht die Gleichung so aus:
Rechts steht jetzt der griechische Buchstabe Pi, der mit dem Wert $\dfrac{22}{7}$ oder 3,14 bei allen Kreisrechnungen Verwendung findet.

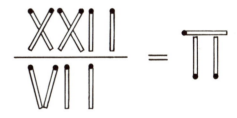

7 Durch Umlegen entsteht der Bruch

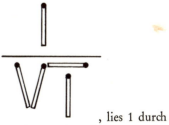

, lies 1 durch Wurzel aus 1. Die Wurzel aus 1 ist wieder 1, und 1 durch 1 ist auch nur 1.

31

8 Vergleiche die vorhergehende Lösung.

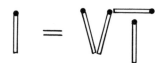

9 Die beiden Deltoide werden aus den 6 Streichhölzern wie folgt gebildet:

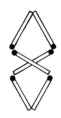

10 Die Zeichnung zeigt, wie aus 10 Streichhölzern ein vierzackiger Stern gebildet wird:

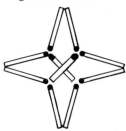

11 Die 9 Punkte müssen so miteinander verbunden werden:

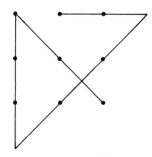

12 Probieren, z. B. so ginge es:

13 **14**

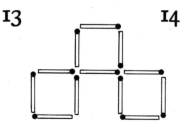 

15 **16**

 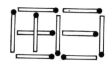

17

 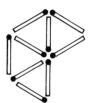

18 Lösung wie Aufgabe 14.

19 **20**

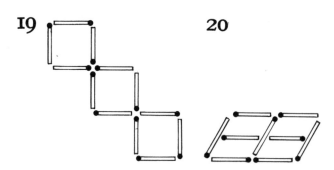

2I Durch Umlegen von 4,   von 3 Hölzchen:

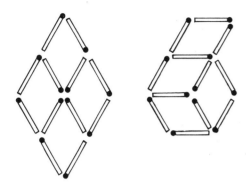

22

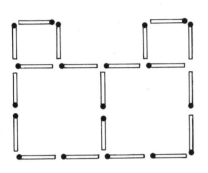

23

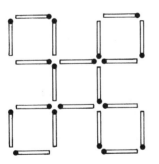

24 Die beiden Quadrate sehen dann so aus:

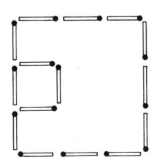

25 So kann die Insel erreicht werden:

26 So werden die 5 gleichseitigen Dreiecke erreicht:

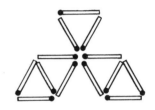

27

28 Probieren, z. B. so:

29 Die oberste Münze wird auf die mittlere gelegt.

30 So:

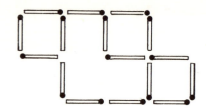

Oder besser so:

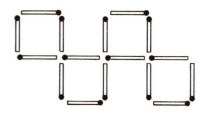

31 Die 4 Quadrate werden wie folgt erreicht:
Durch Wegnehmen von 10 Hölzchen:

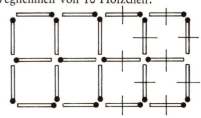

Durch Wegnehmen von 9 Hölzchen:

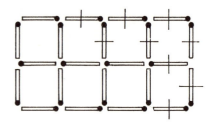

Durch Wegnehmen von 8 Hölzchen:

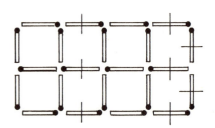

Durch Wegnehmen von 7 Hölzchen:

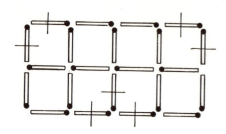

Durch Wegnehmen von 6 Hölzchen:

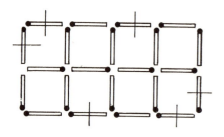

Durch Wegnehmen von 5 Hölzchen:

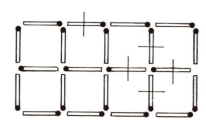

32 Aus den 24 Hölzchen kann ein Quadrat mit einer Seitenlänge von 6 Hölzchen gebildet werden:

6 x 6
= 36

33 Aus 36 Hölzchen wird eine eineinhalbmal so große Fläche gebildet:

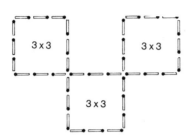

Daraus auch eine zweieinhalbmal so große Fläche:

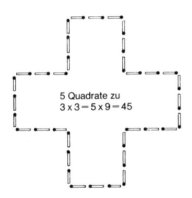

Nun eine dreieinhalbmal so große Fläche:

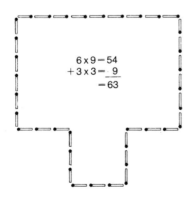

Schließlich eine viereinhalbmal so große Fläche:

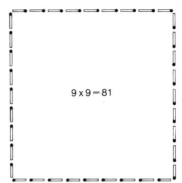

34 Von den etwa 80 Möglichkeiten sei nur eine angeführt. Den mit Kreisen versehenen Feldern wurde die Figur entnommen.

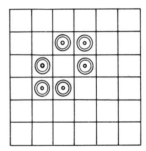

35 Lösung in 16 Zügen:
Otto in den Vorraum, Karl in Zelle von Leo, Franz in Zelle von Otto, Otto in Zelle von Paul; Karl in den Vorraum, Paul in Zelle von Leo, Leo in Zelle von Karl, Karl in Zelle von Franz; Paul in den Vorraum, Franz in Zelle von Leo, Otto in seine Zelle, Paul in seine Zelle; Franz in Vorraum, Leo in seine Zelle, Karl in seine Zelle und Franz in seine Zelle. Man kann jedoch die Übeltäter auch anders verteilen und erhält dann Lösungen in weniger Zügen. Nachfolgend ist die jeweils erste Einweisung immer bei der Zelle Franz beginnend und dann im Uhrzeigersinn fortschreitend.
Eine Stellung für 14 Züge:
Otto, Leo, Franz, Paul, Karl.
Eine Stellung für 12 Züge:
Leo, Otto, Paul, Franz, Karl.
Eine Stellung für 10 Züge:
Paul, Leo, Franz, Karl, Otto.
Gibt es eine Lösung für die Stellung:
Otto, Franz, Paul, Karl, Leo?

Karten- und Rechenkunststücke

KARTENKUNSTSTÜCKE

Man sollte sie alle zur Probe zuerst allein üben.

I Der »Hellseher« hat ein Spiel mit nur 27 Karten in der Hand, die er nicht zu kennen braucht. Dieses Spiel gibt er einem Teilnehmer verdeckt in die Hand, und dieser soll sich eine der Karten merken. Der »Hellseher« nimmt das Spiel zurück, mischt und verteilt die Karten auf drei Häufchen, und zwar so, daß sie der Teilnehmer sehen kann, nicht aber er selbst. Dabei legt er die Karten verdeckt so aus, daß die 1. Karte die unterste des 1. Häufchens wird, die 2. Karte des 2. Häufchens, die 3. des 3. Häufchens. Die 4. Karte kommt dann auf die 1., die 5. auf die 2., die 6. auf die 3., die 7. Karte auf die 1. und 4. usw. Nun läßt sich der »Hellseher« das Päckchen nennen, in dem die gemerkte Karte liegt. Nun werden alle Karten wieder zusammengelegt, das 1. Päckchen oben, das zweite in der Mitte und das dritte unten. In gleicher Weise wie vorher werden noch zweimal 3 Päckchen gebildet und wieder zusammengelegt, wobei das Päckchen mit der gesuchten Karte jedesmal genannt wird. Nun kann die gesuchte Karte mit Sicherheit vom »Hellseher« benannt und gefunden werden.

2 Aus 20 Karten, die untereinander verschieden sein müssen, werden 10 Kartenpaare gebildet und auf den Tisch gelegt. Vier der Paare sind zum Beispiel die vier Könige mit ihren Damen, vier weitere die vier Buben mit den zugehörigen Zehnen, und die letzten beiden Paare werden aus den vier Assen gebildet. Ein Gast merkt sich ein Kartenpaar, hierauf werden alle Karten zu einem Päckchen zusammengenommen, wobei die einzelnen Kartenpaare nicht auseinandergerissen werden dürfen, das heißt, die Paare selbst müssen erhalten bleiben, die Aufeinanderfolge der Kartenpaare ist gleichgültig. Nachdem die Karten in 4 Reihen zu je 5 Karten wieder aufgelegt sind, ist anzugeben, in welchen Reihen sich die Karten des gemerkten Paares befinden. Man kann nun mit Sicherheit sagen, wie das Kartenpaar heißt.

3 Aus 30 Karten werden 10 Tripel (Päckchen zu 3 Karten) gelegt. Ein Tripel muß sich ein Zuseher merken. Die Tripel werden so zu einem Paket zusammengelegt, daß die drei zusammengehörigen Karten zusammenbleiben, wobei die Reihenfolge der Tripel gleichgültig ist. Schließlich werden die Karten in 5 Reihen zu je 6 Karten wieder aufgelegt, der Zuseher nennt jene Kartenreihen, in denen sich die Karten des zu suchenden Tripels befinden. Der Rater kann nun sagen, wie die gesuchten Karten heißen.

4 Aus 15 verschiedenen Spielkarten, die demjenigen, der das Kartenkunststück vorführt, nicht bekannt zu sein brauchen, merkt ein Gast sich eine beliebige Karte. Hierauf bildet man aus allen 15 Karten 5 Päckchen zu je 3 Karten und läßt sich sagen, in welchem Päckchen die gesuchte Karte liegt. Die Päckchen werden nun so zusammengenommen, daß die bewußte Karte im mittleren Päckchen liegt. Der gesamte Prozeß ab der Päckchenbildung wird noch einmal wiederholt. Die gesuchte Karte liegt dann immer als 8. Karte.

5 Aus 30 beliebigen Spielkarten sucht jemand 3 Karten aus, merkt sich ihre Augenzahl (der Wert einer Karte darf nicht außerhalb der Werte 1 bis 11 liegen) und legt sie verdeckt nebeneinander auf den Tisch. Hierauf zählt er von der Augenzahl der ersten Karte bis 11 weiter und legt für jede Zahl eine Karte zur 1. dazu (z. B. Augenzahl der 1. Karte 8, so sind noch 3 Karten dazuzulegen). Ebenso verfährt man mit der 2. und 3. Karte. Man kann nun aus der Anzahl der Restkarten, die übrigbleiben, durch Zuzählen des Wertes 6 die Augensumme der ersten 3 Karten angeben.

Nimmt man statt 30 Karten 52, wählt 4 Karten statt 3 und läßt die übrigen Bedingungen gleich, so muß man von der Restkartenzahl 4 subtrahieren, um die Augensumme der ersten 4 Karten zu erhalten.

Bei 50 Karten und 5 Wahlkarten addiert man zum Kartenrest 10.

Wir stellen jemandem die Aufgabe:

6 Suche drei Spielkarten aus (der Wert jeder Karte muß geringer als 10 sein) und lege sie verkehrt auf den Tisch. Nimm den Wert der 1. Karte doppelt und zähle 5 dazu, multipliziere dann mit 5 und zähle den Wert der 2. Karte dazu; multipliziere schließlich mit 10 und zähle den Wert der 3. Karte dazu.

Nun bitten wir um das Ergebnis der Rechnung und können sofort den Wert der drei Karten in einer Summe nennen.

7 In einem Kartenspiel mit 32 Karten zählen das As 11, die Zehn 10 usw., der König 4, die Dame 3 und der Bube 2 Punkte. Wenn man 5 Karten aus dem Spiel herauslegt, so kann man auf jede Karte soviel Karten legen wie ihr Punkte auf 13 fehlen (auf das As 2, auf die 10 3 Karten usw.). Welche Karten muß man auf den Tisch legen, damit alle restlichen Karten (27 Stück) verbraucht werden und keine zuwenig ist?

RECHENKUNSTSTÜCKE

8 Denk dir eine Zahl, zähle 3 dazu, nimm das Ganze doppelt, zähle 6 dazu und multipliziere mit 5. Nenne das Endresultat.

9 Denk dir eine Zahl, vermehre sie um 5 und um die Anzahl der Tage aus deinem Geburtsdatum. Multipliziere sodann mit 4 und zähle dein doppeltes Lebensalter und noch 12 dazu. Dividiere das Ganze durch 2, ziehe die doppelte Anzahl der Tage aus deinem Geburtsdatum ab und auch noch die Anzahl deiner Lebensjahre. Dividiere schließlich noch einmal durch 2 und ziehe die gedachte Zahl ab.

10 Schreibe eine dreistellige Zahl auf. Vervielfache ihre letzte Ziffer mit 5, zähle 6 dazu und verdopple das Resultat, zähle die mittlere Ziffer dazu und multipliziere mit 10, zähle schließlich die 1. Ziffer der dreistelligen Zahl dazu und nenne das Resultat.

11 Schreibe eine dreistellige Zahl auf, bei der die erste und letzte Ziffer verschieden sein müssen. Schreibe darunter die Zahl mit umgekehrter Ziffernfolge und subtrahiere die kleinere von der größeren. Nenne die erste Ziffer des Resultats, so kann das ganze Ergebnis gesagt werden.

12 Wir begehen Fehler, die sich im Ergebnis nicht auswirken: Es sollen 2 beliebige Zahlen (z. B. 68 und 79) miteinander multipliziert werden. Man schreibt beide Zahlen nebeneinander auf, die 1. Zahl halbiert man, die 2. verdoppelt man und schreibt das Ergebnis unter die entsprechenden Zahlen. Man setzt Halbierung und Verdoppelung so lange fort, bis bei der 1. Zahl 1 erscheint. Bei der Halbierung ungerader Zahlen vernachlässigt man den Rest. Es stehen nun immer 2 Zahlen gegenüber. Alle Zahlen, die einer geraden Zahl der linken Spalte gegenüberstehen, werden in der rechten ausgestrichen. Der Rest der rechten Spalte addiert gibt das richtige Resultat.

KARTENKUNSTSTÜCKE

I Liegen die Päckchen nebeneinander auf dem Tisch, so erhält das 1. Päckchen den Wert 1, das 2. Päckchen den Wert 2 und das 3. Päckchen den Wert 3.

Dies gilt immer wieder für jeden der drei Durchgänge, nach dem erneuten Zusammenlegen der Karten. Diese Durchgänge in ihrer Reihenfolge nennen wir a, b und c. Wir merken uns die Angabe:

$$a - 3b + 9c$$

und können nun genau angeben, als wievielte Karte das gemerkte Blatt nach dem dritten Durchgang liegt. Beispiel: Zuerst lag die Karte im 1. Häufchen, dann im 3., zum Schluß wieder im 1. Häufchen. Wir rechnen:

$$1 - (3 \cdot 3) + 9$$

Es ist die erste Karte. Oder sie lag zuerst im 3. Häufchen, dann im 2. Häufchen, zum Schluß wieder im 3. Häufchen. Wir rechnen:

$$3 - (3 \cdot 2) + (9 \cdot 3)$$

Die 24. Karte ist dann das gemerkte Blatt.

Will man den Weg der Karte innerhalb der drei Legevorgänge verfolgen, sieht das folgendermaßen aus:

1. Legevorgang:　　　2. Legevorgang:

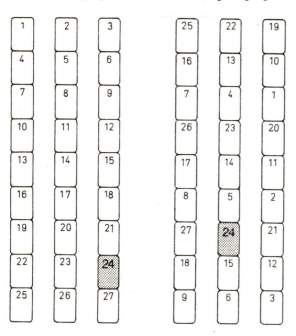

3. Legevorgang:

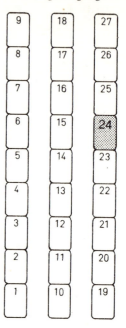

2 Der Schlüssel zur Lösung heißt:

A	N	T	O	N
R	O	S	S	I
B	A	M	B	I
M	E	T	E	R

Je 2 gleiche Buchstaben entsprechen einem Kartenpaar. Die ersten beiden Karten werden auf die Plätze der beiden A gelegt, die nächsten beiden Karten auf die Plätze der beiden N usw., bis alle Buchstaben besetzt sind.

Beispiele: Der Gast sagt, in der ersten Reihe liegen beide, dann nennt der »Hellseher« die Karten, die bei N liegen, also die 2. und die 5. der Reihe. Oder der Gast sagt: Sie liegen in der 2. und 4. Reihe; dann können es nur die R-Karten sein. Sagt er, sie liegen in der 4. Reihe, alle beide, so ist die Antwort: Es sind die 2. und 4. Karte.

Es gibt auch noch eine zweite Merkwörterreihe:

3 Der Schlüssel für die Lösung heißt:

Je drei gleiche Buchstaben entsprechen einem Kartentripel. Es sind daher die ersten 3 Karten auf die Plätze der »T« zu legen, wobei man die Schlüsselwörter auswendig wissen muß. Die nächsten 3 Karten entsprechen den 3 Buchstaben »O« usw., bis alle Karten ausgeteilt sind.

Andere Schlüsselwörter sind:

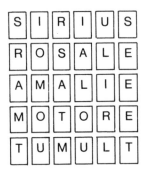

6 Zieht man vom Resultat 250 ab, so nennen die Ziffern der verbliebenen Zahl die Werte der ausgesuchten Karten.

7 Für die Lösung gibt es mehrere Möglichkeiten. Z. B.: 2 Könige, 1 As, 1 Zehn und 1 Neun; oder 1 König, 1 Zehn, 1 Neun, 1 Acht und 1 Sieben.

RECHENKUNSTSTÜCKE

8 Vom Endresultat braucht man nur 60 abzuziehen und die letzte Null wegzustreichen, dann erhält man die gedachte Zahl.
Z. B.: Gedachte Zahl = 14;
dann lauten die Zwischenresultate:
14, 17, 34, 40, 200; 200 — 60 = 140.
Null streichen = 14.

9 Das Ergebnis lautet immer 8.

10 Vom Ergebnis ziehe man 120 ab und die nun erhaltene 3stellige Zahl in umgekehrter Ziffernfolge ist die gedachte Zahl.
Z. B.: Gedachte Zahl 326;
die Teilresultate lauten:
6, 30, 36, 72, 74, 740, 743 — 120 = 623,
umgekehrte Ziffernfolge ist 326.

11 Die mittlere Ziffer ist in jedem Fall 9, und die erste und letzte Ziffer ergänzen sich auf 9. Z. B.:

$$583$$
$$-\ 385$$
$$\overline{198}$$

12 Halbierung; Verdoppelung:

68	~~79~~
34	~~158~~
17	316
8	~~632~~
4	~~1264~~
2	~~2528~~
1	5056
	5372

Rätsel aus verschiedenen Sachgebieten

1 Es kroch an einem Lindenbaum
ein kleiner Wurm, man sah ihn kaum,
von unten auf mit aller Macht.
4 Meter schafft er jede Nacht,
und alle Tage rutscht er wieder
genau 2 Meter dran hernieder.
So hatte mit der 12. Nacht
er ganz sein Kletterwerk vollbracht.
Mein Freund, sag mir doch klipp und klar,
wie hoch der Baum nun wirklich war?

2 Auf einem Dachboden hängen 10 Paar braune und 10 Paar schwarze Socken zum Trocknen. Im Dachboden ist es völlig dunkel. Wie viele Socken müssen heruntergenommen werden, um mit Sicherheit ein Paar Socken gleicher Farbe zu erhalten?

3 In einem Stoffsäckchen sind 12 rote, 16 weiße und 20 schwarze Spielwürfel. Wie viele muß man, ohne in das Säckchen zu schauen, auf einmal herausnehmen, um mit Sicherheit ein gleiches Würfelpaar in der Hand zu haben?

4 Ein Mädchen treibt Gänse auf die Weide, eine Gans läuft vor zweien, eine läuft zwischen zweien und eine läuft hinter zweien. Wie viele Gänse waren es?

5 In einem Aquarium sind große und kleine Fische, insgesamt 8 Stück. Wären die kleinen um einen mehr, so wären sie doppelt so viele wie die großen. Wie viele kleine und große Fische sind im Aquarium?

6 In einer Schachtel sind Schlag- und Tennisbälle. Insgesamt 18 Stück. Wären die Schlagbälle um ein Viertel mehr, so hätte man gleich viele Schlag- und Tennisbälle. Wie viele Schlag- und Tennisbälle sind es nun tatsächlich?

7 In einem Säckchen sind Messing- und Eisenschrauben, zusammen 13 Stück. Wären die Messingschrauben um 1 weniger, dann wären es dreimal so viele Eisenschrauben wie solche aus Messing. Wie viele von jeder Sorte?

8 Im Obus sind 24 Personen, Frauen und Männer. Würden 3 Männer aussteigen, so wären doppelt so viele Frauen wie Männer im Obus. Wie viele Männer und Frauen sind anwesend?

9 In einer Klasse sind 36 Schüler, Buben und Mädchen. Fehlt ein Bub, so sind um ein Drittel mehr Mädchen als Buben in der Klasse. Wie viele Buben und Mädchen sind es?

10 Auf einem Parkplatz stehen Mopeds und Autos, zusammen haben sie 60 Räder. Es sind um 3 Mopeds mehr als Autos. Wie viele von beiden Fahrzeugarten sind es?

11 Odo fragt: »Wie viele Pferde sind für das Reitturnier gemeldet?« Antwort: »Samt den Reitern haben sie 96 Beine.«

12 Nach einer Versammlung wurde der Veranstalter gefragt, wie viele Teilnehmer anwesend waren. Er sagte: »Wären es um 15 weniger gewesen, so wäre die Hälfte genau 36.« Wie viele waren wirklich bei der Veranstaltung?

13 Hedwig und Anna haben je eine Schachtel mit gleich vielen Christbaumkerzen. Gibt Anna 10 Stück in die Schachtel der Hedwig, so hat diese dreimal so viele wie Anna. Wie viele Kerzen waren in der Schachtel?

14 Zwei Hirten unterhalten sich. Der eine sagt: »Du hast die größere Weidefläche, nimm eine meiner Kühe, dann hütest du doppelt so viele wie ich.« Der andere sagt: »Wenn ich dir aber eine von meinen Kühen gebe, dann haben wir beide gleich viele.« Wie viele Kühe hütet jeder der beiden Hirten?

15 Das Thermometer ist um 6 Grad gestiegen, das ist die Hälfte der ursprünglichen Temperatur. Wieviel Grad hat es jetzt?

16 Aus einer Packung von 24 Zigaretten sind doppelt so viele herausgenommen worden wie noch darin sind. Wie viele sind noch in der Packung?

17 Im Bücherbrett steht eine Anzahl annähernd gleichstarker Bücher. Wären es noch um 3 mehr, so wäre das Brett voll, wären es um 2 weniger, wäre es halbvoll. Wie viele Bücher sind es?

18 Franz und Karl sind Fußballspieler. Franz sagt: »Hätte ich 3 Tore mehr geschossen, so wäre ich doppelt so erfolgreich wie du.« Karl erwidert: »Das ist nicht so wichtig; Hauptsache wir haben zusammen 15 Bälle ins Netz gebracht.« Wie viele Tore hat jeder geschossen?

19 Kurt und Willi sind Fußballer, sie haben zusammen 18 Tore geschossen. Hätte Kurt um 2 mehr ins Netz gebracht, so wären sie gleich erfolgreich. Wie viele Tore hat jeder geschossen?

20 In zwei Papiersäckchen sind gleich viele Äpfel. Gibt man 3 Äpfel vom ersten Sack in den zweiten, so sind in diesem dreimal so viele wie im ersten. Wie viele Äpfel waren in jedem Sack?

21 Von 60 kg Äpfeln wurde ein Teil verkauft, so daß um 12 kg mehr übrigblieben, als verkauft wurden. Wie viele Kilogramm Äpfel wurden verkauft?

22 Drei Hasen wiegen zusammen 10 kg. Der zweite ist um ein Drittel schwerer als der erste, der dritte um ein Viertel leichter als der zweite. Wie schwer ist jeder?

23 Jemand verteilt Bonbons gleichmäßig unter 6 Kindern. Dabei erhält jedes um eines mehr als wenn man sie unter 7 Kinder verteilt hätte. Wie viele Bonbons waren es?

24 In einer Zündholzschachtel sind 48 Streichhölzer. Sie werden auf zwei Zündholzschachteln so verteilt, daß in der einen um die Hälfte weniger sind als in der anderen. Wie viele Hölzer sind in jeder Schachtel?

25 In einer Zündholzschachtel sind 99 Streichhölzer. Sie werden auf zwei Schachteln so verteilt, daß in der einen um 3 weniger sind als die Hälfte der anderen. Wie viele müssen in jede Schachtel gelegt werden?

26 In einer Zündholzschachtel sind 85 Streichhölzer. Sie werden auf zwei Schachteln so verteilt, daß in der einen um ein Drittel weniger sind als in der anderen. Wie viele sind in den einzelnen Schachteln?

27 In einer Zündholzschachtel sind um ein Drittel mehr Streichhölzer als in der anderen. Gibt man alle in eine Schachtel, so sind in dieser 91 Streichhölzer. Wie viele waren in jeder Schachtel?

28 Ein Flügel der Oberlichte eines dreiflügeligen Doppelfensters hat 2 Scheiben, das sind halb so viele Scheiben wie ein Hauptflügel hat. Wie viele Scheiben hat das ganze Fenster?

29 Die Gänseliesel sagt: »Hätte ich um 2 Gänse mehr zu hüten, so wäre die doppelte Anzahl genau 100.« Wie viele hat sie wirklich zu hüten?

30 Ein Apfel wiegt 120 g, eine Orange soviel wie fünf Pflaumen, und eine Melone wiegt soviel wie zwei Orangen und zwei Äpfel, drei Pflaumen wiegen soviel wie ein Apfel. Wie schwer ist jede Frucht?

31 Wenn ich täglich um 2 Zigaretten weniger rauche, so komme ich mit der gleichen Anzahl fünf Tage statt vier Tage aus. Wie viele werden täglich geraucht?

32 Franz und Karl haben gleich viele Kugeln. Gibt Franz dem Karl 12 Kugeln, so hat dieser dreimal so viele wie Franz. Wie viele hat jeder?

33 Fritz hat 24 Kugeln. Gibt er 4 Kugeln Paul, so haben beide gleich viele. Wie viele hatte Paul anfangs?

34 Karl hat um 6 Kugeln mehr als Paul. Beide zusammen haben 54. Wie viele hat jeder?

35 Eine Uhr geht falsch. Wenn es 8.15 Uhr ist, zeigt die Uhr 9.20 Uhr. Was zeigt die Uhr, wenn der Zug um 17.48 Uhr fährt?

36 Ein Blätterstock hat 8 Blätter, monatlich fallen zuerst 4 Blätter ab, und dann wachsen 3 dazu. Wann hat der Stock keine Blätter mehr?

37 A und B sind Kohlenhändler. Sie unterhalten sich über Preis und Qualität der Kohle. Während der Unterhaltung rügt B den A: »Deine Kohle ist zwar qualitativ besser, aber daß sie gleich um 100 Prozent teurer ist als meine, das scheint mir übertrieben.« Antwortet A: »Übertreib doch nicht so stark, deine Kohle ist doch nur um 50 Prozent billiger als meine.«
Ist irgendwo ein Fehler, oder stimmen die Überlegungen der Kohlenhändler?

38 Aus einem Korb muß ein halbes Ei mehr herausgenommen werden als die Hälfte der darin befindlichen Eier. Es bleiben dann immer noch 15 Eier im Korb. Wir zerschlagen dabei aber keine Eier. Wie viele Eier waren denn im Korb?

39 Auf meiner Reise lernte ich einen Riesen kennen. Sein Kopf war 30 cm lang, mit Hals freilich. Seine Beine waren doppelt so lang wie sein Kopf und sein halber Rumpf, und der ganze Kerl war genau 1 m länger als Kopf und Beine zusammen.

Wie groß
war der Riese?

40 Etwa 1 kg mittelgroße Äpfel, davon 2 rote und einige grüne, liegen in einer Reihe auf dem Tisch. Der eine rote liegt als 6. von links, der andere rote als 8. von rechts. Zwischen den beiden liegen drei Äpfel. Wie viele sind es insgesamt?

41 Ein Ort hat 1024 Einwohner. Eine Nachricht wird mündlich so weitergegeben, daß sie der erste an zwei weitergibt und diese wiederum an je zwei usw., bis jeder im Ort die Nachricht kennt. Wie viele Sekunden sind bis dahin vergangen, wenn für die Übermittlung jeweils 10 Sekunden gebraucht werden?

42 Gottfried, Karl und Lina haben Haselnüsse gesammelt, $9^1/_3$ Schock. Sie werden so verteilt, daß Karl 40 Stück weniger als Lina und 80 Stück mehr als Gottfried erhält. Wie viele Haselnüsse hat jedes Kind bekommen?
(Übrigens: 1 Schock sind 60 Stück; Nüsse zählte man früher genauso ab wie heute noch die Eier ...)

43 Wenn man ein Blatt Papier mit einem Locher für Schnellhefter locht, erhält man 2 kleine Papierkreise. Wie viele Papierkreise erhält man, wenn man das dreimal gefaltete Papier locht?

44 Krösos opferte dem Tempel der Götter 6 goldene Gefäße, die zusammen 600 Quentchen schwer waren. Jedes war um 1 Quentchen schwerer als das vorhergehende. Wieviel hatte jedes an Gewicht?

45 Ein Schmied beschlägt die Pferde eines reichen Herrn. Dieser ist mit der Arbeit sehr zufrieden und stellt dem Schmied frei, eine beliebige Summe als Lohn zu nennen. Der Schmied antwortete: »Geben Sie mir für den ersten Nagel 1 Groschen, für den zweiten das Doppelte und immer wieder das Doppelte bis zum 24. Nagel.« Wieviel hätte der Herr zu bezahlen gehabt?

46 Sechs Raucher rauchen 6 Zigaretten in 6 Minuten. Wie viele Raucher rauchen 80 Zigaretten in 48 Minuten?

47 In einem Haus mit drei Etagen wohnen 42 Personen über den anderen, 48 Personen unter den anderen und im Mittelstock so viele Personen wie in den übrigen Etagen zusammen. Wie viele Personen wohnen in jeder Etage?

48 Steckt man in ein Einsteck-Markenalbum pro Reihe jeweils eine Marke mehr, so spart man bei 6 Reihen eine ganze Reihe. Wie viele Marken waren ursprünglich in einer Reihe?

49 Macht man die Spalten einer Einteilung um 1 cm schmäler, so erhält man 9 statt 8 Spalten. Welche Breite steht für die Einteilung zur Verfügung?

50 Vorgestern schälte Helga die Kartoffeln, sie brauchte dazu drei Stunden. Gestern schälte Inge, sie brauchte nur eine Stunde. Heute schälen beide. Wann sind sie fertig?

51 Ein Schauspieldirektor sagte, er habe ebenso viele Schauspieler wie Schauspielerinnen, zähle er aber sich selbst mit dazu, so habe jede Schauspielerin nur halb so viele Damen neben sich als Herren. Wie viele waren es?

52 Im Saal und im Garten eines Gasthauses stehen gleich viele Stühle. Im Extrazimmer stehen nur halb so viele wie im Garten. Zusammen sind es 60 Stühle. Wie verteilen sie sich?

53 In einer Klasse sind Buben und Mädchen. Fehlt ein Bub, so sind um die Hälfte mehr Mädchen als Buben, fehlen aber 6 Mädchen, so sind ebenso viele Buben wie Mädchen in der Klasse. Wie viele Buben und Mädchen sind es?

54 In einer Garderobe werden Hüte und Mäntel abgegeben. Um 8 Uhr sind es 22 Stück. Um 10 Uhr hat man alle Hüte und ebenso viele Mäntel abgeholt. Jetzt sind es nur noch 4 Mäntel. Wie viele Hüte und Mäntel waren es vorher?

55 Hans sagt zu Grete: »Gib mir 4 Feigen, dann haben wir beide gleich viele.« Grete sagt: »Sei ein Kavalier und gib mir du 4, dann habe ich doppelt so viele wie du.« Wie viele Feigen hatten Hans und Grete anfangs?

56 Fritz hat beim Kugelschieben oder Murmelspielen verloren, er sagt zu Kurt: »Gib mir 3 von deinen Kugeln, dann haben wir wenigstens gleich viele.« Kurt antwortet: »Wenn du mir 3 geben würdest, hätte ich doppelt so viele wie du.« Wie viele hatte jeder?

57 Ein Fischer hat einen Rucksack voll Fische gefangen und erwidert auf die Frage, wie viele er gefangen habe: »Hätte ich fünfmal so viele, dann wären es genau so viele über 99, wie ich jetzt unter 99 habe.« Wie viele Fische waren im Rucksack?

58 Zwei Uhren gehen falsch. Wenn die eine 7.36 Uhr zeigt, ist es eigentlich 6.47 Uhr. Die zweite geht gegenüber der ersten um 18 Minuten nach. Wie spät ist es in Wirklichkeit, wenn die zweite Uhr 12.15 Uhr zeigt?

59 Die Turmuhr zeigt falsch an und schlägt unrichtig. Zum Beispiel: Um 10.42 Uhr zeigt sie 12 Uhr, und dabei schlägt sie fünfmal. Wieviel zeigt die Uhr, wenn der Zug um 8.29 Uhr geht? Schlägt sie dabei?

60 Er wollte mit dem Autobus fahren, verschlief aber und kam 22 Minuten zu spät. 7 Minuten wartete er noch an der Haltestelle, dann machte er eine Wanderung, die 3 Stunden und 25 Minuten dauerte. Am Ziel setzte er sich nieder und aß ¾ Stunden lang. Die nächsten 2 Stunden ruhte er sich aus. Hierauf setzte er sich in den Zug und fuhr 37 Minuten zum Ausgangsort zurück. Am Bahnhof plauderte er 10 Minuten mit einem Freund, ging mit ihm in das 7 Minuten entfernte Kaffeehaus, wo sie zusammen 43 Minuten blieben. 3 Stunden vertrödelte er mit allem möglichen, fuhr dann in 16 Minuten nach Hause, brauchte 4 Minuten zum Ausziehen und legte sich Punkt 22 Uhr ins Bett. Wann ging eigentlich der Autobus?

61 In einem Haus mit drei Etagen wohnen 28 Personen. 20 Personen wohnen über den anderen, und 22 Personen wohnen unter den anderen. Wie viele wohnen in jeder der drei Etagen?

62 Ein Geburtstagsstrauß hat eine ungerade Anzahl von Blüten, zusammen 40 Blumenblätter. Alle Blüten, mit Ausnahme von zwei, die je um ein Blumenblatt weniger haben, haben gleichviel Blumenblätter. Wie viele Blüten zählt der Strauß?

63 Im Zeugnis stehen 9 Noten, nur Gut (2) und Befriedigend (3). Die Notensumme ist 22. Wieviel Gut und Befriedigend sind im Zeugnis?

64 Die Mutter sagt: »Gebe ich jedem von euch 5 Orangen, bekommt eines keine, gebe ich jedem aber nur 4, so erhalten alle gleich viel.« Wie viele Kinder beschenkt sie?

65 Zwei Wörter haben den gleichen Anfangsbuchstaben, zwei andere Wörter den gleichen Endbuchstaben, endlich lauten die Anfangsbuchstaben zweier Wörter wie die Endbuchstaben zweier anderer Wörter. Wie viele Wörter müssen es mindestens sein?

66 In einem Brotröster können gleichzeitig 2 Scheiben Brot einseitig geröstet werden. Das Rösten jeder Seite dauert 30 Sekunden. 3 Scheiben beidseitig zu rösten dauert daher 2 Minuten. Wie könnten die 3 Scheiben in 1½ Minuten geröstet werden?

67 Ein Kurierflugzeug mußte trotz Verspätung aus Treibstoffmangel zwischenlanden. Um das Auftanken möglichst zu beschleunigen, wurden drei Tankwagen angefordert, die auch pünktlich zur Stelle waren. Der erste Tankwagen hätte allein 30 Minuten, der zweite hätte 20 Minuten und der dritte Tankwagen hätte allein 12 Minuten zum Auftanken gebraucht. In welcher Zeit ist das Flugzeug aufgetankt, wenn alle drei Tankwagen gleichzeitig arbeiten?

68 Drei Schiffbrüchige und ein Affe landen auf einer unbewohnten Insel. Der Affe holt als Verpflegung Nüsse von den Bäumen. Man beschließt, am nächsten Morgen die Nüsse zu verteilen, wobei der Affe eine Nuß erhalten soll. In der Nacht wacht der erste hungrig auf, gibt dem Affen eine Nuß, verspeist dann ein Drittel der Nüsse und legt sich wieder hin. Dann wacht der zweite auf, verfährt wie der erste, gibt also dem Affen eine Nuß, verspeist ein Drittel der noch vorhandenen Nüsse und legt sich wieder hin. Der dritte macht es genauso. Am Morgen kommen alle drei zusammen, tun so, als ob nichts gewesen wäre, geben dem Affen eine Nuß und verteilen die restlichen gleichmäßig unter sich. Wie viele waren es, wenn die Gesamtzahl weniger als 100 Nüsse war?

69 Als der letzte der drei Handwerksburschen zum abendlichen Treffpunkt kommt, teilt er den beiden anderen mit, daß er zwar nicht 100, aber eine Tasche voll Eier »organisiert« habe. »Wir werden sie morgen früh verteilen«, bestimmt er. Nachdem sie eine Weile geschlafen haben, wacht der erste auf, nimmt sich ein Drittel der Eier, da aber der Rest nicht gleichmäßig auf alle drei Kumpel verteilt werden konnte, nimmt er um ein Ei mehr. Er versteckt seine Eier und legt sich wieder schlafen. Der zweite wacht auf und verfährt ebenso, nimmt also um ein Ei mehr als ein Drittel der noch vorhandenen Eier. Der dritte macht es ebenso. Am Morgen tut jeder, als ob nichts gewesen wäre, und sie verteilen den Rest der Eier gleichmäßig unter sich. Wie viele Eier waren es?

70 Der Bürgermeister beobachtet drei Personen, die aus dem Gemeindeamt kommen, und sagt zu dem neben ihm stehenden Schuldirektor: »Da schau, die drei Personen, die da aus dem Haus kommen, sind zusammen doppelt so alt wie ich. Das Produkt ihrer Alter ist 2450.« Diese Zahl würde also herauskommen, wenn man das Alter der ersten Person mit dem der zweiten multiplizieren würde und das Ergebnis dann noch mit dem Alter der dritten Person. Der Schuldirektor sieht den Bürgermeister fragend an, und dieser setzt

fort: »Kannst du mir sagen, Direktor, wie alt die drei sind?« Der Schuldirektor, der das Alter des Bürgermeisters kennt, antwortet nach einigem Nachdenken: »Nein, das kann ich noch nicht.« Darauf sagt der Bürgermeister: »Und wenn ich dir sage, daß du älter bist als jede der drei Personen?« Da antwortete der Schuldirektor: »Ja, dann kann ich die Alter angeben.« Wie alt ist der Schuldirektor?

71 Herr Klug und Herr Denk treffen sich im Kaffeehaus. Herr Klug erzählt: »Ich habe mir eben eine Zahnbürste, eine Tube Zahnpasta und ein Stück Seife gekauft.« Herr Denk fragt, was die Dinge gekostet haben. Antwortet Herr Klug: »Soviel wie du als Zeche bezahlt hast. Multipliziert man aber die Preise miteinander, so erhält man 450.« Herr Denk nach einigem Zögern: »Ich kann es noch nicht sagen.« Herr Klug hilft weiter: »Zahnpasta und Seife waren gleich teuer.« Herr Denk: »Jetzt weiß ich die Preise!«
Übrigens eine Kaffeehaus-Unterhaltung. Und so spielt die Geschichte denn auch in Österreich, weil man dann Preise in Schilling, also in ganzen Zahlen ohne Bruchteile von Schilling, verwenden kann.

72 Drei tropfende Wasserhähne lassen zusammen in gleicher Zeit 544 Wassertropfen fallen. Aus dem ersten Hahn folgen in 5 Sekunden 3 Tropfen, aus dem zweiten Hahn in 7 Sekunden 4 Tropfen und aus dem dritten Hahn in 9 Sekunden 5 Tropfen. Wie verteilen sich die Tropfen auf die einzelnen Hähne, und in welcher Zeit werden die Tropfen aufgefangen?

73 Ein Arzt gibt einem Patienten 2 Fläschchen Medizin mit je 120 Tropfen und folgender Anweisung: »Von der ersten Flasche nehmen Sie jede dritte Stunde 5 Tropfen, von der zweiten Flasche jede vierte Stunde 6 Tropfen. Wenn das Einnehmen der Tropfen zusammenfallen sollte, wird keine Medizin genommen, sondern das Einnehmen auf den nächsten Termin verschoben.« Nach wie vielen Stunden ist die erste, nach wie vielen Stunden die zweite Flasche verbraucht?

74 Drei Hühner haben 60 Maiskörner. Wie viele Körner bekommt jedes, wenn das erste Huhn nach 2 Körnern zweimal gackert, das zweite Huhn nach 4 Körnern dreimal gackert und das dritte Huhn nach jeweils 6 Körnern viermal gackert, wobei jedes der Hühner 1 Korn frißt, wenn ein anderes einmal gackert.

75 Eine Gesellschaft macht zusammen eine Zeche von 60 DM. Fünf Personen können nichts zahlen. Die anderen müssen deshalb jeder eine Mark mehr zahlen. Aus wie vielen Personen bestand die Gesellschaft?

76 Eine Arbeit kann in 252 Arbeitsstunden fertiggestellt werden. Kurz vor Arbeitsbeginn werden 6 Personen krank. Um die Arbeit zeitgerecht beenden zu können, müssen die restlichen Arbeiter je 1 Stunde mehr leisten. Wie viele Arbeiter waren vorgesehen?

77 Zur Überbringung der olympischen Fackel müssen 336 km zurückgelegt werden. Kurz vor Beginn des Stafettenlaufes fallen 6 Läufer aus. Es muß daher von den restlichen Sportlern jeder 1 km mehr zurücklegen. Wie viele Sportler hätten eingesetzt werden sollen?

78 Wenn man die Schüler zweier Klassen in Reihen zu 2 oder 4 Schülern aufstellt, ist immer 1 Schüler zuwenig. Stellt man sie zu 3 oder 5 auf, ist jede Reihe voll. Um wie viele Schüler handelt es sich?

79 Der Betriebsleiter sagt zu seinen Arbeitern: »Um den Auftrag rechtzeitig liefern zu können, müssen wir 72 Überstunden leisten. Es muß daher jeder halb so viele Überstunden machen, wie die Belegschaft groß ist.« Wie groß ist sie?

80 Bei einer Nikolausfeier hat der Nikolaus insgesamt 60 Äpfel für eine bestimmte Anzahl von Kindern. Nun sind plötzlich 3 Kinder mehr gekommen, es bekommt daher jedes um 1 Apfel weniger. Wie viele Kinder waren es?

81 Ein Bauer hatte 20 schwarze und 20 weiße Schafe. Er wollte 20 davon verkaufen. Der Käufer wollte sich die Schafe aussuchen, der Bauer aber wollte alle schwarzen verkaufen. Schließlich einigte man sich, daß der Zufall entscheiden soll. Die Schafe sollen in den Farben durcheinander in einer Reihe aufgestellt werden, und jedes neunte Schaf soll der Käufer für sich nehmen. Wie mußte der schlaue Bauer die Schafe aufstellen, damit nur die schwarzen und kein einziges weiße Schaf verkauft wurde?

82 Von 2 verschieden dicken, aber gleich langen Kerzen könnte die eine 5 Stunden, die andere 4 Stunden brennen. Sie wurden gleichzeitig angezündet. Als man sie auslöschte, war die eine viermal so lang wie die andere. Wie lange brannten sie?

83 Ein Landwirt hat viele Gänse und eine Herde Schafe, insgesamt 432 Stück. Er vertauscht sämtliche Gänse gegen Schafe, wobei 32 Gänse 3 Schafe wert sind. Nach dem Tausch besitzt der Landwirt 200 Schafe. Wie viele Gänse hatte er umgetauscht?

84 Eine Schafherde hat weniger als 700 Stück. Werden sie zu zweit, zu dritt, zu viert, zu fünft oder zu sechst aus dem Stall getrieben, bleibt immer eines übrig. Läßt man sie aber zu siebt aus dem Stall, so bleibt keines übrig. Wie viele Schafe waren im Stall?

85 Eine Bäuerin zählt ihre Hühner, ob sie nun jedesmal zu dritt oder viert oder fünf abzählt, es bleibt immer ein Huhn übrig. Wie viele Hühner müssen es mindestens gewesen sein?

86 Wenn ein Bataillon Soldaten, keine 500 Mann, in Dreier-, Vierer-, Fünfer- und Sechserreihen marschiert, so werden immer alle Reihen voll sein. Marschiert es aber in Siebenerreihen, so fehlt in der letzten Reihe ein Soldat. Wie viele Soldaten hat das Bataillon?

87 Eine ungefähr 300 m lange Allee wird angelegt. Pflanzt man alle 4 oder 5 oder 6 m einen Baum, so ist der letzte Abstand jedesmal um 1 m größer. Pflanzt man aber alle 7 m einen Baum, so sind alle Abstände gleich. Wie lang ist die Allee?

88 Der Vater will seine Taubenzucht, 6 besonders schöne und 9 weniger schöne Paare, aufgeben und schenkt sie seinen 3 Söhnen mit der Auflage, daß die Tauben paarweise verkauft werden, daß jeder Sohn gleich viel Erlös erzielt, obwohl einer 6, der andere 5 und einer 4 Paare erhält. Für die schönen und für die weniger schönen Tauben muß je ein einheitlicher Preis erzielt werden. Die Söhne setzen sich zusammen, grübeln nach und fanden schließlich eine Lösung. Wie machten sie es?

89 In einem Käfig sind Kaninchen und Hühner eingesperrt. Die Tiere haben zusammen 35 Köpfe und 94 Füße. Wie viele Kaninchen und Hühner sind im Käfig?

90 In 8 Käfigen, die quadratisch und im Quadrat angeordnet sind, leben insgesamt 72 Kaninchen. In den Eckkäfigen sind je 3 alte und in den mittleren je 15 junge Kaninchen. Der Besitzer überprüft die Anzahl der Kaninchen täglich so, daß er der Einfachheit halber die Tiere zählt, die er pro Seite sieht. Es sind jedesmal 21.

3	15	3
15		15
3	15	3

Die Kaninchen wachsen heran. Die Zählmethode bleibt die gleiche. Wie stellt es der Wärter an, wöchentlich 4 Kaninchen zu stehlen, ohne daß der Besitzer etwas merkt? Wie viele Wochen kann er den Diebstahl fortsetzen?

91 In einem Internat leben 24 Zöglinge, 3 in jedem der 8 quadratischen Schlafräume, die wiederum im Quadrat angeordnet sind. Die Heimleiterin überprüft täglich die Anzahl der Zöglinge, indem sie jede Schlafraumfront abzählt und dabei feststellt, daß es immer 9 Zöglinge sind. Wie stellen es die Zöglinge an, trotz Besuchsverbots 4 Besuchspersonen zu beherbergen?

92 7 Freunde waren zugleich Stammgäste in einem Gasthaus. Der erste ging alle Tage ins Lokal, der zweite alle 2 Tage usw., der siebte alle 7 Tage. »Wenn sie alle zusammen anwesend sind, gibt es Freibier; es wird kaum vorkommen«, sagt der Wirt. Doch er irrt sich. Wann kamen sie alle sieben zusammen?

93 2 Reisende lagern an einem Brunnen und wollen ihre Abendmahlzeit einnehmen. Ein Fremder kommt dazu und bietet ihnen Goldstücke, soviel jeder Brötchen hat. Der Ältere hat 5, der Jüngere 3 Brote. Sie mußten den Fremden dafür mitessen lassen und teilten redlich. Nachdem der Fremde gezahlt hatte und gegangen war, wollte sich der Jüngere 3 Goldstücke nehmen und 5 dem Älteren geben. Dieser war damit nicht einverstanden und nahm sich 7 Goldstücke und gab seinem Kameraden eines. Wie überzeugte der Ältere den Jüngeren, daß dies die gerechteste Teilung ist?

94 5 Stammtischrunden tagen im gleichen Gasthaus. Runde 1 trifft sich jeden zweiten Tag (Beginn 2. Januar), Runde 2 jeden dritten Tag (Beginn 3. Januar) usw. Wann treffen sich alle 5 Runden im Gasthaus gleichzeitig? Wie viele Tage bis dahin gibt es, an denen alle Stammtische leer sind?

95 Eine Gesellschaft zwischen 100 und 200 Personen nahm im Speisesaal Platz. An 7 Tischen sollten jeweils gleich viel und am 8. Tisch sollten 13 Personen sitzen. Doch man vereinbarte, daß an 12 Tischen gegessen wird, weil dann überall gleich viel Personen sitzen. Wie viele Personen hatte die Gesellschaft und wie viele sollten ursprünglich an einem Tisch sitzen?

96 Herr Berger, Herr Hofer und Herr Müller gehen kegeln. Müller notiert die gefallenen Kegel, zwar jeweils die richtige Anzahl, aber er zählt sie nicht dem richtigen Kegler zu. Nach je 4 Kugeln bemerkt Herr Hofer den Irrtum. Es wird zwar festgestellt, daß Herr Berger und Herr Müller gleich viel und Herr Hofer um 2 Kegel mehr hat und die Notiz lautet: B: 5 7 3 6 H: 6 7 5 5 M: 2 9 1 6, aber sie stimmt keinesfalls. Herr Müller konnte sich erinnern, daß er selbst einmal 2 Kegel und Herr Hofer mit 2 Kugeln 13 Kegel erreicht hat. Jetzt versuchte Herr Müller, den Irrtum richtigzustellen, was ihm auch nach genauer Überlegung gelang. Wie?

97 Ein Vater wollte seinen nicht sehr fleißigen Sohn etwas anspornen und versprach für gute Leistungsnoten Prämien, und zwar für ein »Sehr gut« 10 DM, für ein »Gut« 5 DM und für ein »Befriedigend« 1 DM. Für ein »Ausreichend« bekam der Sohn natürlich nichts, mußte sogar für ein »Mangelhaft« 10 DM zurückerstatten. Am Ende des Jahres, nach 15 schriftlichen Leistungsnoten, hatte der Sohn eine Barschaft von 30 DM; seine Leistungen wiesen 4mal die Note »Ausreichend« und einmal die Note »Mangelhaft« auf. Wie verteilen sich die anderen Noten?

98 Zum Verpacken von Tennisbällen stehen 2 verschiedene Schachtelgrößen zur Verfügung. Nimmt man die kleineren Schachteln, in die je 9 Bälle verpackt werden können, so bleiben 5 Bälle übrig. Nimmt man die größeren Schachteln, in denen je 13 Bälle Platz haben, so bleiben 7 Bälle übrig. Wie viele Bälle müssen es mindestens gewesen sein?

99 Bilden die Schüler einer Klasse Reihen zu 8 Schülern, so bleiben 3 übrig, bilden sie Reihen zu 11 Schülern, so bleiben 5 übrig. Wie viele Schüler müssen es mindestens gewesen sein?

100 Auf einem Schachbrett sind 8 Damen, die wie im Schachspiel ziehen können (parallel und diagonal), so aufzustellen, daß keine Dame die andere schlagen kann. 92 Lösungen sind möglich. Jede Dame muß also für sich allein eine ganze waagerechte Reihe frei von anderen Damen haben und ebenso auch eine ganze senkrechte Reihe. Darüber hinaus darf sie auch diagonal keine Dame schlagen können. Am besten nimmt man das Schachbrett her oder zeichnet sich die 8 mal 8 Felder auf.

101 Auf einem Quadrat, das in 25 gleiche Felder (Quadrate) eingeteilt ist, sollen 5 Pfähle so eingesetzt werden, daß keine zwei Pfähle in der gleichen Reihe zu stehen kommen, weder in Reihen parallel zu den Quadratseiten noch in den Diagonalreihen.

102 Drei Bewacher und drei Gefangene sollen mit einem Boot einen Fluß überqueren. Das Boot hat keinen Fährmann und faßt höchstens zwei Personen. Es dürfen niemals mehr Gefangene als Bewacher auf einer Flußseite sein, damit die Bewacher nicht überwältigt werden können. Wie ist die Überfahrt zu bewerkstelligen?

103 Ein 5köpfiger Spähtrupp soll einen Fluß überqueren. Schwimmen ist unmöglich. In einem kleinen Boot vergnügen sich 2 Buben, das aber nur die beiden Buben oder einen Soldaten trägt. Wie gelingt die Überfahrt?

104 Drei eifersüchtige Ehepaare müssen einen Fluß überqueren, es steht nur ein Boot für 2 Personen zur Verfügung. Die Eifersucht legt ihnen folgende Bedingungen auf: Weder auf einem der beiden Ufer noch im Boot darf sich eine Frau in Gesellschaft eines oder zweier Männer befinden, wenn ihr eigener Mann nicht dabei ist. Außerdem dürfen auf keinem Ufer mehr Frauen als Männer sein. Wie ist die Überfahrt zu ermöglichen?

105 4 Ehepaare wollen einen Fluß, der in der Strommitte eine Insel hat, mit einem Boot, das 2 Personen faßt, übersetzen. Folgende Bedingung wird gestellt: Weder auf einem Ufer noch auf der Insel noch im Boot darf eine Frau in Gesellschaft eines oder mehrerer Männer sein, wenn der eigene Mann nicht zugleich anwesend ist. Wie erfolgt die Überfahrt?

106 4 Gangster sind mit 4 Geiseln auf der Flucht, dabei geraten sie an einen Fluß, den sie ohne Boot nicht überqueren können. Nach langem Suchen finden sie eines, das aber nur 3 Personen Platz bietet. Wie ist die Überfahrt zu vollziehen, wenn man annimmt, daß die Geiseln, wenn sie allein sind, aus Furcht nicht fliehen, die Gangster wiederum aus Furcht darauf bedacht sind, daß sich nie mehr Geiseln als Gangster auf einer Uferseite oder im Boot befinden?

107 Kurt erhielt zu Weihnachten eine Schachtel voll Zinnsoldaten, keine 100 Stück. Bildet er Reihen zu je 3, marschiert ein Soldat vorne weg. Läßt er sie in Viererreihen gehen, dann marschiert einer vorne, einer hinten. Bei Reihen zu 5 marschiert einer vorne und je einer an den beiden Seiten. Bei Reihen zu 6 marschiert je einer auf allen vier Seiten. Wie viele Soldaten waren es?

108 Am Ufer eines Flusses treffen 5 eifersüchtige Ehepaare zusammen, die den Fluß überqueren wollen. Das Boot kann nur 3 Personen aufnehmen. Das mangelnde Vertrauen zueinander legt ihnen die Bedingung auf, daß auf keiner Uferseite und

auch nicht im Boot eine Frau ohne ihren Mann in Begleitung eines oder mehrerer Männer sein darf. Wie wurde die Überfahrt bewerkstelligt?

109 4 große Flaschen mit Rotwein und 4 gleich große Flaschen mit Weißwein stehen im Keller so auf einem Regal für 10 Flaschen, daß die Weißwein- und Rotweinflaschen sich abwechseln und am Ende des Regals die beiden Leerplätze sind. Der Hausherr will die Flaschen so ordnen, daß alle Rot- bzw. Weißweinflaschen geschlossen nebeneinander stehen. Wie muß die Umstellung erfolgen, wenn der Hausherr immer 2 benachbarte Flaschen gleichzeitig wegnimmt, sie nicht vertauscht und nicht öfter als viermal umstellen muß?

110 Nimmt der Patient täglich 3 Pillen, so hat er am Ende 1 Pille zuwenig, nimmt er täglich 4 Pillen, fehlen am Ende 2 Pillen, nimmt er täglich 5 Pillen, so fehlen zum Schluß 3, und nimmt er täglich 6 Pillen, fehlen am Ende 4 Pillen. Wie viele müssen es mindestens gewesen sein?

111 Meine Armbanduhr hatte ich bei der Reparatur, und die Küchenuhr war stehengeblieben. Ich überlegte, wie ich denn auf ihr wieder die genaue Zeit einstellen könnte, ohne sie von der Wand zu nehmen. Schließlich fiel es mir ein: Ich ging also zum nächsten Uhrengeschäft, erfragte dort die genaue Zeit und ging ohne Aufenthalt wieder nach Hause, wo ich nach einer ganz kleinen Rechnung die Zeiger der Küchenuhr in jene Stellung brachte, die der genauen Zeit entsprach. Was fiel mir ein, und was rechnete ich?

112 1575 Konservendosen sollen so in Schachteln und diese wiederum in möglichst große Kisten verpackt werden, daß so viele Dosen in einer Schachtel wie Schachteln in einer Kiste Platz finden. Wie viele Kisten und Schachteln sind erforderlich, und wie viele Konservendosen haben in einer Schachtel Platz?

113 Bei Müller war Knödelessen. Schade, daß eine Person abgesagt hat, jetzt mußte jede um einen Knödel mehr essen, als Personen waren. Die Köchin brauchte für alle Knödel gleich viel Kirschen, insgesamt 450 Stück. Wie viele Kirschen waren in einem Knödel, wie viele Personen kamen zum Essen, und wie viele Knödel aß jede?

114 Jeder der 5 Lehrlinge hatte die Aufgabe, eine gleich große Anzahl Walzen für Walzenlager zu zählen. Der erste Lehrling nahm immer 3, ihm blieb am Ende eine Walze übrig, der zweite nahm immer je 4 Walzen, ihm blieben am Ende 2 übrig; der dritte nahm je 5, ihm blieben 3, der vierte nahm je 6, ihm blieben 4, und der fünfte nahm je 7, und ihm blieben 5 Walzen übrig. Wie viele Walzen hatte jeder zu zählen?

115 Es werden mit Hilfe von 2 Pressen Gedenkmünzen geprägt. Aus jedem Rohling eine Münze. Die Abfälle werden zu neuen Rohlingen eingeschmolzen und wieder neu geprägt, bis das Material soweit wie möglich aufgebraucht ist. Wie viele Münzen können geprägt werden, wenn aus je 4 Abfällen ein Rohling gegossen werden kann und der ersten Presse 192, der anderen 193 Rohlinge zur Verfügung gestellt werden?

116 In einem Gasthaus gibt es drei Stammtischrunden. Die erste Runde trifft sich immer 3 Tage hintereinander und bleibt dann 2 Tage weg. Die zweite Runde trifft immer 4 Tage hintereinander zusammen und bleibt dann 3 Tage weg, und die dritte Runde schließlich trifft sich immer 5 Tage hintereinander und bleibt anschließend 4 Tage zu Hause.
Wann ist zum erstenmal nur ein Tag ohne Stammtischrunde? Wann sind zum erstenmal zwei Tage hintereinander die Stammtische leer? Nach 30 Tagen hat jede Runde genau 18mal am Stammtisch gesessen. Ist vorauszusehen, ob nach der doppelten Anzahl von Tagen (also nach insgesamt 60 Tagen) die Stammtischrundenzahl für alle wieder gleich ist?

117 Rudolf hat eine sitzende Beschäftigung und nützt jede Möglichkeit, sich körperlich fit zu halten. Wenn er vom Büro nach Hause geht, so steigt er die 25 Stufen zu seiner Wohnung nicht normal hinauf, sondern geht 4 Stufen hinauf und 3 wieder herunter, dann wieder 4 hinauf und abermals 3 herunter usw., bis er schließlich oben ist. Wie viele Schritte muß er machen, wenn er keine Stufe ausläßt und keinen Schritt zuviel macht?

118 Auf einem Tisch stehen 7 Säckchen, in denen 100 Kugeln so aufgeteilt sind, daß jede beliebige Anzahl Kugeln von 1 bis 100 dargestellt werden kann, ohne daß aus irgendeinem Säckchen auch nur 1 Kugel genommen wird. Wie sind die Kugeln in den Säckchen verteilt?

119 In einem 2stöckigen Gebäude sind in jedem Stockwerk 11 zweiflügelige Fenster. Es sollen insgesamt so viele Fenster geöffnet werden, daß 1. in jeder Etage gleich viele Flügel offen sind und 2. insgesamt 11 Fenster ganz und 11 Fenster nur halb offen stehen, während 11 Fenster geschlossen bleiben. Erdgeschoß nicht vergessen!

120 Vor langer Zeit kostete im Orient eine 20jährige Sklavin 35 Schafe. Wieviel wird eine 25jährige gekostet haben, wenn der Wert einer Sklavin in dem Maße abnahm, wie ihr Alter zunahm?

121 Wenn ein Buch 5mal so viele Seiten wie jede Seite Zeilen und jede Zeile doppelt so viele Buchstaben hat wie Zeilen auf einer Seite sind, dann hat das Buch bei 48 Zeilen je Seite 1,105.920 Buchstaben. Wie viele Seiten hat das Buch?

122 Vier Männer spielen Karten, immer einer gegen die drei anderen. Sie vereinbaren, daß jeder Verlierer seinen Mitspielern das Spielgeld zu verdoppeln hat. Während der 4 Runden, die gespielt werden, verliert jeder einmal. Am Schluß stellen sie überrascht fest, daß jeder gleich viel Geld besitzt, nämlich 32 DM. Wieviel hatte jeder anfangs?

123 Vier Männer spielen Karten, jeder hat die gleiche Anzahl Spielmarken, und es sollte immer einer gegen die drei übrigen spielen. Sie vereinbaren, daß der jeweilige Verlierer seine Spielmarken auf die drei Gewinner aufzuteilen hat. Bei jeder Runde hat daher einer kein Spielgeld. Nach der vierten Runde hat jeder einmal verloren und der erste Verlierer 148 Spielmarken. Wie viele hatte jeder anfangs?

124 3 Mädchen haben zusammen 96 Glasperlen. Jedes setzt seine Perlen beim Würfelspiel ein. Sie vereinbaren, daß jenes Mädchen, das verliert, die Hälfte seiner Perlen auf die beiden Gewinnerinnen gleichmäßig aufteilt. Beim Spiel verliert jedes Mädchen einmal. Nach der dritten Runde stellen sie fest, daß jedes gleich viel Perlen hat. Wie viele hatte jedes ursprünglich?

125 Mutter hat Nüsse zu verteilen. »Wenn ich jedem von euch 7 Nüsse gebe, so bekommt eines gar nichts, gebe ich jedem nur 6, dann bleibt auch eine für mich.« Wie viele Kinder und Nüsse waren es?

126 Eine Standuhr braucht zu 6 Schlägen 6 Sekunden. Wie lange braucht sie, bis sie 12mal geschlagen hat?

127 In einer Spielzeughandlung soll der Lehrling 330 Bälle so in Schachteln und diese in möglichst wenig Kisten verpacken, daß in einer Schachtel um 1 Ball mehr ist, als Schachteln gefüllt werden können. Wie viele Bälle kommen in eine Schachtel, wie viele Schachteln können gefüllt werden, und wie viele Kisten sind notwendig?

128 Gibt es auf der Erde einen Punkt, der nur eine Himmelsrichtung kennt?

129 Im Prospekt eines Kurhauses ist zu lesen: »Unser Haus hat 48 Zimmer, Ein- und Zweibettzimmer mit insgesamt 60 Betten.« Nur selten kann ein Kurgast daraus erkennen, wie viele Zweibettzimmer zur Verfügung stehen. Wären Sie ein solcher Kurgast?

130 In einer kleinen Gemeinde hatte die Fortschrittspartei bisher um ein Mandat mehr als die konservative Partei. Bei der Neuwahl verlor diese noch ein weiteres Mandat an die Fortschrittspartei, so daß diese nun zweieinhalbmal soviel Mandate hat als die andere. Wie viele Mandate wurden insgesamt vergeben, wenn sich nur diese beiden Parteien an der Wahl beteiligten?

I Der Baum ist 26 m hoch. Am Beginn der 12. Nacht hat der Wurm eine Höhe von 22 m erreicht. In der 12. Nacht kriecht er 4 m weiter und ist damit oben. Er rutscht nicht mehr zurück.

26 m	12. Nacht
22 m	11. Nacht
20 m	10. Nacht
18 m	9. Nacht
16 m	8. Nacht
14 m	7. Nacht
12 m	6. Nacht
10 m	5. Nacht
8 m	4. Nacht
6 m	3. Nacht
4 m	2. Nacht
2 m	1. Nacht

2 Es müssen 3 Socken heruntergenommen werden. Die Größe der Socken spielt in diesem Fall keine Rolle, weil nur nach der Farbe gefragt ist. Nachdem es nur 2 verschiedene Farben gibt, müssen 3 Socken genügen, um 1 Paar gleicher Farbe zu haben.

3 Man muß 4 Würfel herausnehmen. Überlegung wie in Aufgabe 2. Allgemein kann gesagt werden: Wenn 2 gleiche Gegenstände verlangt werden, braucht man um einen Gegenstand mehr als es unterschiedliche Merkmale gibt.

4 Es waren 3 Gänse. Es ist die geringstmögliche Anzahl, die diesen Bedingungen entspricht. An Hand einer kleinen Skizze läßt sich diese Situation gut veranschaulichen:

1 läuft hinter zweien

1 läuft zwischen zweien

1 läuft vor zweien

5 Im Aquarium waren 5 kleine und 3 große Fische. Wären die kleinen um einen mehr, so wären es insgesamt 9 Stück, dann wären 2 Teile die kleinen und 1 Teil die großen Fische. Also 6 und 3 Fische. Nun muß der eine kleine Fisch, der anfangs dazugerechnet wurde, wieder weggenommen werden. Daher nur 5 kleine Fische.

6 Es sind 8 Schlag- und 10 Tennisbälle. Es sind 4 Teile Schlag- und 5 Teile Tennisbälle, zusammen also 9 Teile. Ein Teil ist daher 2 Stück; 4 Teile sind 8 und 5 Teile 10 Stück.

7 Es sind 4 Messing- und 9 Eisenschrauben. Wären es 12 Stück, dann gäbe es 3 Teile Eisen- und 1 Teil Messingschrauben. Zusammen 4 Teile; 1 Teil daher 3 Stück. 3 + 1 Messingschrauben und 3 Teile = = 9 Stück Eisenschrauben.

8 Im Obus waren 10 Männer und 14 Frauen. Abzüglich 3 Männer wären im Obus 21 Personen, das sind zusammen 3 Teile, 1 Teil = 7 Männer + 3 = 10 Männer, und 2 Teile = 14 Frauen.

9 In der Klasse sind 16 Buben und 20 Mädchen. Fehlt 1 Bub, sind es 35 Schüler. In Teilen sind es $3/_8$ Buben und $4/_8$ Mädchen, zusammen $7/_8$. $1/_8$ sind 5 Schüler, daher 15 + 1 Buben und 20 (4 Teile) Mädchen.

10 Am Parkplatz stehen 12 Mopeds und 9 Autos: Wären von beiden gleichviel, so müßten es um 6 Räder weniger sein, also 54 Räder. Von diesen gehören 2 Teile zu den Autos und 1 Teil zu den Mopeds. 1 Teil sind 18 Räder für die Mopeds, das sind 9 Mopeds, dazu kommen noch 3, die anfangs weggenommen wurden. Also 12 Mopeds und 9 Autos.

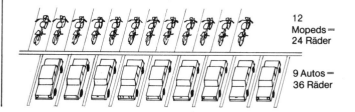

12 Mopeds = 24 Räder

9 Autos = 36 Räder

11 Es sind 16 Pferde gemeldet. Weil die Pferde doppelt so viele Beine haben wie ihre Reiter, gehören $^2/_3$ der 96 Beine den Pferden und $^1/_3$ den Reitern. 32 Beine gehören den Reitern, das sind 16 Reiter, und 64 Pferdebeine sind 16 Pferde.

12 Es waren 87 Versammlungsteilnehmer. Wenn die Hälfte 36 wären, wären die ganzen 72, da es aber um 15 Teilnehmer mehr waren, kommt man auf 87.

13 In jeder Schachtel waren 20 Kerzen. 10 Kerzen müssen die Hälfte einer Schachtel sein, weil sie mit den Kerzen von Hedwig 3 gleiche Teile bilden.

14 Der erste Hirte hütet 5, der zweite 7 Kühe. Der Unterschied zwischen den beiden Herden ist jedenfalls nur 2 Kühe. Wenn aber der erste Hirte dem zweiten eine Kuh gibt, dann muß der Unterschied doppelt so groß sein, nämlich 4 Kühe. Nach dem 1. Vorschlag wären es 4 und 8 Kühe, nach dem 2. Vorschlag 6 und 6 Kühe.

15 Jetzt hat es 18 Grad. Die ursprüngliche Temperatur muß 12 Grad gewesen sein. Das Thermometer steigt um 6 Grad, daher 18 Grad.

16 Es sind noch 8 Zigaretten in der Schachtel. Man könnte auch sagen, 2 Teile wurden herausgenommen, 1 Teil blieb in der Schachtel. Zusammen also 3 Teile. 24 : 3 = 8 Zigaretten.

17 Im Bücherbrett stehen 7 Bücher. Die 3 Bücher und die 2 Bücher zusammen würden die Hälfte des Bücherbrettes füllen. Es würde das volle Brett 10 Bücher haben, — 3 Bücher = 7 Bücher.

18 Franz hat 9, Karl 6 Tore geschossen. Hätte Franz um 3 Tore mehr ins Netz gebracht, so wären es zusammen 18 Tore. $^1/_3$ davon sind 6 Tore. Karl hat daher 6 und Franz nicht 12, sondern 9 Tore geschossen.

19 Kurt hat 8, Willi 10 Tore geschossen. Überlegung wie bei Aufgabe 18.

20 In jedem Sack waren 6 Äpfel. Überlegung wie bei Aufgabe 16.

21 24 kg wurden verkauft. Zieht man die 12 kg von den 60 kg ab, wurden ebensoviel verkauft wie übrigblieben: 60 — 12 = 48, die Hälfte davon = 24 kg Äpfel.

22 1. und 3. Hase wiegen je 3 kg, der 2. wiegt 4 kg. Das Gewicht des 1. Hasen sei $^3/_3$, dann wiegt der 2. Hase $^4/_3$ und der 3. wieder $^3/_3$. Das sind zusammen $^{10}/_3$. Somit wiegt $^1/_3$ Hase 1 kg.

1. Hase   2. Hase   3. Hase

3 kg   4 kg   3 kg   zusammen 10 kg

23 42 Bonbons wurden verteilt. Die Anzahl der Bonbons muß sowohl durch 6 als auch durch 7 teilbar sein.

24 In der einen Schachtel sind 16, in der anderen 32 Hölzchen. Man könnte auch sagen, in die eine Schachtel kommt 1 Teil, in die andere kommen 2 Teile von 48 Hölzchen, die alle 3 Teile sind.

25 In der einen Schachtel sind 31, in der anderen 68 Hölzchen. Gibt man die 3 Streichhölzer zu den 99 dazu, dann ist in der einen Schachtel doppelt soviel wie in der anderen. Zusammen 3 Teile; 102 : 3 = = 34 (1 Teil). Es wären also in der einen 34, in der anderen 68. 34 — 3 = 31.

26 In der einen sind 34, in der anderen 51 Streichhölzer. In die eine Schachtel kommen 2 Teile, in die andere 3 Teile. 85 Hölzchen sind daher 5 Teile. 1 Teil sind 17, 2 Teile 34, 3 Teile 51 Hölzchen.

27 In der einen Schachtel sind 52, in der anderen 39 Streichhölzer. Zusammen 4 + 3 Teile = 7 Teile. 91 : 7 = 13; 13 · 4 = 52; 13 · 3 = 39.

28 Das Fenster hat 28 Scheiben. Ein Hauptflügel hat 4 Scheiben. 6 Hauptflügel haben daher 24 Scheiben, 2 Oberlichtenflügel haben je 2 Scheiben, somit 28 Fensterscheiben.

29 Das Mädchen hat 48 Gänse zu hüten. Mit 2 mehr wäre die richtige Anzahl die Hälfte von 100 = 50. Davon 2 weg = 48.

30 Bekannt:
1 Apfel $= 120$ g
3 Pflaumen $= 120$ g
1 Pflaume :
$= 120$ g : 3 $= 40$ g

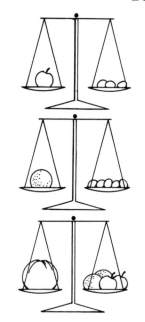

1 Pflaume $= 40$ g
5 Pflaumen $= 200$ g
1 Orange $= 200$ g

2 Orangen $= 400$ g
2 Äpfel $= 240$ g
1 Melone $= 640$ g

31 Täglich werden 10 Zigaretten geraucht. Siehe Aufgabe 23. Die Anzahl der Zigaretten muß ein Vielfaches von 4 und 5 mit der Differenz 2 sein ($8 + 10$).

32 Jeder hat 24 Kugeln. 12 Kugeln müssen die Hälfte des Besitzes von Franz oder Karl sein.

33 Paul hatte 16 Kugeln. Der Unterschied muß 8 Kugeln sein, $24 - 8 = 16$ Kugeln.

34 Karl hat 30, Paul 24 Kugeln. Zieht man von 54 Kugeln 6 ab, so hätten beide gleich viel. $54 - 6 = 48$, die Hälfte sind 24 Kugeln, $24 + 6 = 30$.

35 Die Uhr geht 1 Stunde und 5 Minuten vor. Diese Zeit muß zur Abfahrt des Zuges addiert werden. Nach der falsch gehenden Uhr wäre die Abfahrtszeit des Zuges 18 Uhr 53 Minuten.

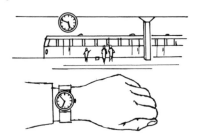

36 Nach 5 Monaten. In 4 Monaten sind nur mehr 4 Blätter vorhanden. Im nächsten Monat fallen die 4 restlichen Blätter ab.

37 Die Überlegungen der Kohlenhändler sind richtig. Der jeweilige Ausgangspreis macht den Prozentunterschied aus.
Beispiel: A nimmt 8 DM, B dagegen 4 DM.
Der Preis des A $+ 100\% = 4 + 4$ DM.
Der Preis des B $- 50\% = 8 - 4$ DM.

38 Im Korb waren 31 Eier. $15\frac{1}{2}$ Eier sind die Hälfte, die ganzen Eier sind daher 31.

39 Der Riese ist 2,90 m groß.

Kopf und Hals des Riesen waren zusammmen 30 cm hoch.

Wenn der ganze Kerl um 1 m länger war als Kopf und Beine zusammen, dann hatte der Rumpf genau 1 m.

Die Beine hatten eine Länge von zweimal Kopf (und Hals) und zweimal halber Rumpf. Kopf (und Hals): 30 cm $\cdot 2 = 60$ cm; halber Rumpf: 50 cm $\cdot 2 = 1$ m. Die Beine hatten also eine Länge von 1,60 m.

40 Lösungsweg:

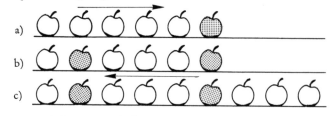

a) Der 1. rote Apfel liegt als 6. von links.
b) Zwischen den beiden roten liegen 3 grüne Äpfel.
c) Der 2. rote Apfel liegt als 8. von rechts.

Es sind also insgesamt 9 Äpfel, und zwar in der Reihenfolge: grün, rot, grün, grün, grün, rot, grün, grün, grün.

41 In 100 Sekunden kennt jeder im Ort die Nachricht. Man muß die Zahl 2 10mal als Faktor setzen $(2 \cdot 2 \cdot 2 \cdot 2 \ldots) = 2^{10} = 1024$; 10 Sekunden $\cdot$ 10 = = 100 Sekunden.

Ist das wirklich richtig? Doch nur dann, wenn alle 1024 Einwohner dicht beieinander stünden. In Wirklichkeit wird das natürlich nie vorkommen. Deshalb ist diese Aufgabe auch nur rein rechnerisch zu lösen.

42 Gottfried hat 120, Karl 200 und Lina 240 Haselnüsse bekommen. $9^{1}/_{3}$ Schock sind $9^{1}/_{3} \cdot 60 = 560$. Würden alle soviel wie Gottfried erhalten, dann müßte man Lina 120 und Karl 80 weniger geben. Zieht man diese 200 von 560 ab, erhält man 360, somit bekäme jeder 120. Karl um 80 mehr und Lina 240 Stück.

K	G	L
80 mehr als G		40 mehr als K
		= 120 mehr als G
120	120	120
+ 80		+ 120
200		240

43 Man erhält 16 kleine Papierkreise. Ohne Faltung 2 ($= 2^{1}$), mit 1 Faltung 4 ($= 2^{2}$), mit 2 Faltungen 8 ($= 2^{3}$ oder $2 \cdot 2 \cdot 2$), mit 3 Faltungen 16 (2^{4} oder $2 \cdot 2 \cdot 2 \cdot 2$).

44 Das 6. Gefäß wog 102,5 Quentchen. Das 6. Gefäß wog um 5, das 5. um 4, das 4. um 3, das 3. um 2 und das 2. um 1 Quentchen mehr als das 1., zusammen 15 Quentchen. Zieht man diese von 600 ab und teilt den Rest durch 6, erhält man das Gewicht des 1. Gefäßes: 600 — 15 = 585 : 6 = 97,5 Quentchen.

Dann ergibt sich:
97,5	Quentchen
98,5	Quentchen
99,5	Quentchen
100,5	Quentchen
101,5	Quentchen
102,5	Quentchen
600	Quentchen

45 Der Herr hätte rund 16.000.000 Groschen zu bezahlen gehabt.

Für den 1. Nagel 1 Groschen ($= 2^{0}$)
2. Nagel 2 Groschen ($= 2^{1}$)
3. Nagel 4 Groschen ($= 2^{2}$ oder $2 \cdot 2$)
4. Nagel 8 Groschen ($= 2^{3}$ oder $2 \cdot 2 \cdot 2$)
5. Nagel 16 Groschen ($= 2^{4}$ oder $2 \cdot 2 \cdot 2 \cdot 2$)

usw.

Für den 24. Nagel 8.000.000 Groschen ($= 2^{23}$ oder 2 mit sich selbst 23mal genommen). Die Summe aller dieser Zahlen ist rund das Doppelte der letzten Zahl.

46 10 Raucher. 1 Raucher 1 Zigarette in 6 Minuten. 48 Minuten stehen zur Verfügung, daher kann jeder Raucher 8 Zigaretten rauchen. 80 Zigaretten stehen bereit für 10 Raucher.

Ist das wirklich richtig? Nein, denn kein vernünftiger Mensch würde auf die Idee kommen, 8 Zigaretten in 48 Minuten rauchen zu wollen. Darum ist die Lösung oben nur »rechnerisch« richtig.

47 Im 2. Stock wohnen 12, im 1. Stock 30 und im Erdgeschoß 18 Personen. Zählt man 42 und 48 zusammen, so erhält man 90. In dieser Zahl sind die Bewohner des Erdgeschosses und des 2. Stockes enthalten und die Bewohner des 1. Stockes doppelt gezählt. Da nun die Bewohner des 1. Stockes der Zahl nach gleich denen des Erdgeschosses und 2. Stockes zusammen sind, haben wir in der Zahl 90 die Zahl der Bewohner des 1. Stockes gleich dreimal. Teilt man nun diese Zahl durch 3, erhält man die Anzahl der Bewohner des Mittelstockes. 42 — 30 = 12 = Bewohner des 2. Stockes; 48 — 30 = 18 = Bewohner des Erdgeschosses.

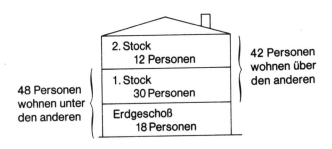

48 In einer Reihe waren 5 Marken. Wenn man bei 6 Reihen eine spart, so hat man nur mehr 5 Reihen. In diesen 5 Reihen je 1 Marke dazu, gibt natürlich 5 Marken, was gleichbedeutend mit der 6. Reihe sein muß.

49 Es stehen 72 cm zur Verfügung. 9mal Spalten der neuen Breite = 8mal der alten Breite. $9 \cdot 8 = 72$ cm.

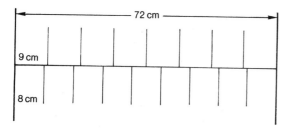

50 In ³/₄ Stunden. Helga schält ¹/₃ der Kartoffeln, während Inge ³/₃ oder alle Kartoffeln schält. Zusammen würden sie ⁴/₃ der Kartoffeln in 1 Stunde schälen. ¹/₃ der Kartoffelmenge schaffen sie in ¹/₄ Stunde. ³/₃ oder die gesamte Kartoffelmenge schaffen sie demnach in nur ³/₄ Stunden.

51 3 Schauspieler, 3 Schauspielerinnen und der Direktor. Kommt ein Mann (der Direktor) dazu und kommt eine Frau nicht in Betracht, denn es heißt, daß sie die anderen »neben sich« hat, und sie selbst kann daher nicht mitgezählt werden, dann ist der Unterschied 2 Personen, das ist aber die Hälfte der Anzahl der Männer. Also 4 Männer und 2 Frauen. Ohne Direktor und mit einer Frau sind es 3 Schauspieler und 3 Schauspielerinnen.

52 Je 24 Stühle im Garten und im Saal und 12 im Extrazimmer. Da im Extrazimmer nur halb soviel Stühle stehen wie im Garten, so sind im Saal und Garten je 2 Teile und im Extrazimmer 1 Teil aller Stühle. Zusammen also 5 Teile. 5 Teile sind 60 Stück, 1 Teil = 12 und 2 Teile = 24 Stühle.

53 In der Klasse sind 15 Buben und 21 Mädchen. Fehlt 1 Bub, dann sind 2 Teile Buben und 3 Teile Mädchen. Die 6 Mädchen sind um 1 weniger als 1 Teil. 7 Kinder sind daher 1 Teil. Buben sind 14 + 1 und Mädchen $3 \cdot 7$.

54 Es waren 9 Hüte und 13 Mäntel. Zieht man die 4 um 10 Uhr übriggebliebenen Mäntel von der ursprünglichen Zahl 22 ab, erhält man 18, jene Zahl, auf die sich Hüte und Mäntel (um 10 Uhr) gleichmäßig mit je 9 Stück verteilen.

55 Hans hat 20, Grete 28 Feigen. Aus dem Vorschlag von Hans geht hervor, daß dieser 8 Feigen weniger hat als Grete. Nach dem Vorschlag von Grete bekommt diese 4 dazu, der Unterschied macht wieder 8 aus und sie hätte nun 16 mehr als Hans. In dieser Situation hat Hans 16 und Grete doppelt soviel, also 32. Gibt man jetzt Hans 4 Feigen von Grete, dann hat man den ursprünglichen Zustand.

56 Fritz hat 15, Kurt 21 Kugeln. Überlegungen wie in Aufgabe 55.

57 Der Fischer hat 33 Fische im Rucksack. Die fünffache und die wirkliche Beute sind zusammen 2mal 99. Durch das Zusammenzählen der beiden Situationen heben sich die Mengen, die einmal über 99 und einmal unter 99 liegen, auf. Die sechsfache Menge der tatsächlich gefangenen Fische ist daher 198 (2mal 99), die einfache Menge also 33.

58 Es ist in Wirklichkeit 11.44 Uhr. Die erste Uhr geht 49 Minuten vor. Die zweite Uhr geht, verglichen mit der ersten, 18 Minuten nach, also immer noch um 31 Minuten vor. Von 12 Uhr 15 Minuten diese 31 Minuten abgezogen, bleibt 11 Uhr 44 Minuten.

59 Die Uhr zeigt 19.47 Uhr, sie schlägt nicht. Überlegungen wie Aufgabe 58. Die Gemeinde sollte aber schleunigst dafür sorgen, daß die Uhr in Ordnung gebracht wird. Kann man denn den Reisenden zumuten, jedesmal eine derartige Rechnung zu machen?

60 Der Autobus ging um 10.24 Uhr. Die einzelnen Zeiten sind zusammenzuzählen.

```
      22
       7
  3   25
      45
  2   00
      37          22 Uhr 00 Minuten
      10        — 11 Uhr 36 Minuten
       7          10 Uhr 24 Minuten
      43
  3   00
      16
       4
 ───────
 11   36
```

61 Im 2. Stock wohnen 6, im 1. Stock 14 und im Erdgeschoß 8 Personen. Überlegung wie Aufgabe 47, oder einmal mit Gleichungen.

$$a + b = 20$$
$$b + c = 22$$
$$a + b + c = 28.$$

Wenn man nun in diese dritte Gleichung einsetzt
$$b + c = 22,$$
ergibt sich
$$a + 22 = 28 \text{ oder}$$
$$a = 28 - 22 = 6.$$
Diese Rechnungsart schon gehabt?

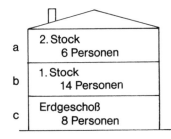

62 Der Strauß hat 7 Blüten. Zählt man die fehlenden 2 Blütenblätter noch dazu, dann wären es 42 Blütenblätter. Von den beiden Lösungsmöglichkeiten 7mal 6 Blütenblätter und 14mal 3 Blütenblätter scheidet die zweite aus, da schon in der Aufgabe festgehalten wurde, daß der Geburtstagsstrauß aus einer ungeraden Anzahl von Blüten besteht.

63 Im Zeugnis steht 5mal die Note Gut (2) und 4mal die Note Befriedigend (3). Die Anzahl der Note 3 muß zunächst gerade sein, weil sonst die Notensumme ungerade sein müßte. Dafür kommen nur 6, 4 oder 2 in Frage. Ist es 2mal die Note 3 und 7mal die Note 2, beträgt die Notensumme 20. Nur 4mal die Note 3 führt zum richtigen Ergebnis.

64 Die Mutter beschenkt 5 Kinder. Verteilt die Mutter 5 Orangen pro Kind, so fehlen 5 Orangen. Jedes Kind bekommt um 1 Orange weniger, also 5mal 1 Orange. Dies bedeutet, daß es 5 Kinder sind, die zu berücksichtigen sind.

65 Es müssen mindestens 4 Wörter sein. Wenn sie entlang der Umfangslinie eines Quadrats geschrieben sind, können es sogar dieselben und nicht nur die gleichen Buchstaben sein:

```
M Ü L L E R
Ü         A
L         I
L         N
E         E
R A I N E R
```

66 Zuerst die 1. und 2. Scheibe vorderseitig rösten, dann die 1. Scheibe auf der Rückseite und die 3. Scheibe vorderseitig rösten. Endlich die 2. und die 3. Scheibe auf der Rückseite rösten. Das dauert 3 · 30 Sekunden oder $1^{1}/_{2}$ Minuten.

67 Das Flugzeug ist in 6 Minuten aufgetankt. In 1 Minute schafft der 1. Tankwagen $^{1}/_{30}$ des Flugzeugtankinhaltes, der 2. Tankwagen wieder in 1 Minute $^{1}/_{20}$ und der 3. Tankwagen auch in 1 Minute $^{1}/_{12}$ des Flugzeugtankinhaltes. Zusammen sind das $^{10}/_{60}$ oder $^{1}/_{6}$ des Tankinhaltes in 1 Minute. $^{6}/_{6}$ daher in 6 Minuten.

68 Es waren 79 Nüsse. Man muß die Aufgabe sozusagen vom Ende aufrollen: Den zuletzt aufgeteilten Rest nimmt man 3mal, sagen wir 3 · N (für Nüsse). Nun kommt die Nuß für den Affen dazu = 3 · N + 1. Das sind $^{2}/_{3}$ des vorletzten Restes. Das Ganze ist daher, diesen Rest durch 2 teilen und mit 3 vervielfachen: (3 · N + 1) : 2 · 3. Nun kommt wieder die Nuß des Affen dazu: (3 · N + 1) : 2 · 3 + 1, das sind wiederum $^{2}/_{3}$ des 2. Restes, daher: 2 · 3. Also

$[(3 \cdot N + 1) : 2 \cdot 3 + 1] : 2 \cdot 3 + 1$. Für den 1. Rest wird der Vorgang noch einmal wiederholt; das sieht so aus: $\{[(3 \cdot N + 1) : 2 \cdot 3 + 1] : 2 \cdot 3 + 1\} : 2 \cdot 3 + 1 = ?$. Nun muß N nicht nur eine ungerade Zahl, sondern auch ziemlich klein sein, damit die Endzahl unter 100 bleibt. Weder 1, 3 oder 5 führen zum Ziel (man probiere). Nur die Zahl 7 entspricht. Die Zahl 9 ist schon zu groß.

69 Es waren 78 Eier. Lösung wie Aufgabe 68.

70 Der Schuldirektor ist 50 Jahre alt, die 3 Personen sind 49, 10 und 5 Jahre alt. Man zerlege die Zahl 2450 in Primfaktoren, also
$2 \cdot 5 \cdot 5 \cdot 7 \cdot 7$
und bilde alle brauchbaren Alterskombinationen für die 3 Personen. Da der Direktor das Alter des Bürgermeisters kennt, muß die Summe der Alter zweimal vorkommen.
Das geht bei 5, 10, 49 oder 7, 7, 50.
Durch die Feststellung, daß der Direktor älter als jede der 3 Personen ist, muß eine Altersgruppe ausgeschaltet werden. Dies ist dann der Fall, wenn der Direktor 50 Jahre alt ist, somit fällt die 2. Alterskombination aus.

71 Weil das Produkt der Preise 450 ist, muß man diese Zahl in Primfaktoren zerlegen $(2 \cdot 5 \cdot 5 \cdot 3 \cdot 3)$, um alle möglichen Preiskombinationen bilden zu können. Gäbe es nur eine Möglichkeit, müßte Herr Denk die Preise sagen können, denn er weiß, was er an Zeche bezahlt hat. Da dies nicht der Fall ist, muß es mindestens 2 gleiche Preissummen geben, aber nur eine mit 2 gleichen Summanden. Die Zahnbürste kostet daher 18, Pasta und Seife je 5 Schilling.

72 Die kürzeste Zeit, in der die 3 Wasserhähne gleichzeitig eine ganzzahlige Tropfenanzahl liefern, ist 315 $(5 \cdot 7 \cdot 9)$ Sekunden. Der 1. Hahn liefert 189, der 2. 180 und der 3. 175 Tropfen.

Rechnung:
1. Hahn = 315 : 5 = 63 · 3 Tropfen = 189 Tropfen
2. Hahn = 315 : 7 = 45 · 4 Tropfen = 180 Tropfen
3. Hahn = 315 : 9 = 35 · 5 Tropfen = 175 Tropfen
_____
544 Tropfen

73 Die Stundenzahlen, die sich durch 12 ganzzahlig teilen lassen (12, 24, 36 . . .), sind jene Zeiten, in denen keine Medizin eingenommen wird. Von der 1. Flasche werden in 12 Stunden 15 (3 · 5) Tropfen eingenommen. Das wird 8mal wiederholt, dann ist die 1. Flasche schon 3 Stunden leer, also nach 96 Stunden. Die Medizin der 1. Flasche kann also 93 Stunden lang genommen werden. Bei der 2. Flasche werden in 12 Stunden 12 Tropfen eingenommen (2 · 6), in der 12. Stunde fällt die Einnahme aus. Die 2. Flasche reicht also

7 · 12 Stunden mit 7 · 12 Tropfen = 84 Tropfen, und 2 · 12 Stunden mit 2 · 18 Tropfen = 36 Tropfen, zusammen also 9 · 12 Stunden = 108 Stunden.

74 1. Huhn frißt 2 Körner in 4 Zeitperioden, 2. Huhn 4 Körner in 7 Zeitperioden und 3. Huhn 6 Körner in 10 Zeitperioden. Nach 40 Zeiteinheiten hätte also das 1. Huhn 20 Körner = $1/3$ der vorhandenen vertilgt, wenn solange noch Maiskörner vorhanden waren. Zeichnet man die Situation zwischen 30 und 40 Zeitperioden auf, so kann man die Lösung 18, 20, 22 Körner für das 1., 2. und 3. Huhn feststellen.

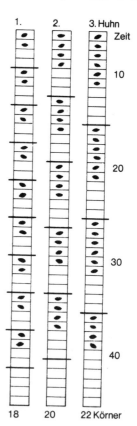

75 Wir versuchen es mit 10 Personen und einer Zeche von 5 Mark.

10 Personen zahlen (5 + 1) = 6 Mark   60 Mark
 5 Personen zahlen 0

Die Überzahlung von 10·1 Mark reicht nicht aus, um 5 Zechen zu 5 Mark zu bezahlen. Die Zeche ist also zu hoch und die Personenzahl zu niedrig angesetzt. Ein neuer Versuch bringt die richtige Lösung:

15 Personen zahlen (3 + 1) = 4 Mark   60 Mark
 5 Personen zahlen 0

Die Überzahlung von 15·1 Mark reicht genau aus, um die Zeche für 5 Personen zu 3 Mark zu zahlen. Aber auch aus den Gleichungen $x \cdot y = 60$ und $(x - 5) \cdot (y + 1) = 60$, wobei x die Zahl der anwesenden Personen bedeutet und y die Höhe der für jeden angefallenen Zeche, läßt sich die Anzahl der Personen, nämlich 20, errechnen.

76 Ähnlich wie Aufgabe 75. Es waren 42 Arbeiter vorgesehen, die jeder 6 Stunden hätten arbeiten müssen, um die Arbeit in 252 Arbeitsstunden zu vollenden. Jetzt sind es nur noch 36 Arbeiter, die aber jeder 7 Stunden, zusammen also auch 252 Stunden, arbeiten.

77 Wie Aufgabe 75 oder 76 zu lösen; es hätten 48 Sportler eingesetzt werden sollen. Jeder sollte ursprünglich 7 km laufen. Nun sind es nur noch 42 Läufer, und jeder muß nun 8 km zurücklegen; 42·8 = 336 km.

78 Auch bei dieser Aufgabe führt Probieren leichter zum Ergebnis als eine langwierige Rechnung. Zwei Klassen haben zusammen unter 100 Schüler, so wenigstens sollte es sein. Gesucht wird daher eine zweistellige Zahl, die durch 3 und 5, und, wenn man sie um 1 vermehrt, durch 4 teilbar ist. Die beiden Zahlen sind 35 und 75. Da es 2 Klassen sind, ist 75 die annehmbare Zahl.

79 Die Zahl der Arbeiter mal der halben Zahl der Arbeiter ist 72. Die Quadratzahl der Arbeiter ist daher 144 und die Zahl der Arbeiter 12.

$$(x \cdot \frac{x}{2} = 72; \ x \cdot x = 144 = x^2; \ x = 12)$$

Jeder Arbeiter muß also 6 Überstunden (Hälfte der Anzahl der Belegschaft) machen.

80 Auch hier hilft wieder Probieren. Wie kann man 60 Äpfel gleichmäßig unter einer Zahl von Kindern verteilen?

30 Kinder erhalten jedes 2 Äpfel oder
20   3
15   4
12   5
10   6

Das sind alles Produkte zweier Zahlen, die 60 ergeben: (2·30, 3·20, 4·15, 5·12 und 6·10). Unter ihnen muß ein Produkt sein, das die Aufgabe erfüllt, das also gegenüber dem anderen einmal eine Differenz von 1 (Apfel) hat, einmal eine solche von 3 (Kinder). Es waren also ursprünglich 12 Kinder, von denen jedes hätte 5 Äpfel bekommen sollen, aber es sind nun 15 Kinder, und jedes bekommt nur noch 4 Äpfel.

81 Die Schafe müssen folgendermaßen aufgestellt werden:

s w w w s s w w w s w s s w w w s s s s w w w w w s w s s w s w w s w w s w s w s

Das Abzählen geht dann so vor sich, wobei der Punkt jedesmal das 9. Schaf, das x ein schwarzes, und das o ein weißes Schaf bedeuten:

```
xooooxxoo · oxxooxxx · ooooxxx · oxooxoox · oxox
xooo · xoo  oxxoo · xx  ooooox · x  oxooxoo · oxox
xooo  · oo  oxxoo x ·  ooooox x  o · ooxoo   oxo ·
xooo   oo  ox · oo x   ooooo · x  o ooxoo    o · o
xooo   oo  o · oo x    ooooo   · o ooxoo     o o
· ooo   oo o   oo ·    ooooo     o oo ·
```

Wie der Bauer das gefunden hat? Auch nur durch Probieren auf dem Papier.

82 Die Aufgabe kann man mit einem Maßstab lösen. Man trägt 6 cm lange Kerzen auf und teilt die eine in 5, die andere in 4 Teile:

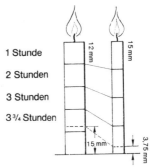

59

Man kann nun ausmessen, wann das Verhältnis 1 zu 4 für den Rest erreicht ist: wenn nämlich das dünne Kirchenlicht nur noch 3,75 mm lang ist, das dicke aber noch 15 mm. Oder wollen wir lieber rechnen? In 1 Stunde verbrennt $1/5$ bzw. $1/4$ der entsprechenden Kerze. Sie brennen x Stunden, daher verbrennt von der 1. Kerze x/5, von der anderen x/4; der Rest der 1. Kerze ist daher 1 — x/5, der der 2. Kerze 1 — x/4. Die Gleichung lautet daher 1 — x/5 = 4 (1 — x/4). Die Kerzen brennen $3^3/4$ Stunden = 3 Stunden 45 Minuten.

83 Wir nehmen an, die Anzahl der Gänse sei x, dann ist die Anzahl der Schafe (432 — x). Tauscht man die Gänse in Schafe um, so sind dies x : 32 · 3 oder 3x : 32 Schafe. Die Gleichung lautet daher: 3x : 32 + + (432 — x) = 200; 29x = 7424; es waren 256 Gänse.

Man kann's aber auch durch Probieren herausbekommen. Da es zum Schluß 200 Schafe sind, muß die Zahl der Gänse zu Anfang größer als 432 — 200, also größer als 232 gewesen sein. Da immer 32 Gänse für 3 Schafe gegeben wurden, muß also die Gänsezahl ein Vielfaches von 32 gewesen sein, das größer als 232 war. Wir probieren 8 · 32 = 256, dann waren die ursprünglich vorhandenen Schafe 432 — 256 = = 176 und 8 · 3 neue Schafe = 24, ergeben tatsächlich die endlichen 200 Schafe.

84 Die Anzahl der Schafe muß ein Vielfaches von 7, zugleich aber auch um 1 mehr als ein Vielfaches von 60 (= gemeinsames Vielfaches zwischen 2, 3, 4, 5 und 6) sein. Unter 700 kommen in Betracht:

120, vermehrt um 1 = 121, geht nicht,
180, vermehrt um 1 = 181, geht nicht,
240, vermehrt um 1 = 241, geht nicht,
300, vermehrt um 1 = 301, erfüllt alle Bedingungen.

Die Schafe können zu siebt aus dem Stall gelassen werden. Zu allen anderen Gruppierungen bleibt immer ein Tier übrig, nämlich bei Gruppen zu 2, 3, 4, 5 oder 6. Daher trifft die Bedingung nur für 301 zu. Es waren 301 Schafe.

85 Das gemeinsame Vielfache zwischen 3, 4 und 5 ist 60. Da immer 1 übrigbleibt, müssen es mindestens 61 Hühner gewesen sein.

86 Siehe Aufgabe 84, es waren 300 Mann. Gemeinsames Vielfaches zwischen 3, 4, 5 und 6 ist 60. Bei 300 vermehrt um 1 = 301 für die Reihe zu siebt werden die Bedingungen der Aufgabe erfüllt.

87 Siehe Aufgabe 84, die Allee ist 301 m lang.

88 Sie verkauften die schönen Paare doppelt so teuer wie die weniger schönen. Der 1. verkauft 1 schönes und 5 andere Paare, der 2. verkauft 2 schöne und 3 billige Paare, und der 3. verkauft 3 teure und 1 billiges Paar.
Die Lösung kann durch Probieren gefunden werden. Man nimmt als Preis der schönen Paare 10 DM an und setzt für die anderen den Preis zu 5 DM fest:

	1. Sohn	2. Sohn	3. Sohn
Schöne Paare	1 = 10	2 = 20	3 = 30
Andere Paare	5 = 25	3 = 15	1 = 5
	35	35	35

89 Wären im Stall nur Hühner bei gleicher Fußanzahl, so müßten es 94 : 2 = 47 sein. Der Unterschied ist daher 12 Köpfe, das ist die Anzahl der Kaninchen; es waren 12 Kaninchen und 23 Hühner.

90 Die gestohlenen Kaninchen kommen aus den mittleren Käfigen, außerdem wird je 1 von der Mitte nach außen versetzt. Der Diebstahl kann 7 Wochen fortgesetzt werden.

Zu Anfang:

Dann:

91 Je ein Zögling aus den Eckräumen übersiedelt in die mittleren Räume, wo auch die Besucher untergebracht werden.

Vorher:

2	5	2
5		5
2	5	2

Nachher:

3	3	3
3		3
3	3	3

92 Das kleinste gemeinsame Vielfache zwischen 1 und 7 ist 420 (also zwischen 1, 2, 3, 4, 5, 6, 7; oder $3 \cdot 4 \cdot 5 \cdot 7$). Daher trafen alle 7 Stammgäste doch noch, nämlich am 420. Tag, zusammen.

93 Der Ältere gab $7/3$, der Jüngere $1/3$ Brote ab.

94 Am 60. Tag nach dem 1. 1. treffen sich alle 5 Runden. Es gibt 15 Tage, an denen die Stammtische leer sind: Man suche alle ungeraden Zahlen, die weder durch 3 noch durch 5 teilbar sind.
Gemeinsames Vielfaches: $2 \cdot 2 \cdot 3 \cdot 5$; ungerade Tage: (1) 7, 11, 13, 17, 19, 23, 29, 31, 37, 41, 43, 49, 51, 53, 57.

95 Ein Vielfaches von 7, vermehrt um 13, muß ein Vielfaches von 12 ergeben, das zwischen 100 und 200 liegt. Es waren 132 Personen.
Also entweder
7 Tische mit je 17 Gästen = 119 + 13 = 132
oder
12 Tische mit je 11 Gästen = 132

96 Herr Berger erreichte der Reihe nach 5915 Holz, Herr Hofer 6736 und Herr Müller 2756 Holz.
Zuerst muß M 2 erhalten und H 13, gleich: 6, 7. Dann muß der Rest so verteilt werden, daß B und M die gleiche Zahl gefallener Kegel zugesprochen erhalten, H aber 2 mehr.

97 Dies waren die Noten:
»Sehr gut« 2mal = 20 DM
»Gut« 3mal = 15 DM
»Befriedigend« 5mal = 5 DM
40 DM
Zusammen mit den 4 »Ausreichend«- und der 1 »Mangelhaft«-Arbeit, sind dies 15 schriftliche Lei-

stungsnoten. Da für die eine »Mangelhaft«-Arbeit 10 DM abgezogen wurden, bleiben noch 30 DM übrig.

98 Diese Aufgabe läßt sich mit einer Diophantischen Gleichung, etwa mit dem Ansatz $9x + 5 = 13y + 7$ lösen.
Eine etwas einfachere Lösung läßt sich erreichen, wenn man das kleinste Vielfache von 13 sucht, das durch 9 geteilt den Rest 1 und ebenso das kleinste Vielfache von 9 sucht, das durch 13 geteilt ebenfalls den Rest 1 gibt. Diese Vielfachen sind 91 und 27. Multipliziert man diese Zahlen mit den nicht zugehörigen Resten, also 91 mit 5 und 27 mit 7, dann ist die Summe dieser Produkte 644, eine Zahl, die den Bedingungen sicher entspricht. Um aber die kleinste Zahl zu erreichen, die den geforderten Bedingungen entspricht, muß man 644 durch das Produkt aus den Zahlen 9 und 13 dividieren, dann ist der Rest die kleinste gesuchte Zahl, das ist 59.
Auch bei der Lösung durch Gleichung ist das Resultat (176) durch das Produkt aus den Koeffizienten von x und y ($9 \cdot 13 = 117$) zu dividieren; der Rest ist wiederum die kleinste Zahl, die den geforderten Bedingungen entspricht (59).

99 Die Lösung wird analog der Aufgabe 98 gesucht; die Klasse hat 27 Schüler.

Man kann auch so vorgehen, daß man sich die möglichen Größen, um die es sich handelt, deutlich macht:

$1 \cdot 8 + 3 = 11$ $1 \cdot 11 + 5 = 16$
$2 \cdot 8 + 3 = 19$ $2 \cdot 11 + 5 = 27$ usw.
$3 \cdot 8 + 3 = 27$
$4 \cdot 8 + 3 = 35$

Man erkennt alsbald, wann beide Bedingungen erfüllt sind.

100 Hier 3 der vielen möglichen Lösungen:
Lösung 1:

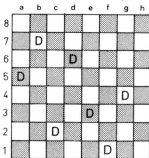

Lösung 2:

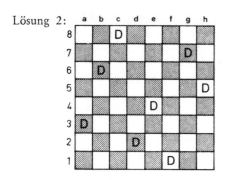

Lösung 3:

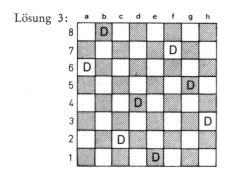

IOI Die Felder werden an zwei Seiten von 1 bis 5 bezeichnet.

Drei von mehreren Lösungen sind:

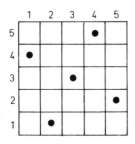

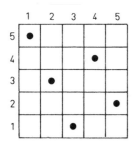 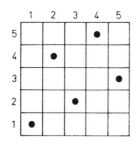

IO2
a) 2 Gefangene setzen über, 1 rudert zurück;
b) noch 2 Gefangene fahren, 1 kehrt zurück;
c) 2 Bewacher setzen über, 1 Bewacher und 1 Gefangener kehren zurück;
d) noch 2 Bewacher setzen über, 1 Gefangener kehrt zurück;
e) 2 Gefangene setzen über, 1 Gefangener kehrt zurück;
f) die letzten 2 Gefangenen setzen über.

Bei b) und bei d) besteht freilich die Möglichkeit, daß die 3 Gefangenen gemeinsam das Weite gesucht haben, was sie dann sicher auch taten, damit die Aufgabe vorzeitig zu Ende ist.

IO3
a) 2 Buben setzen über, 1 kehrt zurück;
b) 1 Soldat setzt über, 1 Bub kehrt zurück;

wieder a) und wieder b) usw., bis alle Soldaten ans andere Ufer gelangt sind.

IO4
a) 2 Frauen setzen über, 1 kehrt zurück;
b) wieder 2 Frauen, 1 kehrt zurück, sie holt
c) ihren Mann, beide setzen über, der Mann kehrt zurück;
d) 2 Männer setzen über, zurück die Frau, deren Mann noch drüben ist, beide setzen über.

IO5 Bezeichnet man die 4 Männer mit A, B, C, D und die 4 Frauen mit a, b, c, d (gleiche Buchstaben gehören zusammen), dann lauten die Überfahrten:

linkes Ufer:	Insel:	rechtes Ufer:
ABCDcd	ab	
ABCDd	abc	
CDcd	ABab	
CDcd	ABb	a
CDcd	Bb	Aa
BCD	bcd	Aa
Dd	BCbc	Aa
Dd	abc	ABC
Dd	Cc	ABab
d	CDc	ABab
d	bc	ABCDa
d	c	ABCDab
	cd	ABCDab
		ABCDabcd

106 Eine von mehreren Lösungen:
a) 3 Geiseln (G) fahren über, 1 zurück;
b) 2 G setzen über, 1 zurück;
c) 3 Gangster (Ga) setzen über, 1 Ga und 1 G zurück;
d) 2 Ga und 1 G setzen über, 1 G kehrt zurück;
e) 2 G setzen über.

107 Es sind 58 Zinnsoldaten. Dazu rechnet man:

$$3 = 1 \cdot 3$$
$$4 = 2 \cdot 2$$
$$5 = 1 \cdot 5$$
$$6 = 2 \cdot 3$$
$$\overline{2 \cdot 2 \cdot 3 \cdot 5 = 60 = \text{das kleinste gemeinsame Vielfache.}}$$

Bliebe kein Soldat übrig, so müßten es 60 sein. Dies ist aber nicht der Fall. Man braucht jetzt nur jeweils um eine Reihe weniger aufzustellen und die restlichen Soldaten an den in der Aufgabe genannten Stellen marschieren zu lassen, um jeweils auf das Ergebnis 58 zu kommen:
19 Reihen zu je 3 = 57 + 1 vorne weg
14 Reihen zu je 4 = 56 + 2 (einer vorne, einer hinten)
11 Reihen zu je 5 = 55 + 3 (einer vorne, je einer an den Seiten)
9 Reihen zu je 6 = 54 + 4 (je einer auf allen vier Seiten).

108 Die Männer werden mit Großbuchstaben, die dazugehörigen Frauen mit entsprechenden Kleinbuchstaben bezeichnet, dann ist eine von mehreren Lösungen:

linkes Ufer:	rechtes Ufer:		
ABCDEabcde			
ABCDEde	abc	c	zurück
ABCDE	abcde	de	zurück
DEde	ABCabc	Cc	zurück
cde	ABCDEab	b	zurück
e	ABCDEabcd	d	zurück
	ABCDEabcde		

109 Eine von mehreren möglichen Lösungen: R = Rotweinflaschen, W = Weißweinflaschen

```
 . . R W R W R W R W
1. W R R W R W R . . W
2. W R R W . . R R W W
3. W . . W R R R R W W
4. W W W W R R R R . .
```

110 Statt daß täglich 1, bzw. 2, bzw. 3, bzw. 4 Pillen fehlen, könnte man auch sagen, daß täglich 2 Pillen übrigbleiben, wenn die Pillenkur jeweils um einen Tag früher beendet wird.

$$3 = 1 \cdot 3$$
$$4 = 2 \cdot 2$$
$$5 = 1 \cdot 5$$
$$6 = 2 \cdot 3$$
$$\overline{2 \cdot 2 \cdot 3 \cdot 5 = 60 = \text{das kleinste gemeinsame Vielfache.}}$$

21 · 3 Pillen = 63 (1 fehlt) — 1 = 62

16 · 4 Pillen = 64 (2 fehlen) — 2 = 62

13 · 5 Pillen = 65 (3 fehlen) — 3 = 62

11 · 6 Pillen = 66 (4 fehlen) — 4 = 62

Es müssen also 62 Pillen gewesen sein; denn nur die Zahl 62 erfüllt alle Bedingungen.

111 Bevor ich wegging, brachte ich die Küchenuhr in Gang und notierte die Zeit, die sie anzeigte. Bei meiner Heimkehr halbierte ich die Zeit, die seit meinem Weggang verstrichen war und zählte sie zur genauen Zeit aus dem Uhrengeschäft dazu. Auf diese Zeit stellte ich die Küchenuhr ein.

112 Die einzig richtige Lösung lautet: 15 Dosen je Schachtel und 15 Schachteln je Kiste, bei insgesamt 7 Kisten.

113 Von insgesamt 11 Möglichkeiten entspricht nur eine den geforderten Bedingungen: 5 Kirschen pro Knödel, 9 Personen nahmen am Essen teil, und jede aß 10 Knödel.

114 Wenn der Reihe nach 1, 2, 3, 4 und 5 Walzen übrigbleiben, so bedeutet das, daß jeweils für die nächste Gruppe 2 Walzen fehlen. Man muß also eine Zahl suchen, die um 2 kleiner ist als ein Vielfaches von 3, 4, 5, 6 und 7, das ist 420 — 2 ist 418. Das ist auch die Walzenzahl, die jeder zu zählen hatte.

115 Es können insgesamt 513 Gedenkmünzen geprägt werden.
Die 513 Münzen ergeben sich wie folgt:

1. Presse:

Rohlinge	Münzen	Abfälle
192	192	192
192 : 4 = 48	48	48
48 : 4 = 12	12	12
12 : 4 = 3	3	3 (Rest)
	255	

2. Presse:

Rohlinge	Münzen	Abfälle
193	193	193
193 : 4 = 48	48	48 + 1 Rest
48 : 4 = 12	12	12
12 : 4 = 3	3	3
3 + 1 Rest =		
4 : 4 = 1	1	1 + 3 Rest
		von Presse 1 = 4
4 : 4 = 1	1	1 Rest
	258	

Die 513 Münzen setzen sich zusammen aus 255 Münzen aus der 1. Presse und 258 Münzen aus der 2. Presse.

116 Am 54. Tag ist erstmals ein Tag ohne Stammtischrunde.
Am 34. und 35. Tag sind erstmals 2 Tage hintereinander die Stammtische leer.
Nach 60 Tagen waren 1. und 2. Stammtisch 36mal zusammen, der 3. Stammtisch nur 35mal.

117 Rudolf muß $(25 - 4) \cdot 7 + 4 = 151$ Schritte machen.

118 In den 7 Säckchen sind 1, 2, 4, 8, 16, 32 und 37 Kugeln.

119 Eine von mehreren Möglichkeiten ist:

Etage	offen	halb offen	geschlossen
Erdgeschoß	5	1	5
1. Stock	5	1	5
2. Stock	1	9	1

120 Eine 25jährige Sklavin wird 28 Schafe gekostet haben.

121 Das Buch hat 240 Seiten.

122

	32	32	32	32
Vor der 4. Runde:	80	16	16	16
vor der 3. Runde:	40	72	8	8
vor der 2. Runde:	20	36	68	4
vor der 1. Runde:	10	18	34	66

Die unterstrichenen Spieler waren die Verlierer. Sie hatten anfangs 66, 34, 18 und 10 Mark.

123 Anfangs hatte jeder x Spielmarken.

	Spieler 1	Spieler 2
nach der 1. Runde:	0	$x + \dfrac{x}{3}$
nach der 2. Runde:	$\dfrac{4x}{9}$	0
nach der 3. Runde:	$\dfrac{4x}{9} + \dfrac{16x}{27}$	$\dfrac{16x}{27}$
nach der 4. Runde:	$\dfrac{28x}{27} + \dfrac{64x}{81}$	$\dfrac{16x}{27} + \dfrac{64x}{81}$
	$\dfrac{84x}{81} + \dfrac{64x}{81} = 148$	$\dfrac{48x}{81} + \dfrac{64x}{81} = 112$

	Spieler 3	Spieler 4
nach der 1. Runde:	$x + \dfrac{x}{3}$	$x + \dfrac{x}{3}$
nach der 2. Runde:	$\dfrac{4x}{3} + \dfrac{4x}{9}$	$\dfrac{4x}{3} + \dfrac{4x}{9}$
nach der 3. Runde:	0	$\dfrac{16x}{9} + \dfrac{16x}{27}$
nach der 4. Runde:	$\dfrac{64x}{81}$	0
	64	0

Anfangs hatte jeder der 4 Spieler 81 Spielmarken.

124 Verlauf der Spielrunden für

	1. Mädchen	2. Mädchen	3. Mädchen
nach der 3. Runde:	32	32	32
vor der 3. Runde:	64	16	16
vor der 2. Runde:	56	32	8
vor der 1. Runde:	52	28	16

Es verlor zuerst das 3., dann das 2. und schließlich das 1. Mädchen. Eines hatte anfangs 52, eines 28 und eines 16 Perlen.

125 Es waren 8 Kinder und 49 Nüsse.

126 Sicherlich nicht 12 Sekunden. Die Zeit verstreicht nicht während des Schlages, sondern zwischen den Schlägen. Bei 6 Schlägen daher 5 Zwischenräume. Man muß daher überlegen: Zu 5 Zwischenräumen braucht die Uhr 6 Sekunden, wieviel braucht sie zu 11 Zwischenräumen? Sie braucht 13,2 Sekunden.

127 Die Anzahl der Bälle pro Schachtel mal der Anzahl der Schachteln mal der Anzahl der Kisten ergibt die Gesamtzahl der Bälle. Deshalb muß die Zahl 330 in Primfaktoren zerlegt werden (2, 3, 5, 11). Man setze sie so zu 3 Faktoren zusammen, daß sich 2 davon nur um 1 unterscheiden (5, 6, 11 und 10, 11, 3). Die erste Möglichkeit scheidet aus, weil sie der Bedingung »möglichst wenig Kisten« widerspricht. Daher 10 Schachteln mit je 11 Bällen und 3 Kisten.

128 Nordpol und Südpol; vom Nordpol führen alle Richtungen nach Süden, vom Südpol alle nach Norden.

129 Da jedes Zimmer mindestens 1 Bett hat, zieht man von den 60 Betten 48 (für jedes Zimmer 1 Bett) ab, dann müssen die Zweitbetten der Zweibettzimmer übrigbleiben. Das Kurhaus hat daher 12 Zweibettzimmer.

130 Das ursprüngliche Mandatsverhältnis war $x : x + 1$; das neue ist daher $x - 1 : x + 2$. Das Mandatsverhältnis ist aber auch $1 : 2\frac{1}{2}$ oder $x - 1$ ist nur $\frac{2}{5}$ von $x + 2$. Der Unterschied ist also $\frac{3}{5}$, das sind 3 Mandate. Die schwächere Partei hat daher 2, die stärkere 5 Mandate, zusammen 7 Mandate.

Von Bewegungen, Wegen und Zeiten

1 Von Linz nach Passau (Fahrzeit 1 Std. 45 Min.) fährt durchschnittlich alle 2 Stunden ein Zug und ebenso in umgekehrter Richtung. Wie viele Züge begegnen sich innerhalb von 24 Stunden?

2 Mittags fährt ein D-Zug von Linz nach Wien, durchschnittliche Geschwindigkeit 80 km/h. Zur gleichen Zeit fährt ein Personenzug von Wien nach Linz mit 40 km/h. Welcher Zug ist, wenn sie sich treffen, weiter von Wien entfernt?

3 Nach einem Spaziergang treffen einander Fritz und Kurt. Fritz sagt: »Vor 20 Minuten war ich schon eine Viertelstunde unterwegs.« Kurt erwiderte: »Ich war vor einer Viertelstunde schon 20 Minuten unterwegs.« Haben nun beide bei gleicher Geschwindigkeit die gleiche Strecke zurückgelegt?

4 Ein Wanderer sagt: »Wäre ich um 12 km weiter gegangen, so wäre die Hälfte des Weges genau 20 km.« Wie weit ist er gegangen?

5 Wäre mein Schulweg um 1 km kürzer, so hätte ich nach einem Drittel des Weges schon die Hälfte zurückgelegt. Wie weit ist der Schulweg?

6 Der Radfahrer sagt: »Ich habe jetzt ein Viertel meines Weges gefahren. Wenn ich noch 8 km fahre, habe ich ein Drittel des Weges hinter mich gebracht.« Wie lang ist die Gesamtstrecke?

7 Ein Auto hat 6 km zu fahren, davon 3 km durch die Stadt mit 30 km/h und 3 km auf freier Strecke mit 60 km/h. Wie groß ist seine mittlere Geschwindigkeit?

8 Um 10 Uhr treffen einander ein Radfahrer und ein Fußgänger. Der Radfahrer sagt: »Ich war doppelt so schnell wie du.« Der Fußgänger antwortet: »Dafür war ich dreimal so lange unterwegs wie du. Zusammen haben wir 25 km geschafft.« Wann ist der Radfahrer weggefahren, wann der Fußgänger weggegangen, und wie viele Kilometer hat jeder zurückgelegt?

9 Von der Hauptstrecke der Eisenbahn zweigt ein totes Geleise ab, auf dem 10 Wagen Platz haben. Von links kommen 2 Züge mit je 15 Wagen. Wie kann der erste Zug den zweiten vorbeifahren lassen?

10 Nun kommen auf demselben Gleisstück 2 Züge von rechts mit je 15 Wagen. Wie kann der erste Zug den zweiten vorbeifahren lassen?

11 Auf dem gleichen Streckenstück wie in den beiden vorhergehenden Aufgaben kommen zwei Züge mit je 15 Wagen einander entgegen. Wie kann jeder in seiner Richtung weiterfahren?

12 Ein Hund verfolgt einen Hasen, der 90 Sprünge voraus ist. Der Hase macht in der gleichen Zeit 5 Sprünge, wenn der Hund 4 Sprünge macht, und 7 Hasensprünge betragen an Weite soviel wie 5 Hundesprünge. Wie viele Sprünge muß der Hund machen, um den Hasen einzuholen?

13 Zwei Körper, die 1650 m entfernt sind, bewegen sich mit verschiedenen Geschwindigkeiten zueinander. Der erste beginnt mit 4 m/sek und beschleunigt pro Sekunde um 2 m, der zweite beginnt mit 2 m/sek und beschleunigt pro Sekunde um 3 m. Nach wie vielen Sekunden treffen sie sich?

14 Ein Hund verfolgt einen Hasen, der 50 Sprünge voraus ist. Während der Hase 6 Sprünge macht, macht der Hund 5 Sprünge, und 9 Hasensprünge sind soviel wie 7 Hundesprünge. Nach wie vielen Hasensprüngen holt der Hund den Hasen ein?

15 Der Förster erzählt: »Ich war mit Waldi 10 km von zu Hause weg, da lief Waldi nach Hause voraus, genau doppelt so schnell, wie ich ging. Von zu Hause wieder zu mir und wieder nach Hause usw., bis ich daheim war. Wie viele Kilometer lief Waldi?«

16 2 Radfahrer sind 30 km entfernt und fahren mit 15 km/h einander entgegen. Beim Start fliegt eine Wespe von einem zum anderen, hin und her, bis sich die Radfahrer begegnen. Welche Strecke legt die Wespe zurück, wenn sie mit 20 km/h fliegt?

17 2 Radfahrer fahren einander entgegen. Obwohl jeder eine andere Geschwindigkeit fährt, stellen sie beim Zusammentreffen fest, daß beide die gleiche Strecke zurückgelegt haben und sie zusammen 14 Stunden unterwegs waren. A sagt zu B: »Wäre ich so schnell gefahren wie du, so hätte ich 128 km zurückgelegt.« Und B sagt zu A: »Mit deiner Fahrweise wäre ich nur 72 km weit gekommen.« Wie lange war jeder unterwegs, welche Geschwindigkeit ist jeder gefahren, und welche Strecke haben sie zusammen zurückgelegt?

18 Eine Hauptstrecke der Eisenbahn hat ein Nebengeleise, das wieder in die Hauptstrecke einmündet. Zwei Züge kommen auf der Strecke einander entgegen. Wie können sie aneinander vorbei, wenn kein ganzer Zug am Nebengeleise Platz hat?

19 Ein Geleisedreieck ist so beschaffen, daß auf dem Stutzgeleise nur 1 Wagen, aber nicht die Lok Platz hat. Die beiden Wagen, die auf den Bogen zum Stutzgeleise stehen, sollen vertauscht werden.

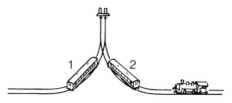

20 Zwei Züge, der eine von A nach B, der andere von B nach A, sollen so aneinander vorbeifahren, daß jeder Zug mit der Lok nach vorne seine Fahrt fortsetzen kann.

21 Auf dem Rundgeleise stehen 2 Wagen, die mit Holz beladen sind. Keiner kann durch den Tunnel geschoben werden, nur die Lok kann durchfahren. Die beiden Wagen sollen so verschoben werden, daß sie ihre Plätze tauschen, während die Lok wieder frei verfügbar sein muß.

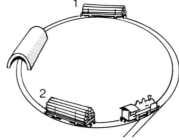

22 Zwei Züge fahren aus 200 km Entfernung einander entgegen, der eine mit 30 km/h, der andere mit 20 km/h. Gleichzeitig fliegt eine Taube mit 50 km/h vom Ausgangspunkt des ersten Zuges in Richtung des zweiten bis zu dessen Spitze, dann zurück zum ersten Zug und wieder zum zweiten, so lange, bis beide Züge einander treffen. Welche Strecke hat die Taube zurückgelegt?

23 Anton und Bruno gehen von ihren Wohnorten einander entgegen. Nachdem sie einander getroffen haben, kommt Anton 8 Stunden später im Wohnort von Bruno an und dieser nach 4,5 Stunden im Wohnort des Anton. Wie lange ist jeder unterwegs, wenn die Geschwindigkeit gleichbleibt?

24 Ein Schnellzug mit 60 km/h überholt einen Personenzug, der 40 km/h fährt. Wie lange dauert die Vorbeifahrt, wenn beide 200 m lang sind?

25 Ein Schnellzug, 300 m lang, fährt 90 km/h. Er überholt einen Lastzug, 600 m lang, der 30 km/h fährt. Wie lange dauert die Vorbeifahrt?

26 Ein Schnellzug fährt 80 km/h einem Personenzug mit 40 km/h entgegen. Wann ist die Begegnung zu Ende, wenn der Schnellzug 200 m, der Personenzug 300 m lang ist?

27 Ein Schnellzug fährt mit 90 km/h und begegnet einem Lastzug mit 30 km/h. Wie lange dauert die Begegnung, wenn der Schnellzug 200 m und der Lastzug 600 m lang ist?

28 Ein 350 m langer Schleppzug fährt donauaufwärts mit 6 km pro Stunde. Ein nachkommendes Personenschiff überholt ihn mit 8 km pro Stunde. Wie lange dauert das Manöver von jenem Zeitpunkt, als der Bug des Personenschiffes auf gleicher Höhe mit dem Ende des letzten Schleppers ist, bis der Bug des Personenschiffes den Bug des Zugschiffes verläßt?

29 Eine Kompanie Soldaten marschiert auf der Straße. Die Kolonne ist 600 m lang und hat eine Geschwindigkeit von 5 km pro Stunde. Ein Radfahrer begegnet ihr. Wie lange dauert die Begegnung, wenn der Radfahrer 15 km/h fährt?

30 Direktor Mayer bewohnt ein Landhaus und arbeitet in der Stadt. Jeden Tag fährt er mit dem gleichen Zug. Seine Frau holt ihn täglich mit dem Auto vom Bahnhof ab. Eines Tages fährt er mit einem Zug, der genau 1 Stunde früher ankommt. Er wartet nicht auf seine Frau, sondern geht zu Fuß. Wie gewöhnlich fährt seine Frau von zu Hause weg, trifft ihren Mann unterwegs, macht kehrt und fährt wieder nach Hause. Dort stellt Herr Mayer fest, daß er 20 Minuten gewonnen hat. Wie lange ist er gegangen?

31 Franz muß mit dem Moped von A nach B. Er kann dafür zwei verschiedene, gleich gute Straßen benützen. Die eine führt über den Berg, dazu muß er 2 km bergauf mit 6 km/h und ebensoviel bergab mit beliebiger Geschwindigkeit fahren; die andere Straße führt durch die Ebene, ist aber 10 km lang, auf der er mit 30 km/h fahren kann. Wie schnell müßte er bergab fahren, um in der gleichen Zeit in B zu sein?

32 Ein Flugzeug fliegt 250 km/h von Wien nach Bregenz (500 km). Die reine Flugzeit beträgt für Hin- und Rückflug daher 4 Stunden. Weht ein Wind genau in Flugrichtung, so wird das Flugzeug mit Rückenwind ebensoviel schneller fliegen wie beim Rückflug langsamer. Bleibt die reine Gesamtflugzeit für Hin- und Rückflug gleich oder ändert sie sich, wenn man annimmt, daß der Wind völlig gleichmäßig weht?

33 Ein Zug fährt eine gerade Strecke mit 60 km/h. Rechtwinkelig bläst der Wind und treibt den Rauch der Lok im Winkel von 45° von der Zugrichtung ab. Welche Geschwindigkeit hat der Wind?

34 Ein Donaudampfer fährt stromab mit 20 km/h. In der gleichen Richtung bläst der Wind und läßt den Rauch senkrecht hochsteigen. Welche Geschwindigkeit hat der Wind?

35 Ein Ozeandampfer fährt 30 Knoten pro Stunde. Der Wind bläst im Winkel von 60° gegen die Fahrtrichtung des Dampfers und treibt den

Rauch des Schornsteins im Winkel von 30° von der Fahrtrichtung ab. Welche Geschwindigkeit hat der Wind?

36 Ein Zug fährt in gerader Richtung mit 45 km/h. Genau rechtwinkelig zur Fahrtrichtung bläst der Wind und treibt den Rauch der Lok in einem Winkel von 30° von der Fahrtrichtung ab. Welche Geschwindigkeit hat der Wind?

37 Auf einer zweigeleisigen Strecke begegnen sich zwei Züge, der eine mit 36 km/h, der andere mit 45 km/h. Ein Reisender des zweiten Zuges stellt fest, daß der erste Zug zur Vorbeifahrt 6 Sekunden braucht. Wie lang war der Zug?

38 Ein Traktor fuhr die Hälfte eines Weges mit 15 km/h und die andere Hälfte mit einem schweren Anhänger und konnte nur 3 km/h erreichen. Wie groß ist die mittlere Geschwindigkeit des Fahrzeuges, das heißt, wie schnell müßte der Traktor fahren, um die gleiche Strecke bei gleichbleibender Geschwindigkeit in der gleichen Zeit zurückzulegen?

39 Karl machte mit seinen Eltern eine Ferienreise mit dem Auto. Als er die Hälfte des ersten Tageszieles erreicht hatte, begann er zu schlafen und schlief so lange, bis noch die Hälfte jener Strecke zurückzulegen war, die er schlafend verbracht hatte. Welchen Teil der Gesamtstrecke hat er verschlafen?

40 Als ein Radfahrer ²/₃ seines Weges zurückgelegt hatte, platzte ein Reifen. Den Rest des Weges mußte er gehen und brauchte dafür doppelt soviel Zeit wie für den gefahrenen Wegteil. Wievielmal schneller war er mit dem Fahrrad?

41 Pünktlich um die gleiche Zeit holte täglich ein Auto die aktuellen Filmberichte für das Fernsehstudio von der Entwicklungsanstalt ab. Eines Tages verspätet sich das Auto. Als es endlich das Studio verläßt, schickt ihm die Entwicklungs-anstalt ein anderes (mit gleicher Geschwindigkeit) entgegen. Beide Autos treffen sich nach 10 Minuten. Das Studioauto dreht ohne Zeitverlust um und kommt wie jeden Tag im Studio an. Mit welcher Verspätung ist es weggefahren?

42 Von Linz nach Wien und umgekehrt fahren gleichzeitig Züge ab. Vom Zeitpunkt der Begegnung braucht der Zug aus Linz noch 80 Minuten, um in Wien zu sein und der Zug aus Wien noch 3 Stunden, um in Linz zu sein. Wie lange war jeder Zug unterwegs, wenn die Geschwindigkeiten konstant waren?

43 Ein Personenzug fährt mit 60 km/h von A nach B, nach einer halben Stunde fährt ebenfalls von A nach B ein Schnellzug mit 80 km/h. Wie weit sind sie eine Stunde vor jenem Zeitpunkt voneinander entfernt, bevor der Schnellzug den Personenzug einholt?

44 Franz und Karl sind Pfadfinder, wohnen 15 km voneinander entfernt und verfügen über ein Funksprechgerät. Sie wandern einander entgegen, Franz mit 4, Karl mit 5 km/h. Unterwegs ruft Franz den Karl und sagt: »Ich bin jetzt in A.« Karl antwortet: »Also treffen wir uns in einer Stunde.« Wie weit waren sie auseinander?

45 Herr und Frau Karl gehen zur Rolltreppe und wollen hinauffahren. Kaum sind sie ein paar Stufen unterwegs, fällt Herrn Karl ein, daß er seinen Schirm am Beginn der Rolltreppe hat stehen lassen. Blitzschnell kehrt er um, läuft die aufwärts rollende Treppe hinunter, ist in 10 Sekunden beim Schirm, packt ihn ohne Zeitverlust und hastet seiner Frau ebensoschnell wieder nach. Er holt sie an der letzten Stufe der Rolltreppe wieder ein. Wie lange ist die Rolltreppe, wenn sie 1 m pro Sekunde und Herr Karl doppelte Eigengeschwindigkeit hat?

46 Bei einer großen Rallye soll die nächste Etappe so gefahren werden, daß das Ziel um 18.30 Uhr erreicht wird. Fährt man mit einem Schnitt von 90 km/h, ist man um 17.30 Uhr am Ziel, fährt man aber mit 60 km/h, erreicht man das Ziel um 19.30 Uhr. Wie weit ist das Etappenziel entfernt und mit welcher Geschwindigkeit muß gefahren werden, um pünktlich zu sein?

47 Bei einer Fußgängerunterführung in einer Großstadt ist jeder Ausgang mit 2 Rolltreppen versehen, eine führt hinunter, eine hinauf. Zu den Stoßzeiten ist jede Stufe besetzt. Jemand fährt hinunter und zählt von oben bis unten 32 Leute, die auf der anderen Rolltreppe an seinem Auge vorbeiziehen. Wie viele Leute stehen gleichzeitig auf einer Treppe?

48 In einem Haus mit 9 Stockwerken und Erdgeschoß wird der Personenlift überholt. Die Bewohner müssen daher zu Fuß gehen. Frau Müller wohnt im 3. Stock, sie wartet vor ihrer Tür auf Frau Berger, die im 9. Stock wohnt. Sie wollen gemeinsam einkaufen gehen. Nach der Begrüßung stellt Frau Berger fest, daß sie ihre Geldbörse vergessen hat. Sie muß daher zurück. Frau Müller geht in der Zeit bis ins Erdgeschoß und braucht dazu 1 Minute. Wie lange muß sie mindestens warten, wenn man annimmt, daß Frau Berger sowohl hinauf wie herunter annähernd gleichmäßig und so schnell wie Frau Müller geht? Wie lange müßte Frau Müller warten, wenn sie vor ihrer Wohnungstür stehengeblieben wäre?

49 Frau Bauer wohnt im 4. Stock, sie muß insgesamt 96 Stufen steigen und braucht dazu pro Stufe 1 Sekunde. Bergab macht sie 2 Stufen pro Sekunde. Wie schnell müßte sie ohne Zeitverlust oder -gewinn gehen, wenn zwischen Auf- und Abwärtsgehen kein Unterschied sein soll?

50 Auf einem Rundkurs trainieren 2 Radrennfahrer. Sie fahren in entgegengesetzter Richtung. A startet von der Nordkurve, B von der Südkurve, so daß bei gleichzeitigem Start die halbe Rennstrecke zwischen ihnen liegt. Zum erstenmal treffen sie sich 75 m vom Startplatz der Nordkurve entfernt. Der zweite Treffpunkt liegt 90 m vom Startplatz der Südkurve entfernt. Wie lang ist die Bahn und in welchem Verhältnis stehen die Fahrgeschwindigkeiten, wenn man annimmt, daß sie stets gleichbleibt?

51 Ein Boot legt im ruhigen Gewässer 2 m pro Sekunde zurück und könnte daher einen Fluß, wenn er keine Eigengeschwindigkeit hätte, in 3 Minuten und 20 Sekunden überqueren. Nun braucht es aber 4 Minuten, 10 Sekunden. Welche Geschwindigkeit hat der Fluß, wenn man annimmt, daß sie auf der ganzen Breite gleich ist?

52 Kurt und Paul wohnen in zwei verschiedenen Orten, sie vereinbaren, sich im Rasthaus zu treffen, das irgendwo zwischen beiden Orten an der Straße liegt. Kurt fährt im Schnitt 60 km/h und Paul 40 km/h. Sie fahren gleichzeitig von ihren Heimatorten weg und treffen gleichzeitig im Rasthaus ein. Würde dieses in der Mitte zwischen beiden Orten liegen, hätte Kurt 20 Minuten warten müssen. Wo liegt das Rasthaus und wie weit sind die Orte voneinander entfernt?

53 Drei Pensionisten beginnen ihren Spaziergang gleichzeitig, aber jeder geht für sich allein. Der erste rastet nach je 3 Gehminuten 1 Minute, der zweite nach 5 Gehminuten 2 Minuten, und der dritte rastet nach 7 Gehminuten 3 Minuten. Wann rasten erstmals alle drei gleichzeitig, wieviel reine Gehzeit hat jeder nach genau einer halben Stunde?

54 Medikamente mußten dringend vom Krankenhaus A in das 800 km entfernte Krankenhaus B, zwischen denen sich eine riesige Steppe dehnte, gebracht werden. Es standen 5 Motorräder zur Verfügung, deren Tank je 4 l faßte. Damit konnte jeder Fahrer 80 km fahren. Zusätzlich hatte jeder auf dem Gepäckträger einen vollen 20-l-Kanister aufgeschnallt, mehr konnte keiner unterbringen. Wie kamen die Medikamente an ihr Ziel, wenn der Konvoi gleichzeitig startete und kein Fahrer in der Steppe liegenblieb?

55 Die beiden Orte A und B liegen an einer Straße und sind 37,5 km voneinander entfernt. Adolf und Bruno fahren mit den Rädern gleichzeitig von A und B einander entgegen, um den anderen Ort zu erreichen. Irgendwo zwischen beiden Orten treffen sie einander. Welche Geschwindigkeit fährt jeder, wenn Adolf vom Treffpunkt nach B noch 2¼ Stunden und Bruno vom Treffpunkt nach A noch 1 Stunde braucht? Die Geschwindigkeiten bleiben konstant.

56 Die erste Hälfte des Weges ging bergauf, ich mußte mein Rad schieben und konnte nur 4 km/h zurücklegen, dafür ging die zweite Hälfte des Weges bergab, da brachte ich es auf 28 km/h. Wie schnell müßte ich bei gleichbleibender Fahrt sein, um zur gleichen Zeit am Ziel zu sein?

57 Der Vater geht mit seinem Kind spazieren. Dieses geht 12 Schritte voraus. Wann holt der Vater das Kind ein, wenn 7 Kinderschritte so groß wie 3 Vaterschritte sind und das Kind 5 Schritte macht, während der Vater deren 3 macht?

58 Zwei Fahrzeuge fahren aus einer Entfernung von 104 km einander entgegen. Während ein Rad des ersten Fahrzeuges 3 Umdrehungen macht, dreht sich ein Rad des anderen Fahrzeuges 5mal, und 7 Umdrehungen des ersten Rades sind ebensoviel Meter wie 10 Umdrehungen des zweiten Rades. Wo treffen sich beide Fahrzeuge?

59 Ein Lkw fährt um 7 Uhr ab und legt alle 5 Minuten 3 km zurück. Ein Pkw, der alle 3 Minuten 5 km zurücklegt, wird um 8.20 Uhr nachgeschickt. Wann holt er den Lkw ein?

60 In einer zweigeleisigen U-Bahn fahren die Züge in beiden Richtungen mit gleicher Geschwindigkeit und in gleichen Abständen. Alle 3 Minuten fährt ein Gegenzug vorbei. Wie viele Züge aus einer Richtung halten innerhalb einer Stunde am nächsten Bahnhof?

61 Um 12 Uhr fährt ein Motorrad von A nach B und zur gleichen Zeit ein Moped von B nach A. Nach 2 Stunden begegnen sie einander. Wie weit sind A und B voneinander entfernt, wenn das Motorrad 60 km/h macht und das Moped für die restliche Teilstrecke eine Stunde länger benötigt, als das Motorrad dafür brauchte?

62 Nach 32 km kommt ein Bote um 11 Uhr vormittags am Ziel an. Er ist zuerst zu Fuß mit 4 km pro Stunde marschiert, dann konnte er ein Pferd benützen, das 10 km pro Stunde schaffte. Um welche Uhrzeit ist der Bote aufgebrochen?

63 Herr Berger macht einen Ausflug mit seinem Auto. Er fährt um 8 Uhr von seiner Wohnung weg und will nach einem etwa 200 km entfernten Ort. Nach Antritt seiner Reise hat er mit seinem Wagen Schwierigkeiten, doch kommt er mit vielen Unterbrechungen um 16 Uhr am Reiseziel an. Am nächsten Tag sollte er die Rückreise antreten, mit seinem Wagen ist dies nicht möglich. Er macht sich um 8 Uhr zu Fuß auf den Weg und kommt auf der gleichen Straße schlecht und recht etwa um 16 Uhr in seiner Wohnung an. Gibt es eine Stelle zwischen Wohnung und Reiseziel, an der er auf der Hin- und Rückreise genau zur gleichen Zeit war?

64 Herr Müller und Herr Berger suchen in zwei gleichen Telefonbüchern gleichzeitig den gleichen Namen. Herr Müller sucht vom Beginn des Buchstabens an zu seinem Ende hin, während Herr Berger vom Ende des Buchstabens nach vorne sucht. Herr Müller muß offensichtlich den Namen übersehen haben, denn er und Herr Berger sind mit der Suche fast am Ende, als Herr Berger den gesuchten Namen findet und die Suche gemeinsam eingestellt wird. Gibt es einen Namen, den beide gleichzeitig gelesen haben?

1 Innerhalb 24 Stunden begegnen sich 24 Züge.

2 Keiner ist weiter von Wien entfernt!

3 Beide haben die gleiche Strecke zurückgelegt.

4 Wenn die Hälfte des Weges 20 km beträgt, so ist die gesamte Wegstrecke 40 km. Da er aber um 12 km weniger gegangen ist, hat der Wanderer 28 km hinter sich gebracht.

5 Der Schulweg beträgt 3 km.

6 Das Viertel des Weges, das der Radfahrer schon hinter sich gebracht hat, zusammen mit den 8 km, ergeben $\frac{1}{3}$ der gesamten Wegstrecke.

$$\frac{1}{4} + 8 \text{ km} = \frac{1}{3} \text{ der Wegstrecke.}$$

$$\frac{3}{4} + 24 \text{ km} = \text{die gesamte Wegstrecke.}$$

Demnach sind 24 km $\frac{1}{4}$ der Wegstrecke und 96 km die gesamte Wegstrecke.

7 Für die 3 km mit 30 km/h braucht das Auto 6 Minuten
Für die 3 km mit 60 km/h braucht das Auto 3 Minuten
Für die gesamten 6 km braucht das Auto 9 Minuten
Jetzt läßt sich leicht errechnen, wie schnell das Auto durchschnittlich fährt, nämlich:

$$\frac{6 \cdot 60}{9} = \frac{360}{9} = \frac{120}{3} = 40 \text{ km/h}$$

8 Der Radfahrer fuhr um 9 Uhr weg, der Fußgänger ging um 7 Uhr weg. Der Radfahrer legte 10 km, der Fußgänger 15 km zurück.

9 Der 1. Zug stellt die letzten 10 Wagen auf das tote Geleise und fährt mit dem Rest nach vorne. Der 2. Zug fährt nach und koppelt die Wagen vom toten Geleise hinten an, fährt so weit zurück, daß die Weiche frei ist. Der Rest des 1. Zuges fährt in das tote Geleise. Der 2. Zug kann weiterfahren. Der 1. Zug stellt sich wieder zusammen und setzt die Fahrt ebenfalls fort.

10 Vom 1. Zug werden 10 Wagen abgekuppelt und samt Lok auf das tote Geleise gestellt. Der 2. Zug schiebt die restlichen Wagen des 1. Zuges so weit nach vorne, daß der letzte Wagen des 2. Zuges die Weiche freigibt, dann fährt der 1. Teil des 1. Zuges nach rückwärts. Die Lok allein fährt in das tote Geleise. Der 2. Zug mit dem Rest des 1. Zuges stößt so weit zurück, daß die Lok des 1. Zuges ihre letzten Wagen in das tote Geleise ziehen kann. Der 2. Zug hat nun den Weg frei. Der 1. Zug stellt sich ebenfalls zusammen und setzt die Fahrt fort.

11 Der rechte Zug sei R, der linke Zug L. R fährt mit 10 Wagen in das tote Geleise. L fährt so weit nach rechts, daß er die 10 Wagen ohne Lok aus dem toten Geleise auf die Hauptstrecke ziehen kann und stößt mit ihnen so weit zurück, daß die Lok des R seine restlichen Wagen in das tote Geleise ziehen kann. Dann fährt L mit den Wagen des R so weit vor, daß die restlichen Wagen des R samt Lok das tote Geleise verlassen können. Schließlich kuppelt R seine Wagen wieder zusammen, und beide können ihre Fahrt fortsetzen.

12 Der Weg ist Geschwindigkeit mal Zeit: $s = c \cdot t$. Die Wege der beiden Tiere sind letzten Endes gleich: $s_1 = 90 + s_2$. Auch die Zeit, die beide unterwegs sind, ist gleich: $t_1 = t_2$. Man drücke die Geschwindigkeit in Sprüngen aus: $c = s : t$. Drückt man alles in Hasensprüngen aus, dann ist 1 Hundesprung $\frac{7}{5}$ Hasensprünge (weitenmäßig) und 1 Hundesprung ist $\frac{5}{4}$ Hasensprünge (zeitmäßig). Daher ist ein Hundesprung gleich $\frac{28}{25}$ Hasensprünge. Die Geschwindigkeit des Hundes ist daher $\frac{28}{25}$, die des Hasen gleich 1. Der Weg des Hundes wird ausgedrückt $\frac{28}{25} \cdot x$, der des Hasen $90 + x$. Beide Wege werden gleichgesetzt. Daraus folgt: $x = 750$ Zeiteinheiten. Da 1 Hasensprung $\frac{4}{5}$ Hundesprünge sind, werden diese 750 Zeiteinheiten oder Hasensprünge in Hundesprünge umgewandelt, es sind 600 Hundesprünge.

13 Die Körper treffen sich nach 25 Sekunden.

14 Nach 700 Hasensprüngen (siehe Aufgabe 12).

15 Waldi lief 20 km.

16 Die Wespe legt 20 km zurück.

17 A war 8, B 6 Stunden unterwegs. A war 12 km/h schnell und B 16 km/h; zusammen legten sie eine Strecke von 192 km zurück.

18 Der rechte Zug fährt mit so vielen Wagen auf das Nebengeleise, wie Platz haben. Der linke Zug stößt die restlichen Wagen so weit zurück, daß der erste Teil des rechten Zuges nach links weiterfahren kann. Dann zieht der ehemals linke Zug die restlichen Wagen des rechten Zuges auf das Nebengeleise und kann nach kurzem Zurückfahren die Fahrt fortsetzen. Der rechte Zug stellt sich wieder zusammen und kann ebenfalls ungehindert weiterfahren.

19 Die Lok schiebt Wagen 2 in das Stutzgeleise, fährt zurück, schiebt Wagen 1 an Wagen 2, zieht beide heraus und schiebt sie auf die Hauptstrecke nach rechts. Mit Wagen 1 fährt die Lok vor und schiebt ihn ins Stutzgeleise, fährt zurück und holt Wagen 1 dorthin, wo vorher Wagen 2 stand. Die Lok holt nun Wagen 2 und schiebt ihn an seinen neuen Platz.

20 Zug A fährt auf das gemeinsame Geleise, Zug B holt Zug A ohne Lok auf seine Seite. Die Lok von A fährt zurück nach rechts. Zug B stößt Zug A wieder zurück auf das gemeinsame Geleise. Zug B fährt allein zurück. Lok A setzt sich vor seinen Zug. Nun wird bei Zug B ähnlich verfahren, bis beide in der vorgesehenen Richtung ihre Fahrt fortsetzen können.

21 Wagen II auf gerades Geleise; Lok durch Tunnel und Wagen I zu II; beide Wagen auf das Geleise, wo Wagen II stand. Lok durch Tunnel und schiebt beide Wagen auf die andere Geleisehälfte; Lok durch Tunnel und schiebt zuerst Wagen II auf gerades Geleisestück und dann Wagen I auf Platz von Wagen II; dann Wagen II auf Platz von Wagen I; Lok durch Tunnel und schiebt Wagen I zu Wagen II; Lok durch Tunnel und Wagen I auf gerades Stück und Wagen II wieder zurück auf seinen Platz; Lok durch Tunnel und holt Wagen I auf seinen Platz.

22 Die 2 Züge treffen sich nach einer Fahrzeit von genau 4 Stunden. Der 1. Zug legt dabei 120 km zurück (4 · 30 km), der 2. 80 km (4 · 20 km). Da die Taube 4 Stunden lang mit einer Geschwindigkeit von 50 km/h fliegt, legt sie in dieser Zeit 200 km zurück.

23 Die Zeit des Bruno, die er für die restliche Wegstrecke braucht, verhält sich zur Zeit des Anton, die er für die gleiche Wegstrecke brauchte, ebenso wie die Zeit des Bruno für den Weg, den er schon zurückgelegt hat, zur Wegstrecke des Anton, die dieser noch zurückzulegen hat. Also 4,5 : x = x : 8. Die Zeit für die 1. Wegstrecke, die jeder zurückgelegt hat, ist also 6 Stunden. Die Gesamtzeit des Anton ist daher 14, die des Bruno 10,5 Stunden.

24 Der Schnellzug fährt am Personenzug mit einer Geschwindigkeit von 20 km/h (Differenz der beiden Geschwindigkeiten) vorbei. Für 400 m (2mal die Zuglänge) bei 20 km/h braucht man 1,2 Minuten.

25 Siehe Aufgabe 24; die Vorbeifahrt des Schnellzuges dauert 54 Sekunden.

26 Hier müssen die Geschwindigkeiten addiert werden, sonst wie Aufgabe 24. Die Begegnung ist in 15 Sekunden zu Ende.

27 Wie Aufgabe 26; die Begegnung dauert 24 Sekunden.

28 Die Geschwindigkeiten werden wieder subtrahiert, es wird nur die Länge des Schleppzuges berücksichtigt, sonst wie Aufgabe 24. Das Überholmanöver dauert 10,5 Minuten.

29 Die Geschwindigkeiten werden addiert, sonst wie Aufgabe 24. Die Begegnung dauert 1 Minute und 48 Sekunden.

30 Herr Mayer ist 50 Minuten gegangen. Er ist 20 Minuten früher angekommen, das heißt, auch seine Frau hat 20 Minuten eingespart. Sie braucht also vom Treffpunkt zum Bahnhof und wieder zum Treffpunkt zurück genau 20 Minuten. Nehmen wir für die Ankunft des Zuges eine beliebige Zeit an, z. B. 17 Uhr, dann wäre die Frau immer um 17.10 Uhr beim heutigen Treffpunkt. Heute ist es aber erst 16.50 Uhr (20 Minuten früher). Daher ist die Gehzeit des Direktors 50 Minuten.

31 Fährt Franz über den Berg, braucht er bergauf ebensolange wie für die 10 km auf der Ebene. Über den Berg braucht er jedenfalls länger. Gleiche Zeit ist unmöglich.

32 Die Behauptung, daß das Flugzeug mit Rückenwind ebensoviel schneller fliegt, wie es beim Rückflug langsamer vorwärtskommt, ist falsch. Nimmt man z. B. an, daß die Windgeschwindigkeit ebensogroß ist wie die Flugzeuggeschwindigkeit, dann würde das Flugzeug bei Gegenwind in der Luft stehenbleiben. Die Gesamtflugdauer ändert sich daher. Bei einer Windgeschwindigkeit von z. B. 50 km/h ist die Gesamtflugdauer 4 Stunden und 10 Minuten.

33 Zeichnet man ein Kräfteparallelogramm, erkennt man leicht, daß der Wind die gleiche Geschwindigkeit wie der Zug haben muß. Der Wind bläst mit 60 km/h.

34 Mit einer Zeichnung erkennt man auch hier, daß der Wind die gleiche Geschwindigkeit wie das Schiff haben muß.

35 Mit einer Zeichnung läßt sich das Ergebnis sehr leicht erkennen, nämlich ebenfalls 30 Knoten Windgeschwindigkeit.

36 Der Wind hat eine Geschwindigkeit von rund 26 km/h oder 15mal der Wurzel aus 3; Zug und Rauchrichtung bilden Höhe und Seite eines gleichseitigen Dreiecks.

37 Zu 81 km (36 + 45 km/h) braucht der Zug 1 Stunde, wie weit kommt er in 6 Sekunden (einfacher Schluß)? Der Zug war 135 m lang.

38 Die Zeit ist Weg durch Geschwindigkeit. Für die 1. Hälfte des Weges ist daher die Zeit $1/30$, für die 2. Hälfte $1/6 \cdot 1/30 + 1/6 = 1/5$. Geschwindigkeit ist Weg durch Zeit = $1 : 1/5 = 5$. Die durchschnittliche Geschwindigkeit war daher 5 km/h.

39 Karl hat $1/3$ der Tagesstrecke verschlafen.

40 Mit dem Rad war er 4mal so schnell.

41 Da beide Autos die gleiche Geschwindigkeit haben, müssen sie sich in der Mitte treffen. Das Studioauto hätte noch 10 Minuten bis zur Entwicklungsanstalt und ebensolange zurück zum Treffpunkt in der Mitte der Strecke. Diese 20 Minuten hat es sich erspart. Da es ohne Verspätung im Studio eingetroffen ist, muß es mit 20 Minuten Verspätung weggefahren sein.

42 Siehe Aufgabe 23; der Zug aus Linz kommt in Wien nach 3 Stunden 20 Minuten an und der andere nach 5 Stunden in Linz.

43 Die beiden Züge sind 20 km voneinander entfernt.

44 Franz und Karl sind 9 km voneinander entfernt.

45 Wenn Herr Karl in 10 Sekunden beim Schirm ist, kann er seine Frau auch in 10 Sekunden einholen. Er braucht daher 10 Sekunden von der untersten bis zur obersten Stufe. Da er 3 m/sec zurücklegt (1 m/sec die Treppe und 2 m/sec Eigengeschwindigkeit), ist die Treppe 30 m lang.

46 Das Etappenziel ist 360 km entfernt. Die richtige Geschwindigkeit beträgt 72 km/h.

47 Auf einer Treppe stehen gleichzeitig 16 Personen.

48 Frau Müller muß, egal ob vor ihrer Wohnungstür oder im Erdgeschoß, in jedem Fall 4 Minuten warten. Im Fall 1 braucht Frau Berger 2 Minuten, um vom 3. bis in den 9. Stock zu kommen, und vom 9. Stock zurück zum 3. ebenfalls. Im 2. Fall benötigt Frau Berger 2 Minuten vom 3. zum 9. Stock und 3 Minuten vom 9. Stock zum Erdgeschoß, zusammen also 5 Minuten. Aber auch Frau Müller benötigt 1 Minute, um vom 3. Stock zum Erdgeschoß zu kommen. Sie wartet also auch hier nur 4 Minuten.

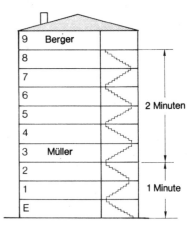

49 Frau Bauer müßte 4 Stufen in 3 Sekunden und nicht, wie man annehmen könnte, 3 Stufen in 2 Sekunden nehmen.

50 Die Rennstrecke ist 270 m lang, die Geschwindigkeiten verhalten sich wie 5 : 4. Beide fahren den Rundkurs zusammen 1¹/₂mal. A legt 3mal 75 m zurück. 3 · 75 — 90 ist die halbe Rennstrecke.

51 Der Fluß ist demnach 200 Sekunden oder 400 m breit. Das Boot legt aber 500 m zurück. Es wird daher 300 m in 250 Sekunden abgetrieben. Die Flußgeschwindigkeit beträgt daher 1,2 m/sec.

52 Die Geschwindigkeiten verhalten sich wie 3 : 2. Bei gleicher Zeit verhalten sich auch die Wege wie 3 : 2, und bei gleichem Weg verhalten sich die Zeiten wie 2 : 3. Würden sie sich in der Mitte treffen, würde Paul um 1 Zeitteil (20 Minuten) länger brauchen. Kurt ist daher 2 · 20 Minuten unterwegs, das sind 40 km. Die Orte sind 80 km voneinander entfernt, und das Rasthaus ist 48 km von Kurts Heimatort entfernt.

53 Die 3 Pensionisten rasten erstmals gleichzeitig in der 20. Minute. Nach 30 Minuten hat der 1. 23, der 2. 22 und der 3. 21 Minuten reine Gehzeit.

	Pensionist 1	Pensionist 2	Pensionist 3
1	1	1	1
2	2	2	2
3	3	3	3
4	Rast	4	4
5	1	5	5
6	2	Rast	6
7	3	Rast	7
8	Rast	1	Rast
9	1	2	Rast
10	2	3	Rast
11	3	4	1
12	Rast	5	2
13	1	Rast	3
14	2	Rast	4
15	3	1	5
16	Rast	2	6
17	1	3	7
18	2	4	Rast
19	3	5	Rast
20	Rast	Rast	Rast
21	1	Rast	1
22	2	1	2
23	3	2	3
24	Rast	3	4
25	1	4	5
26	2	5	6
27	3	Rast	7
28	Rast	Rast	Rast
29	1	1	Rast
30	2	2	Rast
	23	22	21

Gehminuten
in einer
halbe Stunde

54 Nach 80 km wurden die Tanks mit der Reserve des 1. Fahrers aufgefüllt, dieser kehrt zurück. Nach weiteren 80 km wird die Reserve des 2. Fahrers aufgeteilt, ihm bleibt genug, um zurückzukehren. So wird weiterverfahren, bis der letzte Fahrer mit seiner Reserve das Ziel erreichen konnte.

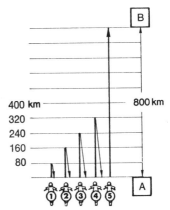

55 Wie in Aufgabe 23 wird zuerst die Gesamtzeit von Adolf und Bruno berechnet und dann mit Hilfe der Gesamtlänge der Strecke (37,5 km) die Geschwindigkeiten. Adolf fährt 10 km/h und Bruno 15 km/h.

56 Die durchschnittliche Geschwindigkeit ist nicht etwa das arithmetische Mittel zwischen 4 und 28, das wäre 16 km/h. Die Geschwindigkeit ist die Gesamtstrecke durch die Gesamtzeit. Der Einfachheit halber nehmen wir die halbe Strecke mit 4 km. Für die 1. halbe Strecke wird demnach 1 Stunde benötigt, für die 2. halbe Strecke nur ¹/₇ Stunde, daher für 8 km ⁸/₇ Stunden. Die Wegstrecke für 1 Stunde ist daher 7 km. Ich müßte daher 7 km/h fahren.

57 Die Berechnung erfolgt analog der Aufgabe 12. 1 Vaterschritt = ⁷/₃ Kinderschritte (entfernungsmäßig); 1 Vaterschritt ist aber auch ⁵/₃ Kinderschritte (zeitmäßig). Die Geschwindigkeit ist Weg durch Zeit, also ⁷/₃ : ⁵/₃ = 7 · 3 durch 3 · 5 = ⁷/₅; daher ist ein Vaterschritt gleich ⁷/₅ Kinderschritte. Die Geschwindigkeit des Kindes ist 1, die des Vaters ist ⁷/₅. Wenn x die Anzahl der Kinderschritte ist, die es noch zu machen hat, dann lautet die Gleichung 7 x : 5 = 12 + x; x = 30; 30 Kinderschritte sind 18 Vaterschritte. Nach 18 Schritten hat der Vater das Kind eingeholt.

58 Siehe Aufgabe 12 und Aufgabe 57. Beide Wege zusammen ergeben 104 km. Sie treffen sich 56 km vom Ausgangspunkt des 1. Fahrzeuges.

59 Der Lkw legt pro Minute $3/5$ km zurück, der Pkw pro Minute $5/3$ km; daher ist die Geschwindigkeit des Lkw $3/5$ und die des Pkw $5/3$. Die Anzahl der Minuten, die der Pkw unterwegs ist, sei x, dann lautet die Weggleichung $3/5 (x + 8) = 5/3 \cdot x$; x = 45. In 45 Minuten holt der Pkw den Lkw ein.

60 10 Züge, die in der gleichen Richtung fahren.

61 Wenn das Moped 1 Stunde länger fährt, dann muß es für die Strecke, die das Motorrad bis 14 Uhr zurücklegt, genau 3 Stunden brauchen, also in 3 Stunden 120 km, das ist pro Stunde 40 km. Die Strecke A—B ist daher 120 + 80 km = 200 km.

62 Die Aufgabe ist mit einer diophantischen Gleichung, deren Ansatz 4 x + 10 y = 32 lautet, zu lösen oder mit Hilfe logischer Schlüsse: Wenn Marsch und Ritt nur mit dem 4. Teil der Geschwindigkeit erfolgten, dann wäre der Gesamtweg nur 8 km und die Zeit für den Marsch gleich seinem Weg. Der Ritt erfolgt aber zweieinhalbmal so schnell. Nimmt man für die zurückgelegten Strecken ganzzahlige Werte an, dann kann der Weg für den Ritt nur 2 mal zweieinhalb km sein. 4 mal zweieinhalb ist ja schon mehr als 8 km. Die Gesamtstrecke für den Ritt, bei richtiger Geschwindigkeit, ist 4 mal 5 oder 20 km, bleibt für den Marsch 12 km bei 3 Stunden. 3 Stunden zu Fuß und 2 zu Pferd ergeben die Abmarschzeit von 6 Uhr früh.

63 Ja, es muß eine solche Stelle geben. Sehr einleuchtend läßt sich das beweisen, wenn man annimmt, daß die Hin- und Rückreise nicht von der gleichen Person und nicht an verschiedenen Tagen, sondern gleichzeitig und unter den gleichen Bedingungen durchgeführt wurde. Dann nämlich müssen sich beide Personen irgendwo begegnen. Dieser Punkt ist jene Stelle, die auf der Hin- und Rückreise gleichzeitig durchgangen oder durchfahren wurde.

64 Ja, es muß einen solchen Namen geben, denn irgendwann müssen sich Herr Berger und Herr Müller bei der Suche, wenn auch in zwei getrennten Büchern, gekreuzt haben. Der Kreuzungspunkt ist jener Name, den sie gleichzeitig gelesen haben.

Von jungen und weniger jungen Menschen

I Der Vater zählt heute 35 Jahre, sein Sohn 10 und seine Tochter 7 Jahre. In wie vielen Jahren ist der Vater gerade so alt wie seine beiden Kinder zusammen?

2 Die Mutter ist 45, der Sohn 23 und die Tochter 24 Jahre alt. Vor wie vielen Jahren war die Mutter so alt wie Sohn und Tochter zusammen?

3 Der Vater ist 34, die Mutter 30 und die Tochter 7 Jahre alt. Vor wie vielen Jahren waren Mutter und Tochter zusammen so alt wie der Vater?

4 Der Vater ist 36, der Sohn 14 Jahre alt. Vor wie vielen Jahren war der Vater dreimal so alt wie sein Sohn?

5 Der Vater ist 36, der Sohn 14 Jahre alt. In wie vielen Jahren ist der Vater doppelt so alt wie sein Sohn?

6 Nach seinem Alter gefragt, antwortet Josef: »Nach 30 Jahren werde ich dreimal so alt sein wie jetzt.« Wie alt ist er?

7 Mutter, Vater und Tochter sind zusammen 100 Jahre alt. Die Mutter ist um 8 Jahre jünger als der Vater, er ist aber viermal so alt wie die Tochter. Wie alt ist jeder?

8 Vater und Sohn sind zusammen 33, Mutter und Sohn 29, Vater und Mutter zusammen 52 Jahre alt. Wie alt ist jeder?

9 Vater und Mutter zählen zusammen 58 Jahre, Mutter und Tochter 36, alle zusammen 66 Jahre. Wie alt ist jeder?

IO Vater und Sohn zählen zusammen 32 Jahre, Mutter und Sohn soviel wie der Vater. Alle zusammen zählen 56 Jahre. Wie alt ist jeder?

II Franz und Ursula sind zusammen halb so alt wie der Vater. Mutter und Ursula sind zusammen um 3 Jahre älter als der Vater. Vater und Franz sind zusammen 43, Mutter und Sohn zusammen 38 Jahre alt. Wie alt ist jeder?

I2 Franz und Karl sind zusammen 39 Jahre alt. Vor 5 Jahren war Karl so alt, wie Franz heute ist. Wie alt sind beide?

I3 Vater und Sohn sind zusammen 63 Jahre alt. Der Vater ist doppelt so alt wie der Sohn. Wie alt sind beide?

I4 Vater und Mutter sind zusammen 65 Jahre alt. Die Mutter ist um 7 Jahre jünger. Wie alt sind beide?

I5 Die Mutter ist dreimal so alt wie die Tochter. Ihr Altersunterschied ist 24 Jahre. Wie alt sind beide?

I6 Die Mutter ist dreimal so alt wie die Tochter. Zusammen sind sie 48 Jahre alt. Wie alt sind Mutter und Tochter?

I7 Heute ist Marie doppelt so alt wie Anna vor 11 Jahren war. Anna ist um 2 Jahre jünger als Marie. Wie alt ist Anna jetzt?

I8 Ein Mann ist um 15 Jahre älter als seine Frau, beide zusammen sind 85 Jahre alt. Wie alt ist jeder?

19 Franz ist 20 Jahre alt. Wäre er doppelt so alt wie Karl, so müßte dieser um ein Jahr jünger sein. Wie alt ist Karl?

20 Peter ist 16 Jahre alt. Wäre er doppelt so alt wie Fritz, so müßte Peter um 2 Jahre älter sein. Wie alt ist Fritz?

21 Vater und Mutter sind zusammen 69 Jahre alt, Vater und Sohn 49 und Mutter und Sohn 42 Jahre. Wie alt ist jeder?

22 Brigitte sagt zur 16jährigen Freundin: »Wenn ich 5 Jahre älter wäre, so wäre ich vor zwei Jahren so alt gewesen, wie du in drei Jahren sein wirst.« Wie alt ist Brigitte?

23 Der Sohn ist 42 Jahre alt, er ist doppelt so alt, wie der Vater bei seiner Geburt war. Wie alt ist der Vater?

24 Bei der Geburtstagsfeier sagt der Vater: »Mein lieber Sohn, du bist heute 8 Jahre alt, die Mutter ist 29 Jahre alt. Du bist heute so alt, wie ich war, als die Mutter geboren wurde.« Wie alt ist der Vater?

25 Anna war vor 10 Jahren halb so alt wie Marie heute ist. Marie war vor 10 Jahren um ein Viertel jünger, als Anna jetzt ist. Wie alt sind beide?

26 Der Vater ist 46 Jahre alt. Sein Sohn ist 20 Jahre jünger. Vor wie vielen Jahren war der Vater doppelt so alt wie sein Sohn?

27 Der Vater ist 50 Jahre alt, seine beiden Söhne sind zusammen 10 Jahre jünger. Wann war der Vater doppelt so alt wie seine beiden Söhne zusammen?

28 Der Vater ist 50 Jahre alt, seine drei Söhne sind zusammen um 8 Jahre älter. Vor wie vielen Jahren war der Vater so alt wie seine drei Söhne zusammen?

29 Die Mutter ist halb so alt wie die Großmutter, die Tochter halb so alt wie die Mutter. Alle zusammen sind 133 Jahre alt. Wie alt sind sie?

30 Franz, Karl und Sepp sind zusammen 100 Jahre alt. Das Alter des Franz ist durch 7, das des Karl durch 17 und das des Sepp durch 27 teilbar. Wie alt ist jeder?

31 Marie ist doppelt so alt wie Anna. Vor vier Jahren war sie aber sechsmal so alt wie Anna. Wie alt sind beide?

32 »Jetzt«, sagte eine Mutter, »bin ich dreimal so alt wie meine Tochter, vor vier Jahren war ich viermal so alt.« Wie alt sind Mutter und Tochter?

33 Wie alt sind Mutter und Tochter, wenn die Mutter um 21 Jahre älter ist als die Tochter und das Alter der beiden sich wie 5 : 2 verhält?

34 Käthe ist 10 Jahre alt und um 2 Jahre älter als Paula. Wann war diese halb so alt wie Käthe?

35 Die Tochter ist 11 Jahre alt, sie ist halb so alt wie die Mutter war, als die Tochter geboren wurde. Wie alt ist die Mutter?

36 Der 40jährige Vater sagt zum 16jährigen Sohn: »Du bist heute halb so alt, wie die Mutter war, als ich so alt war, wie die Mutter jetzt ist.« Wie alt ist die Mutter?

37 »Ich wurde geboren, als die Mutter 20 Jahre alt war. In drei Jahren ist die Mutter dreimal so alt wie ich. Wie alt ist die Mutter?«

38 Karl ist 24 Jahre alt, er sagt zu seinem Bruder: »Du bist doppelt so alt, wie ich war, als du so alt warst, wie ich jetzt bin.« Wie alt ist der Bruder?

AUFGABEN

39 Der kleine Hans und der Vater haben am gleichen Tag Geburtstag. Der Vater ist heute genau 11mal so alt wie sein Sohn. In sechs Jahren wird er nur noch 5mal so alt sein. Wie alt sind Vater und Sohn?

40 Ein Mann ist um 8 Jahre älter als seine Frau. Beide zusammen sind um 6 Jahre älter als der Vater des Mannes. Der Vater wiederum ist zwei Drittel so alt wie der 93jährige Großvater. Wie alt sind Mann, Frau und Vater?

41 Zieht man von Großvaters Alter 6 Jahre ab, so erhält man das 5fache Alter des Enkels. Gibt man aber zu Großvaters Alter 5 Jahre dazu, so erhält man das 6fache Alter des Enkels. Wie alt sind sie?

42 Zwei Schulkameraden treffen nach langer Zeit wieder einmal zusammen. Im Laufe des Gespräches erzählt der erste, daß er schon drei Töchter habe. »Wie alt sind sie?« fragt der zweite. »Du bist schon immer ein guter Mathematiker gewesen, rechne dir das Alter aus folgenden Angaben aus: Multipliziert man die Alter der Töchter, erhält man 36, addiert man aber das Alter der Töchter, so erhält man die Hausnummer, die da oben steht«, dabei zeigt er hinauf zu dieser Hausnummer. Der andere überlegt nun eine Weile und meint schließlich: »In diesem Falle ist die Lösung nicht eindeutig.« Der erste gibt ihm recht und ergänzt: »Die älteste Tochter hat rote Haare.« — »Ja, jetzt weiß ich es«, sagt der Mathematiker. Wie alt waren die Töchter, und wie lautete die Hausnummer?

43 Eine Familie erhielt in ganz regelmäßigen Abständen Zuwachs, so daß eines Tages die Alterssumme aller Kinder 64 Jahre war. Wie viele Kinder waren es, und welches Alter hatten sie?

44 Mein Vater ist sechsmal so alt wie mein Sohn. Ich bin 28 Jahre alt. Mein Sohn ist ebensoviel jünger, wie mein Vater älter ist als ich. Wie alt sind beide?

1 In 18 Jahren ist der Vater so alt wie beide Kinder zusammen. Der Altersunterschied zwischen dem Alter des Vaters und der Jahressumme der Kinder ist 18 Jahre. Diese 18 Jahre würden von den Kindern in 9 Jahren aufgeholt, wenn der Vater nicht älter werden würde. Es sind daher 2mal 9 Jahre dazu erforderlich.

2 Vor 2 Jahren. Der Altersunterschied zwischen dem Alter der Mutter und der Jahressumme der Kinder ist 2 Jahre. Nachdem die Kinder, in die Vergangenheit gerechnet, pro Jahr zusammen 2 Jahre jünger waren, sind 2 Jahre zurückzurechnen, bis die Bedingung erfüllt ist.

3 Vor 3 Jahren. Überlegung wie Aufgabe 2.

4 Vor 3 Jahren. Das dreifache Alter des Sohnes ist jetzt 42 Jahre. Hier zählt also 1 Jahr des Sohnes 3mal soviel wie 1 Jahr des Vaters. Das gilt auch für jene Jahre, die seit dem Zeitpunkt verstrichen sind, an dem der Vater 3mal so alt war wie der Sohn. Für den Vater sind diese Jahre nur 1mal zu zählen. Der Unterschied, der zwischen dem dreifachen Alter des Sohnes und dem einfachen Alter des Vaters besteht, ist das zweifache der Jahre. Dies sind 6, die einfachen Jahre daher 3.

5 In 8 Jahren. Das doppelte Alter des Sohnes ist jetzt 28 Jahre. Der Unterschied ist daher 8 Jahre. Diese 8 Jahre müssen noch vergehen, bis der Vater doppelt so alt ist wie der Sohn.

6 Josef ist 15 Jahre alt. Die 30 Jahre sind das Doppelte jenes Alters, das Josef jetzt hat, denn das jetzige Alter plus der 30 Jahre ergeben das dreifache Alter.

7 Der Vater ist 48, die Mutter 40 und die Tochter 12 Jahre. Wäre die Mutter ebenso alt wie der Vater, wäre die Alterssumme 108 Jahre. Diese Alterssumme setzt sich zusammen aus je 4 Teilen für den Vater und die Mutter und 1 Teil für die Tochter, das sind 9 Teile; 108 : 9 = 12.

8 Der Vater ist 28, die Mutter 24 und der Sohn 5 Jahre alt. Bildet man den Unterschied zwischen 33 und 29 Jahren, dann erhält man den Altersunterschied zwischen Vater und Mutter, das sind 4 Jahre. Nimmt man diese 4 Jahre von 52 weg, erhält man das doppelte Alter der Mutter, also 24 Jahre.

9 Der Vater ist 30, die Mutter 28 und die Tochter 8 Jahre alt. Zählt man 58 und 36 zusammen, so erhält man mit 94 eine Zahl, in der das Alter der Tochter und des Vaters einmal, das Alter der Mutter aber zweimal enthalten ist. Man muß also nur 66 von 94 abziehen (28), um das Alter der Mutter zu erhalten.

10 Der Vater ist 28, die Mutter 24 und der Sohn 4 Jahre alt. Der Unterschied zwischen 56 und 32 Jahren ist das Alter der Mutter, also 24 Jahre. Zieht man aber das Alter der Mutter von 32 ab, erhält man das doppelte Alter des Sohnes.

11 Franz ist 9, Ursula 8, die Mutter 29 und der Vater 34 Jahre alt. Lösung mit Hilfe einer Gleichung, etwa mit dem Ansatz:

Alter des Franz $= x$

Alter des Vaters $= 43 - x$

Alter der Mutter $= 38 - x$

Alter der Ursula $= \dfrac{43 - x}{2} - x$

Alter der Mutter + Alter der Tochter = Alter des Vaters + 3.

$$38 - x + \frac{43 - x}{2} - x = 43 - x + 3$$
$$3x = 27$$
$$x = 9$$

Nun ist die 9 nur noch für x einzusetzen, um die richtigen Werte zu erhalten.

12 Franz ist 17, Karl 22 Jahre alt. Karl ist um 5 Jahre älter als Franz. Wäre er so alt wie Franz, wäre ihre Alterssumme 34 Jahre und beide daher 17 Jahre.

13 Der Vater ist 42, der Sohn 21 Jahre alt. Man könnte auch sagen 3mal das Alter des Sohnes ist 63 Jahre. Der Sohn ist daher 21 Jahre alt.

14 Die Mutter ist 29, der Vater 36 Jahre alt. Zählt man zu 65 Jahren noch 7 Jahre dazu, erhält man das doppelte Alter des Vaters = 72 Jahre.

15 Die Mutter ist 36, die Tochter 12 Jahre alt. 24 Jahre muß das doppelte Alter der Tochter sein (= Unterschied zwischen dem dreifachen und einfachen Alter der Tochter).

16 Die Mutter ist 36, die Tochter 12 Jahre alt. Das dreifache und das einfache Alter der Tochter zusammen ergeben das vierfache = 48 Jahre.

17 Anna ist 24 Jahre alt. Anna sei x Jahre alt. Vor 11 Jahren war Anna $(x - 11)$ und Maria $2 \cdot (x - 11)$ Jahre alt. Gibt man zu Annas Alter noch 2 Jahre dazu, sind beide gleich alt: $x + 2 = 2(x - 11)$.

18 Der Mann ist 50, die Frau 35 Jahre alt. Zieht man von 85 Jahren 15 ab, erhält man das doppelte Alter der Frau, das sind 70 Jahre.

19 Karl ist 11 Jahre alt. Die Hälfte von 20 Jahren ist um 1 Jahr weniger als Karls Alter.

20 Fritz ist 9 Jahre alt. Wäre Peter um 2 Jahre älter, wäre er 18 Jahre alt, das ist das doppelte Alter des Fritz.

21 Der Vater ist 38, die Mutter 31 und der Sohn 11 Jahre alt. Wir nehmen an, der Vater sei x Jahre alt, dann ist die Mutter $(69 - x)$ Jahre und der Sohn $(49 - x)$ Jahre: $(69 - x) + (49 - x) = 42$.

22 Brigitte ist auch 16 Jahre alt. Die Freundin wird in 3 Jahren 19 Jahre alt sein. So alt wäre Brigitte vor 2 Jahren gewesen, das ist um 5 Jahre älter, als die Freundin jetzt ist. Nun ist Brigitte aber nicht um 5 Jahre älter, deshalb ist sie ebenso alt wie ihre Freundin.

23 Der Vater ist 63 Jahre alt. Vor 42 Jahren war der Vater halb so alt, wie der Sohn jetzt ist, das sind 21 Jahre + 42 = 63.

24 Der Vater ist 37 Jahre alt. Der Vater war 8, als die Mutter geboren wurde und daher jetzt um 29 Jahre älter.

25 Anna ist 24, Marie 28 Jahre alt. Man nehme an, Anna sei x, Marie y Jahre alt. Daher $(x - 10) = y/2$; $(y - 10) = x - x/4$. Diese zwei Gleichungen

mit den beiden Unbekannten werden in eine Gleichung mit einer Unbekannten umgeformt. Dazu muß eine Unbekannte durch die andere ersetzt werden. Nimmt man beispielsweise die erste Gleichung, so erhält man:

$y = 2x - 20$.

Dieser Ausdruck wird in die zweite Gleichung eingesetzt:

$$2x - 30 = x - \frac{x}{4}$$
$$8x - 120 = 4x - x$$
$$5x = 120$$
$$x = 24$$

26 Vor 6 Jahren. Das doppelte Alter des Sohnes ist 52 Jahre. Der Unterschied wäre daher 6 Jahre, er müßte aber 0 Jahre sein.

27 Vor 10 Jahren. Ansatz der Gleichung:
$50 - x = 2(40 - 2x)$.
Auf der rechten Seite der Gleichung deshalb 2x, weil sich das einfache Alter der beiden Söhne jährlich um 2 Jahre dem Alter des Vaters nähert.

28 Vor 4 Jahren. Die Söhne nähern sich jährlich um 3 Jahre dem Alter des Vaters, während dieser nur um 1 Jahr älter wird.
Ansatz: Die Anzahl der Jahre, die inzwischen vergangen sind (seit der Zeit, als der Vater genauso alt war wie seine 3 Söhne zusammen), bezeichnet man mit x. Dann war das Alter des Vaters 50 (heutiges Alter) — x Jahre, das Alter der Söhne 58 (heutiges Alter) — x Jahre · 3 (da ja jeder Sohn um die Anzahl der Jahre jünger war).
$$50 - x = 58 - 3x$$
$$x = 4$$

29 Die Tochter ist 19, die Mutter 38, die Großmutter 76 Jahre alt. Bezeichnen wir die Anzahl der Jahre der Tochter mit x, dann ist die der Mutter 2x (doppeltes Alter) und die der Großmutter 4x (doppelt so alt wie die Mutter).
$$7x = 133$$
$$x = 19$$

30 Franz ist 56, Karl 17 und Sepp 27 Jahre alt. Man probiere.

31 Anna ist 5, Marie 10 Jahre alt. Anna sei x Jahre alt, Marie daher 2 x Jahre.
$$(x - 4) \cdot 6 = 2 x \cdot 4$$

32 Die Mutter ist 36, die Tochter 12 Jahre alt. Ansatz der Gleichung:
Alter der Tochter $= x$
Alter der Mutter $= 3 x$
Alter der Mutter vor 4 Jahren $3 x - 4$
Alter der Tochter vor 4 Jahren $x - 4$
Da die Mutter vor 4 Jahren 4mal so alt war wie die Tochter, schreibt man:
$$(x - 4) 4 = 3 x - 4$$
$$x = 12$$

33 Die Mutter ist 35, die Tochter 14 Jahre alt. 21 Jahre müssen 3 Teile $(5 - 2)$ sein. Ein Teil ist daher 7 Jahre.

34 Vor 6 Jahren. Das doppelte Alter von Paula ist 16 Jahre, der Unterschied wäre 6 Jahre.

35 Die Mutter ist 33 Jahre alt. Das doppelte Alter der Tochter ist 22 = Alter der Mutter bei Geburt der Tochter. Dazu kommen noch 11 Jahre.

36 Die Mutter war 32 Jahre alt. Die halbe Differenz auf 40 Jahre muß also zum Alter der Mutter dazugerechnet werden. Die Mutter ist daher 36 Jahre alt.

37 Das Kind sei heute x Jahre, dann ist die Mutter $(x + 20)$ Jahre alt. In 3 Jahren ist das Kind $(x + 3)$, die Mutter $(x + 23)$ Jahre alt. $(x + 3) \cdot 3 = x + 23$. $x = 7$. Die Mutter ist 27 Jahre alt.

38 Das Alter des Bruders war 24 und ist heute $(24 + x)$ Jahre; dasselbe Alter, durch das Alter von Karl ausgedrückt, ist $(24 - x) \cdot 2$. Werden $(24 + x)$ und $(24 - x) \cdot 2$ gleichgesetzt, erhält man die Anzahl der Jahre $(x = 8)$, die zu Karls Alter hinzuzuzählen sind, um das Alter des Bruders zu erhalten. Der Bruder ist daher heute 32 Jahre alt.

39 Der Vater ist 44, der kleine Hans 4 Jahre alt.
Ansatz:
Alter des Sohnes $= x$
Alter des Vaters $= 11 x$

In 6 Jahren:
Alter des Sohnes $= x + 6$
Alter des Vaters $= 11 x + 6$
Da der Vater dann nur noch 5mal so alt sein wird wie der Sohn, ergibt sich:
$$(x + 6) 5 = 11 x + 6$$
$$x = 4$$

40 Bezeichnet man das Alter der Frau mit x, dann ist der Mann $x + 8$ und der Vater $2 x + 2$.
$$2 x + 2 = {}^2/_3 \cdot 93$$
Die Frau ist 30, der Mann 38 und der Vater 62 Jahre alt.

41 Der Großvater ist 61, der Enkel 11 Jahre alt.
Ansatz:
Alter des Großvaters $= x$
Alter des Enkels $= y$
Daraus folgt:
$$x - 6 = 5 y; \quad x + 5 = 6 y$$
$$x = 5 y + 6$$
Wird nun x durch y ersetzt, so erhält man:
$$5 y + 11 = 6 y$$
$$y = 11$$

42 Man zerlege 36 in Primzahlen $(1 \cdot 2 \cdot 2 \cdot 3 \cdot 3)$. Von den 6 Möglichkeiten

$$\underbrace{1, 2, 18}_{21} - \underbrace{2, 3, 6}_{11} - \underbrace{4, 3, 3}_{10} - \underbrace{6, 6, 1}_{13} - \underbrace{9, 4, 1}_{14} - \underbrace{9, 2, 2}_{13}$$

trifft die Hausnummer eine Auswahl. Da diese Auswahl nicht eindeutig ist, muß es mindestens 2 Möglichkeiten geben (9, 2, 2 und 6, 6, 1), deren Summe der Hausnummer entspricht. Da von einer ältesten Tochter die Rede ist, muß das Alter der Mädchen 9, 2, 2 und die Hausnummer 13 sein.

43 Es waren 8 Kinder, und ihr Alter war der Reihe nach 1, 3, 5, 7, 9, 11, 13, 15 Jahre.

44 Der Sohn ist 8 und der Großvater 48 Jahre alt.
Ansatz:
Alter des Sohnes $28 - x$
Alter des Großvaters $28 + x$.
Da der Großvater 6mal so alt ist wie sein Enkel, ergibt sich:
$$(28 - x) 6 = 28 + x$$
$$x = 20$$

Probleme rund um das Geld

1 In der Sparkasse liegen 700 DM. Davon wurde ein Teil abgehoben. Der verbliebene Rest ist um ein Drittel größer als der abgehobene Betrag. Wie groß ist die in der Sparkasse verbliebene Summe?

2 Wenn ich dreimal soviel Geld hätte und noch 5 DM dazu, hätte ich 50 DM. Wieviel Geld habe ich?

3 In der Jugendherberge erzählt uns ein Schweizer: »In beiden Hosentaschen habe ich gleich viel Geld; gibt man 8 Franken von der einen in die andere Tasche, so ist in dieser fünfmal soviel wie in der anderen.« Wieviel Geld war in jeder Tasche?

4 Jemand in Österreich erzählt: »Eine Banane kostet 1,20 S, für einen Apfel erhält man 2 Orangen, und 3 Orangen kosten soviel wie 4 Birnen, und 5 Birnen sind so teuer wie 3 Bananen.« Was kostet jede Obstsorte?

5 Gibt man täglich den gleichen Betrag aus, so kommt man eine ganze Woche aus. Gibt man aber täglich um 10 DM mehr aus, so bleibt für den Sonntag nichts übrig. Wieviel Geld steht für die Woche zur Verfügung?

6 Ein Italiener erzählt: »Ich hätte genau 100 Lire, wenn ich sechsmal soviel hätte, aber dann davon nur den vierten Teil und endlich noch eine Lira dazu.« Viel kann das nicht gewesen sein. Wie viele Lire hatte der Italiener wirklich?

7 Hier sind wir wieder in Österreich. Die Mutter kauft für sich und ihre zwei Töchter Schuhe. Die Schuhe der jüngeren Tochter kosten 20 S weniger als die Hälfte der Schuhe der Mutter, die der älteren 20 S mehr als die Hälfte ihrer Schuhe. Zusammen gibt sie 500 S aus. Wie teuer sind die einzelnen Paare?

8 Eine Frau bat den Bürgermeister, eine alte Kutsche zu einem festgesetzten Preis zu verkaufen. Es kamen drei Brüder, die das Gefährt gemeinsam kaufen wollten, und jeder zahlte dem Bürgermeister 500 DM. Erst als sie davongefahren waren, merkte er, daß der Verkäufer den Preis nur mit 1300 DM angesetzt hatte, daß er also 200 DM zuviel genommen hatte. Er schickt den Gemeindediener zu den Brüdern, um den Mehrbetrag zurückzugeben. Der Diener überlegt unterwegs: Die Brüder wissen gar nicht, was die Kutsche in Wirklichkeit kosten sollte. Er gibt daher jedem der Brüder nur 50 DM zurück. Jeder der Brüder hat daher nur 450 DM gezahlt. 3 mal 450 DM = 1350 DM, und 50 DM hat der Knecht zurückbehalten, macht 1400 DM. Wo bleiben die restlichen 100 DM?

9 Drei Gäste machen zusammen eine Zeche von 25 DM. Jeder Gast gibt 10 DM her. Der Kellner gibt jedem 1 DM; er selbst darf 2 DM behalten, sind zusammen 29 DM. Wo bleibt die 30. Mark?

10 Herr Listig aus Wien wollte ein schönes Feuerzeug kaufen. Von den vorgelegten Stücken gefielen ihm zwei ganz besonders. Das eine kostete 60 S, das andere 120 S. Schließlich nahm er das für 60 S. Zu Hause reute ihn der Kauf, und er ging am nächsten Tag wieder in das Geschäft und tauschte das Feuerzeug um. Dann sagte er zur Verkäuferin: »Gestern habe ich Ihnen 60 Schilling gegeben, und heute gebe ich Ihnen das Feuerzeug zurück, das auch 60 Schilling wert ist, macht zusammen 120 Schilling, also sind wir quitt.« Doch die Verkäuferin ließ sich nicht täuschen. Wo war der Trugschluß des Herrn Listig?

11 Eine Stadt hat drei Brücken. Auf jeder der Brükken wird von den Benutzern ein Brückenzoll oder eine Maut erhoben. Die Stadt hat eine gute Einnahme davon. Je Brücke kommen in jedem Jahr über 20.000 DM ein. Man will nun die Einnahmen vermehren, und es wird vorgeschlagen, eine vierte Brücke zu bauen. Wären Sie auch dafür?

12 Für eine Geschenkpackung soll in der Lebensmittelhandlung etwas in eine besonders schöne Flasche abgefüllt werden. Sagt der Chef: »Die Flasche kostet mit dem Korken 1,10 DM. Solch eine Flasche ist ganz schön teuer, sie kostet eine DM mehr als der Kork.« Fragt Lehrling Franz den Heinz: »Was also setzen wir ein für die Flasche und wieviel für den Korken?«

13 »Hier sind zwei Tafeln Schokolade«, sagt Paul. »Die eine Tafel kostet 10 Pfennig mehr als die andere. Beide zusammen kosten 1,90 DM. Wie teuer ist jede Tafel?«

14 Hier ist Paul nochmals. Jetzt hat er eine Torte in einer Tortenschachtel. »Kostet zusammen 20 DM«, sagt er. Die Torte allein kostet 10 DM mehr als die Schachtel. Wie teuer sind Torte und Schachtel?

15 Eine Schweizer Stadt feierte ihre Gründung auf vier abgeschlossenen Festplätzen, die man jeweils nur durch ein einziges Tor betreten und verlassen konnte. Jedesmal mußte jeder Besucher einen Franken zahlen, auch beim Hinausgehen. Ein Besucher geht auf den ersten Platz, zahlt einen Franken Eintritt, gibt dann die Hälfte seiner Barschaft aus, verläßt den Platz wieder, wobei er nochmals einen Franken entrichtet. Für die anderen drei Plätze gilt das gleiche; jeweils ver-

braucht er immer die Hälfte der noch vorhandenen Barschaft. Beim Verlassen des Tores des letzten Platzes zahlt er auch den letzten Franken, den er noch hatte. Wieviel Geld hatte der Besucher, bevor er das Tor des ersten Platzes durchschritt?

16 Gebe ich jedem von euch 9 Münzen, bekommt einer nichts, gebe ich jedem von euch 8 Münzen, bleibt 1 Münze übrig. Wie viele Münzen wurden unter wie vielen Personen aufgeteilt?

17 Franz und Karl haben zusammen 18, Karl und Toni 16, Franz und Toni zusammen 12 Markstücke. Wieviel hatte jeder?

18 Die Währungseinheit in Österreich (1 Schilling = 100 Groschen) ist sehr viel kleiner als die meisten europäischen Einheiten. Man kann daher sehr viel mehr lustige Dinge mit ganzen Münzen durchführen als anderswo, ohne auf Bruchteile (Groschen) zurückgreifen zu müssen. Da war zum Beispiel ein Vater, der eine kleine Summe von Schillingen unter seine drei Söhne aufteilt, deren jeweiligem Alter entsprechend. Der jüngste erhält 75 S, der zweite um 100 S mehr und der dritte um die Summe des ersten mehr als der zweite. Wie alt sind sie, wenn einer von ihnen 7 Jahre alt ist?

19 Die Geschichte spielt in Holland. Dort rechnet man nach Gulden (1 Gulden = 100 Cent). So ein Gulden ist mehr wert als eine Mark. Man kann also verstehen:
Herr Neidig sollte spenden, aber er wollte nicht. Da sagte sein Freund: »Ich gebe dir soviel Geld, wie du in der Geldbörse hast, zu deinem dazu. Davon gibst du 8 Gulden ab. Dann verdopple ich den Rest deines Geldes und du gibst wieder 8 Gulden als Spende und so weiter.« Herr Neidig ging auf das Angebot ein. Doch als er dreimal seine 8 Gulden gezahlt hatte, war seine Geldbörse leer. Wieviel Geld hatte Herr Neidig anfangs?

20 Mutter kauft ein: 2 Hemden, 3 Unterhosen und 3 Taschentücher. Sie gibt zusammen 90 DM aus. Sie sagt zu Vater: »Alles ist schrecklich teuer, 1 Hemd kostet soviel wie 3 Unterhosen, und 1 Unterhose kostet dreimal soviel wie 1 Taschentuch.« Vater ist ein guter Rechner und hat sich ausgerechnet, wie teuer Hemd, Unterhose und Taschentuch sind.

21 Ein Bauernmädchen wird mit zwei Sorten Blumen auf den Markt geschickt. Von jeder Sorte hat sie 60 Stück, die eine soll sie für 50 Pfennig je 2 Stiele verkaufen, die anderen für ebensoviel je 3 Stiele. Sie verkauft alles sehr schnell und rechnet zu Hause ab. »Von der einen Sorte 2 Stiele, von der anderen 3 Stiele, also 5 Stiele für 1 DM, 120 Stiele waren es, durch 5 ... hier sind die 24 Mark.« »Ja«, lächelt die Bäuerin, »die eine Mark darfst du behalten ...« Was meinte sie damit?

22 Von zwei ähnlichen Apfelsorten werden je 5 Stück für 1 DM verkauft. Meist 120 Stück je Sorte und Tag. Der Kaufmann ändert seine Preise. Von der ersten Sorte verkauft er 4 Stück für 1 DM, von der zweiten Sorte je 6 Stück für 1 DM. Der Tagesumsatz bleibt gleich, wieder 120 Stück je Sorte. Nimmt der Kaufmann mehr oder weniger ein, oder bleibt der Erlös gleich?

23 Wechsle ein 5-Mark-Stück in 5- und 10-Pfennig-Stücke, so daß insgesamt 90 Münzen auf dem Tisch liegen.

24 Eine Geldbörse enthält 12 Münzen, und zwar solche zu 1 DM und zu 50 Pfennig. Zusammen sind es 9 Mark. Wie viele waren es von jeder Sorte?

25 Wären in der Geldbörse 2 Münzen mehr, so wäre ein Drittel davon 7 Münzen. Wie viele Münzen sind in der Geldbörse?

26 Wenn ich noch 5 DM ausgeben würde, wäre die Hälfte des mir noch verbleibenden Geldes 13 DM. Wieviel hatte ich?

27 Franz und Hans haben zusammen 10 DM, Franz und Karl zusammen 19 DM, und Hans und Karl haben zusammen 23 DM. Wieviel hat jeder?

28 Diese Ungerechtigkeit der Väter: Er schenkt beiden Söhnen zusammen 90 DM, aber er verteilt sie so, daß der ältere Sohn dreimal soviel bekommt wie der jüngere. Wieviel erhält jeder?

29 Jetzt kommt wieder eine Geschichte aus Österreich, wo man oft ganz besonders genau ist. Die Rechnung für die Flurbeleuchtung eines 3 Stock hohen Hauses, das von 4 Parteien bewohnt wird, beträgt 48 S. Der Betrag ist so zu verteilen, daß jede Partei anteilsmäßig soviel zahlt, wie ihr die Flurbeleuchtung zugute kommt. Die obersten Mieter, also die vom 3. Stock, benützen sozusagen auch das Licht der Stockwerke weiter unten, während die ganz unten eigentlich nur Interesse an dem Licht im Erdgeschoß haben. Wir würden ja nun sagen: bitte, seid nicht so kleinlich. Wenn es aber sein soll, wieviel muß jede Partei zahlen?

30 Der Sohn schuldet dem Vater 4,80 DM, der Vater der Mutter 6,80 DM, und der Sohn hat von der Mutter 5,60 DM zu bekommen. Wie kann mit der geringsten Geldbewegung Schuld und Guthaben ausgeglichen werden?

31 Drei Getreidehändler, A aus Wien, B aus Linz und C aus Graz, haben untereinander ein Geschäft gemacht, dabei muß A dem B 44 t, B dem C 32 t und C dem A 58 t Weizen liefern. Wie kann das Geschäft zeit- und transportsparend abgewickelt werden?

32 Am Markt kosten 3 kg Birnen soviel wie 4 kg Äpfel, 2 kg Bananen soviel wie 5 kg Zwetschgen und 5 kg Äpfel soviel wie 3 kg Bananen. Wie teuer ist jede Sorte je kg, wenn 1 kg Zwetschgen 20 Pfennig kostet?

33 Jim schuldet John 200 Dollar. Eines Tages bringt Jim einen 500-Dollar-Schein und will die Schuld zahlen. John kann nicht herausgeben und geht zum Nachbarn, der wechselt. Jim erhält 300 Dollar zurück und empfiehlt sich. Der Nachbar kommt und beweist, daß der 500-Dollar-Schein Falschgeld war. John ersetzt den Verlust. Wieviel Dollar Verlust hat John?

34 Ein Kartenspieler gewinnt beim ersten Spiel soviel, wie er in der Tasche hat, beim zweiten Spiel verliert er 10 DM, beim dritten Spiel gewinnt er wieder soviel, wie er in der Tasche hat, usw. Wieviel muß er in der Tasche haben, um weder zu gewinnen noch zu verlieren, wenn sich sein Glück oder Unglück in dieser Art weiter fortsetzen sollte?

35 Ein Kartenspieler gewinnt beim ersten Spiel soviel, wie er in der Tasche hat, beim zweiten Spiel verliert er 16 DM, beim dritten Spiel gewinnt er wieder soviel, wie er in der Tasche hat, und beim vierten Spiel verliert er wieder 16 DM. Nun ist seine Geldtasche leer. Wieviel Geld hatte er ursprünglich?

36 Jetzt kommt wieder ein Spiel aus Österreich. Warum wohl? Wir wissen es nicht; böse Zungen behaupten, weil man dort mehr Ausdauer habe. So lautet die Aufgabe:
Ein Kartenspieler verliert beim ersten Spiel 10 S, beim zweiten Spiel verdoppelt er seine Barschaft, beim dritten Spiel verliert er wieder 10 S usw. Beim siebenten Spiel verliert er wieder 10 S und hat nur noch 2 S in der Tasche. Wieviel Geld hatte er ursprünglich?

37 Es waren einmal 2 Männer, der eine von ihnen hatte 3, der andere 2 Brote. Sie wollten zu essen beginnen, da kam ein dritter Mann dazu, der bat, mitessen zu dürfen. Die Brote wurden gleichmäßig aufgeteilt. Zum Dank gab der dritte Mann den beiden 5 DM. Der eine wollte sich 2 DM nehmen und dem anderen 3 geben. Damit war der erste nicht einverstanden, er nahm sich 4 DM und gab dem zweiten 1 DM. Warum ist diese Aufteilung gerechter?

38 Zwei Boten mit schweren Rucksäcken (21 und 33 kg) rasteten am Wegrand, da kam ein dritter dazu und bot seine Hilfe an. Die Lasten wurden zusammengelegt und in drei Teile geteilt. Als der Auftrag erledigt war, forderte der dritte 6 DM für seine Hilfe. Wie ist der Betrag auf die beiden Boten gerecht zu verteilen?

39 Es war vor einigen Jahren, als die Regierungen einer geteilten Stadt übereinkamen, daß 10 Westmark gleich 10 Ostmark wert seien. Das ging lange gut, bis die Regierung der Ostzone verfügte, daß in Zukunft für 10 Westmark nur noch 9 Ostmark gegeben werden. Die Regierung der Westzone antwortete mit der gleichen Verfügung, 10 Ostmark waren nur noch 9 Westmark wert.
Ein schlauer Bewohner der Westzone ging mit 10 Westmark in ein Gasthaus seiner Stadthälfte und kaufte für 1 Westmark ein Mittagessen. Er verlangte statt 9 Westmark 10 Ostmark zurück. Am nächsten Tag ging er in die Ostzone und machte mit den 10 Ostmark das gleiche in der Osthälfte der Stadt. So könnte er ständig umsonst leben und immer gleichviel Geld besitzen.

40 Ein Ober hat an einem Abend 1067 DM eingenommen und hat für Bedienung durchschnittlich 10 Prozent gerechnet. Wieviel gehört von der Summe ihm?

41 Die nächste Geschichte ist wieder eine Aufgabe, die in einem Wiener Kaffeehaus gestellt wurde. Herr Müller sagt zu Herrn Bauer: »Ich kann beweisen, daß 12 Schilling = 120.000 Groschen sind.« Herr Bauer zweifelte; er meint, der Schilling habe 100 Groschen. Herr Müller führt aus: »3 Schilling sind 300 Groschen und 4 Schilling sind 400 Groschen.« »Diese beiden Gleichungen sind richtig«, bestätigte Herr Bauer. »Nun multipliziere ich beide Gleichungen miteinander«, führte Herr Müller aus, »dann ist 3 mal 4 = 12 Schilling und auf der anderen Seite 300 mal 400 gleich 120.000 Groschen.« Herr Bauer zweifelte noch immer, schüttelte den Kopf und meinte: »Irgend etwas stimmt dabei nicht.« Was aber stimmt wirklich nicht?

42 Herr Blau leiht von seinem Freund 5.000 DM. Unter Freunden natürlich ohne Zinsen. Die Rückzahlungsbedingungen wurden wie folgt vereinbart: die Hälfte des Betrages nach 1 Monat, nach 2 Monaten wieder die Hälfte des Restes, nach 3 Monaten wieder die Hälfte des Restes usw. Nach wie vielen Monaten ist die Schuld getilgt?

43 In der Deutschen Bundesbank wurde 1 Million DM in Banknoten zu 100 DM übereinander aufgestapelt. Sie ergaben eine Art Turm von fast 2 m Höhe. Wie hoch würde wohl dieser Turm werden, wenn man 1 Milliarde DM in 100-DM-Scheinen derart übereinander stapeln wollte?

44 Frau Hofer kauft in einem Geschäft verschiedene Dinge ein und hat 7,20 DM zu zahlen. Sie holt aus ihrer Tasche einen 20-DM-Schein. Der Verkäufer blickt in seine Ladenkasse und sagt: »Leider, Frau Hofer, kann ich auf 20 DM nicht herausgeben, aber wenn Sie vielleicht einen 50-DM-Schein hätten, dann könnte ich herausgeben.« Kann das stimmen, oder wollte der Verkäufer Frau Hofer verulken?

45 Wieder eine Geschichte aus Österreich.

Der Chef der Buchhaltung sucht eine gute Anlernkraft. Herr Brause meldet sich. Nachdem die Zeugnisse und der Lebenslauf überprüft sind, sagt der Chef: »Wenn ich Sie einstelle, erhalten Sie zum Einstand 200 Schilling oder den 0,5ten Teil von 300 Schilling. Was ziehen Sie vor?« Herr Brause entschied sich für 200 Schilling. Er wurde nicht eingestellt, warum nicht?

46 Ein Reh kostet 50 DM, ein Hase 15 DM und ein Rebhuhn 2,50 DM. 100 Stück von allen Sorten gemeinsam kosten genau 500 DM. Wie viele Stück sind von jedem Wild zu nehmen?

47 Ein Hühnerei kostet 25 Pfennig, ein Entenei 1 DM und ein Gänseei 1,50 DM. Für 10 DM sollen 20 Eier gekauft werden. Wie nimmt man die Aufteilung vor? Wie viele Eier werden von jeder Sorte gekauft?

48 Ein Großvater macht für seine Enkelkinder Weihnachtsbriefchen. In jeden Brief gibt er 5mal soviel DM wie er Enkel hat. Er verbraucht einen Betrag von 980 DM. Wie viele Enkel hat er?

49 Von einer gewissen Summe ist die Hälfte um 24 DM größer als ein bestimmter Teil der Summe, während ein Drittel des Gesamtbetrages um 24 DM kleiner ist als der vorgenannte Teil der Summe. Wie groß ist sie?

50 Beim Ausflug einer eleganten Gesellschaft rechnete sich der Veranstalter aus: »Wenn das Mittagessen pro Person nicht mehr als die Hälfte soviel DM ausmacht wie Personen am Ausflug teilnehmen, so komme ich mit 288 DM aus.« Wie viele Personen nahmen teil?

51 In Linz an der Donau, in Oberösterreich, geht ein Vagabund in ein Schuhgeschäft und kauft für 200 S ein Paar Schuhe. Er zahlt mit einem 1000-S-Schein. Der Kaufmann kann nicht wechseln, geht zum nächsten Geschäft und läßt wechseln, gibt dem Vagabunden heraus, der nimmt Schuhe und Wechselgeld und verschwindet. Der Nachbar behauptet, der 1000-S-Schein sei falsch. Der Kaufmann muß dem Geschädigten 1000 S ersetzen. Wieviel Schaden hat der Kaufmann?

52 Der Chef gewährt seinem guten Sekretär eine Gehaltsaufbesserung und stellt ihm zur Wahl: »Bis jetzt erhielten Sie jährlich 12.500 DM, und von jetzt an erhalten Sie jährlich 1000

DM mehr, also vom nächsten Jahr an 13.500 DM, das Jahr darauf 14.500 DM und wieder ein Jahr später 15.500 DM. Wenn Sie aber lieber alle Halbjahre mehr haben wollen, dann beträgt die halbjährliche Aufbesserung jeweils nur 300 DM. Wofür entscheiden Sie sich?«
Wieviel Mark hätte er mehr oder weniger bei halbjährlicher Gehaltserhöhung?

53 Aus einem Ort in der Steiermark in Österreich wird berichtet:
Würde ein Wohltäter jedem Bedürftigen des Ortes halb soviel Schilling geben wie Bedürftige vorhanden sind, so ergäbe sich eine bestimmte Summe + 108 S. Würde jeder Bedürftige nur soviel erhalten, wie das Drittel der Zahl der Bedürftigen ausmacht, so ergäbe sich die Summe — 108 S. Wie viele Bedürftige werden bei der Verteilung berücksichtigt?

54 Ein Bauer liefert 23 Stück Geflügel in die Stadt, nämlich Gänse, Enten, Hühner und Tauben, wobei die Anzahl der Tauben größer ist als die jeder anderen Geflügelart. Es kosteten 1 Gans 12 DM, 1 Ente 7,30 DM, 1 Huhn 3,80 DM und 1 Taube 2 DM. Der Erlös betrug 108,50 DM. Wieviel von jeder Sorte wurde geliefert und verkauft?

55 Drei Buben haben zusammen 31 Spielmarken und würfeln um den Besitz dieser Marken. Jeder hat einen Wurf, die beiden anderen müssen ihren ganzen Bestand an Marken einsetzen. Wer verliert, muß den Einsatz der beiden anderen verdoppeln. Der erste würfelt und verliert, ebenso der zweite und der dritte. Am Ende des Spieles jedoch hat der erste 6 Marken mehr als der zweite, und dieser hat sogar doppelt soviel wie der dritte. Wie viele Spielmarken hatte jeder der Buben anfangs?
Übrigens, die 31. Marke war in Wirklichkeit nicht da, dafür gab es zwei kleine Marken, die als halbe galten...

56 Drei Burschen zeigten sich gegenseitig ihre Barschaft. Der erste hatte 22 Mark, der zweite 14 Mark und der dritte 12 Mark. Sie beschlossen, einzeln Kämpfe auszutragen, jeder gegen jeden, also insgesamt 3 Kämpfe. Der jeweilige Sieger erhält die eigene Barschaft verdoppelt. Als schließlich die 3 Kämpfe durchgeführt waren, hatten sie alle gleich viel Geld. Wie ging das zu?

57 Eine vorsichtige Dame aus Tirol machte Einkäufe, natürlich in Schilling. Frau Hager, so hieß die Dame, kaufte: 1 kg Brot zu 6,30 S, 3 kg Kartoffeln, 1/4 kg Margarine zu 4,80 S und 15 dkg = 150 g Wurst. Die Verkäuferin rechnete die Beträge zusammen und sagte: »Macht zusammen 22,90 Schilling.« Obwohl Frau Hager die Preise für die Kartoffeln und die Wurst vergessen hatte, sagte sie nach kurzer Überlegung zur Verkäuferin: »Sie müssen sich beim Zusammenzählen geirrt haben.« Die Verkäuferin rechnete nach — und tatsächlich, es hatte sich ein Fehler eingeschlichen. Welche Überlegung stellte Frau Hager an?

58 »Aus dem Nachlaß des Herrn Müller habe ich einen Posten Bücher gekauft.« — »Wieviel haben Sie dafür ausgegeben?« — »Ich habe für jedes Buch soviel ausgegeben, wie es Bücher waren. Ich legte 1300 DM hin, und wissen Sie, wieviel ich zurückbekam? Nur 4 DM!« — »Ja, wie teuer war dann ein Buch?«

59 Jetzt kommt eine Kriminalstory.
Herr Bauer kaufte aus privater Hand Wertpapiere für 120.000 DM. Am nächsten Tag erfuhr er, daß er bei der Bank für den gleichen Betrag 100 Stück mehr erhalten hätte, und das Stück wäre um 100 DM billiger gewesen. Herr Bauer regte sich über den Betrug so auf, daß er einem Herzschlag erlag. Der einzige Erbe erhielt 250 Stück dieser Wertpapiere. Wie viele der ursprünglich gekauften Papiere sind inzwischen demnach verschwunden?

1 In der Sparkasse liegen noch 400 DM. Der abgehobene Betrag sind 3 Teile, der verbliebene Betrag 4 Teile, zusammen 7 Teile; 1 Teil ist 100 DM.

2 Ich habe 15 DM. Zieht man von 50 DM 5 DM ab, erhält man 45 DM, das ist die dreifache Summe.

3 In jeder Tasche sind 12 Franken. Dadurch, daß von der einen Tasche 8 Franken in die andere kommen, sind in dieser um 16 Franken mehr als in der ersten. Diese 16 Franken sind 4 Teile, daher ist 1 Teil 4 Franken. In der einen sind noch 4 Franken, in der anderen 20 Franken, zusammen 24 Franken.

4 In Österreich rechnet man nach Schilling; 1 S hat 100 Groschen.
1 Apfel kostet 64, 1 Orange 96 und 1 Birne 72 Groschen. Man beginne bei den Birnen: 3 Bananen kosten 3,60 S : 5 = 0,72 S usw.

5 Für die Woche stehen 420 DM zur Verfügung. Täglich 10 DM Mehrausgabe sind in 6 Tagen 60 DM = Ausgabe für den Sonntag. 7mal 60 DM = 420 DM.

6 Der Italiener hat genau 66 Lire. $^6/_4$ des Betrages sind 100 — 1 = 99 Lire. Statt $^6/_4$ kann man auch $^2/_3$ sagen. 99 : 3 = 33; 33 · 2 = 66 Lire.

7 Die Schuhe der Mutter kosten 250 S, die der Töchter 105 S und 145 S. Einmal 20 S weniger, das andere Mal um 20 S mehr, das gleicht sich aus. Daher kosten die Schuhe der Töchter zusammen soviel wie die Schuhe der Mutter.

8 Ein Trugschluß! Von den 1350 DM muß man die unterschlagenen 50 DM abziehen, dann kommt man auf den wirklichen Kaufpreis von 1300 DM.

9 Wie bei der vorhergehenden Aufgabe wird auch hier falsch gefragt. Die Rückgabe von 3 DM und die 2 DM für den Kellner sind von den bezahlten 30 DM abzuziehen, bleibt der Betrag der Zeche mit 25 DM.

10 Am Vortag wurde das Feuerzeug »gekauft«; es fand also ein Tausch statt zwischen Ware und Geld. Mit der Rückgabe wird dieser Tausch rückgängig gemacht, oder wie hier, hat der Verkäufer nun erst 60 S erhalten. Für das neue Feuerzeug sind also noch weitere 60 S zu zahlen.

11 Hoffentlich sind Sie dagegen. Nicht nur, weil Sie überhaupt gegen Brückenzoll sind, sondern auch, um der Stadt die unnütze Ausgabe für die vierte Brücke zu ersparen. Da nämlich ziemlich sicher ist, daß die Benutzerzahl sich allgemein nicht erhöhen wird, kann die Einnahme auch bei vier Brücken nicht den bisherigen Wert übersteigen.

12 Wenn Heinz antwortete: »Na klar, 1 DM für die Flasche und 10 Pfennig für den Korken«, dann hätte er unrecht, denn dann würde die Flasche nur 90 Pfennig mehr kosten als der Korken. Tatsächlich kostet die Flasche 1,05 DM und der Korken 5 Pfennig.

13 Die eine Tafel kostet 90 Pfennig, die andere 1 DM. Der Unterschied von 10 Pfennig muß zwischen beiden Tafeln aufgeteilt werden: 95 Pfennig + 5 Pfennig und 95 Pfennig — 5 Pfennig.

14 Die Torte kostet 15 DM, die Schachtel 5 DM. Der Unterschied im Preis von 10 DM teilt sich zur Hälfte und ist dem halben Preis der Torte zuzulegen bzw. vom halben Preis abzuziehen.

15 Er hatte 45 Franken. Die Lösung muß vom Schluß her anfangen:

	0 Franken	
	1 Franken Ausgangsgeld	
4. Platz:	1 Franken halbe Barschaft	
	1 Franken Eingangsgeld	
	3 Franken noch vorhanden	
	1 Franken Ausgangsgeld	
3. Platz:	4 Franken halbe Barschaft	
	1 Franken Eingangsgeld	
	9 Franken noch vorhanden	
	1 Franken Ausgangsgeld	
2. Platz:	10 Franken halbe Barschaft	
	1 Franken Eingangsgeld	
	21 Franken noch vorhanden	
	1 Franken Ausgangsgeld	
1. Platz:	22 Franken halbe Barschaft	
	1 Franken Eingangsgeld	
	45 Franken Anfangskapital	

16 Ein Vielfaches von 9 Münzen muß um 1 Münze mehr sein, als ein Vielfaches von 8 Münzen. Wir probieren:

9 18 27 36 45 54 63 72 |81| 90...
8 16 24 32 40 48 56 64 72 |80| 88...

Es wurden daher 81 Münzen unter 10 Personen verteilt.

17 Wir zählen die einzelnen Angaben zusammen und ziehen die Unterschiede wieder ab (Franz ist F, Karl K und Toni T):

K + F = 18	K + F = 18	K + T = 16
K + T = 16	K + T = 16	F + T = 12
F + T = 12		
	alle — = 34	= 28
alle 2 · = 46	alle — = 23	alle — = 23
alle 1 · = 23	K = 11	T = 5
	bleibt F = 7	

Franz hatte 7, Karl 11 und Toni 5 Markstücke.

18 Die Geldsummen sind 75, 175 und 250 S; nur eine Summe ist durch 7 teilbar: 175; die Söhne sind 3 Jahre, 7 Jahre und 10 Jahre alt. Für 1 Jahr Lebensalter gibt es also immer sozusagen 25 S. Die Frage bleibt allerdings: Was macht der Dreijährige mit 75 S?

19 Man beginne mit der leeren Geldbörse. Sie muß vor der letzten Spende 8 Gulden enthalten haben und daher vor der letzten Verdoppelung 4 Gulden usw. Herr Neidig hatte anfangs 7 Gulden.
(7 + 7 = 14 — 8 = 6 + 6 = 12 — 8 = 4 + 4 = = 8 — 8 = 0)

20 Hier rechnet man am besten alles auf eine Sorte um, sozusagen auf eine Taschentuchwährung.

3 Unterhosen kosten 9 Taschentücher
2 Hemden kosten 18 Taschentücher
dazu noch 3 Taschentücher

alles zusammen also 30 Taschentücher, wofür 90 DM bezahlt wurden. 1 Taschentuch kostete also 3 DM, eine Unterhose mußte mit 9 DM bezahlt werden, und 1 Hemd kostete 27 DM.

21 60 Blumen je 2 zu 50 Pfennig bringen 15 DM
60 Blumen je 3 zu 50 Pfennig bringen 10 DM

120 Blumen bringen also 25 DM, das Mädchen hatte aber nur 24 DM abgeliefert.

22 Der Kaufmann nimmt mehr ein. Zuerst verkaufte er
2 · 120 Äpfel; je 5 zu 1 DM = 48 DM
Dann erlöste er:
1 · 120 Äpfel; je 4 zu 1 DM = 30 DM
1 · 120 Äpfel; je 6 zu 1 DM = 20 DM

Der Erlös betrug nunmehr 50 DM.
Wie kommt das?
Die zu 1 DM verkaufte Anzahl scheint sich aufzuheben. In Wirklichkeit ist das nicht der Fall. Zu Anfang kostete jeder Apfel 20 Pfennig, dann die eine Hälfte 25 Pfennig pro Stück, die andere 16,6 Pfennig. Beides zusammen gibt 41,6 Pfennig, der Durchschnittspreis ist also die Hälfte = 20,8 Pfennig. Die Äpfel wurden je Stück im Durchschnitt etwas teurer verkauft.

23 Wenn man 5 DM in 5-Pfennig-Stücke wechselt, hat man 100 Münzen auf dem Tisch, bei 10-Pfennig-Stücken aber nur 50 Münzen. Für die geforderten 90 Münzen müssen also 5-Pfennig-Stücke stark vertreten sein. Wir probieren:

5-Pfennig-Stücke:
70 = 3,50 DM   80 = 4 DM   90 = 4,50 DM
10-Pfennig-Stücke:
15 = 1,50 DM   10 = 1 DM   5 = 0,50 DM

Es waren also 80 Stück zu 5 Pfennig und 10 Stück zu 10 Pfennig. Zur gleichen Lösung kommt man auch mit Gleichungen nach folgendem Ansatz: $5x + 10y = 500; x + y = 90$. Aus der zweiten Gleichung ergibt sich $x = 90 - y$, dies in die erste Gleichung eingesetzt, gibt: $450 - 5y + 10y = 500$ oder $y = 10$, das heißt 10 Münzen zu 10 Pfennig.

24 Wege zur Lösung wie bei der vorigen Aufgabe. Es waren je 6 Stück zu 1 DM und zu 50 Pfennig.

25 Also $3 \cdot 7 = 21$, davon 2 Münzen abgezogen ergibt 19 Münzen.

26 $2 \cdot 13 = 26 + 5 = 31$ DM.

27 Auf dem gleichen Weg wie bei Aufgabe 17 ergibt sich: Franz hat 3 DM, Karl 16 DM und Hans 7 DM.

28 Die 90 DM sind durch 4 zu teilen. Ein Viertel = 22,50 DM bekommt der jüngere Sohn, drei Viertel = 67,50 DM der ältere.

29 Da jede Partei auch die Flurbeleuchtung der unter ihr liegenden Stockwerke beansprucht, ist der Betrag von unten nach oben im Verhältnis 1 : 2 : 3 : 4 zu verteilen. Das sind zusammen 10 Teile von 48 S. Die unterste Partei ($^1/_{10}$) zahlt 4,80 S, die vom 1. Stock ($^2/_{10}$) 9,60 S, die vom 2. Stock ($^3/_{10}$) 14,40 S und die von ganz oben, vom 3. Stock ($^4/_{10}$), 19,20 S.

30 Wir überlegen, was jeder zu bekommen hat oder schuldet:

Sohn	Mutter	Vater
— 4,80 an Vater	— 5,60 an Sohn	— 6,80 an Mutter
+ 5,60 von Mutter	+ 6,80 von Vater	+ 4,80 von Sohn
+ 0,80 DM	+ 1,20 DM	— 2,00 DM

Es ist also am einfachsten, wenn der Vater 80 Pfennig an den Sohn und 1,20 DM an die Mutter gibt.

31 Nach dem gleichen Verfahren wie bei 30:

A	B	C
— 44 an B	— 32 an C	— 58 an A
+ 58 von C	+ 44 von A	+ 32 von B
+ 14 von C	+ 12 von A	— 26:
		— 14 an A
		— 12 an B

Wenn alle einverstanden sind, genügt es, daß C 14 t an A und 12 t an B liefert.

32 Da die Zwetschgen je kg 20 Pfennig kosten, haben wir 1 DM für 2 kg Bananen, also 50 Pfennig für 1 kg Bananen. Aus dem Preis der Bananen ergeben sich 1,50 DM für 5 kg Äpfel. Es kostet also 1 kg Äpfel 30 Pfennig. Aus dem Preis der Äpfel ergeben sich 1,20 DM für 3 kg Birnen; es kostet also 1 kg Birnen 40 Pfennig.

33 John hat 500 gute Dollar für den falschen Schein gegeben. Sein Verlust beträgt daher 500 Dollar.

34 Augenscheinlich kann der Spieler immer weitermachen, wenn er die gewonnenen 10 DM in der Tasche hat. Man müßte daher die Folge einmal mit 10 DM durchrechnen:
Hat 10 DM, gewinnt 10 DM, hat 20 DM, verliert 10 DM, hat 10 DM, gewinnt 10 DM, hat 20 DM, verliert 10 DM usw., usw. Er hatte also anfangs 10 DM in der Tasche.

35 Die Aufgabe läßt sich leicht lösen, wenn man von der leeren Geldtasche ausgeht. Er hatte vor dem 4. Spiel 16 DM. Beim 3. Spiel gewann er die Hälfte, die ihm vom 2. Spiel geblieben war, dazu, also hatte er nach dem 2. Spiel 8 DM. Vorher gewann er 16 DM, hatte also 24 DM, nämlich das Doppelte seines gesamten Anfangskapitals. Er begann also mit 12 DM.

36 Man gehe vom Endstand in der Tasche aus und beachte, daß er bei den ungeraden Spielen verliert und bei den geraden gewinnt. Er hatte 19 S in der Tasche.

37 Jeder bekam 1$^2/_3$ Brote zu essen. Folglich gab der Besitzer der 2 Brote nur $^1/_3$ Brot ab, der, der 3 Brote hatte, aber 1 ganzes Brot. Dieser gab also 4mal soviel ab wie der andere, daher ist es gerecht, auch den Erlös im Verhältnis 4 : 1 zu verteilen.

38 Die ganze Last beträgt 54 kg. Jeder hat nach der Teilung nur noch 18 kg zu tragen, und der erste wird um 3 kg, der zweite um 15 kg erleichtert. Der Lohn sollte also auch im Verhältnis 1 : 5 gezahlt werden. Der eine soll also nur 1 Mark zahlen, der andere aber 5 Mark.

39 Die beiden Regierungen fanden bald heraus, daß sie selbst es waren, die das Mittagessen für den Wanderer zwischen beiden Zonen der Stadt bezahlten und weiter auch noch viele andere Dinge. Sie verboten die Einfuhr der jeweils eigenen Geldsorte und verlangten, daß das fremde Geld zu dem Kurs des eigenen Stadtteils eingewechselt wurde.

40 Die Summe von 1067 DM ist nicht, wie man vielleicht vermuten könnte, 100, sondern 110%. Dem Ober gebühren daher $^1/_{11}$ von 1067 oder 97 DM.

41 Würde man der Ansicht des Herrn Müller folgen, so hätte man nicht Schillinge und Groschen, sondern beides »zum Quadrat«, was offenbar unsinnig ist. Es muß also bei jeder Multiplikation ein Faktor unbenannt sein. Die Gleichung 3 S = 300 g kann mit 4 erweitert werden und bleibt dann richtig: 12 S = 1200 g, sie kann aber nicht mit 4 Schilling oder 400 Groschen multipliziert werden.

42 Theoretisch wird die Schuld nie beglichen sein, weil immer nur die Hälfte des jeweiligen Restes beglichen wird, während die andere Hälfte, sei sie auch noch so klein, stehen bleibt. Wenn aber noch abgemacht worden wäre, daß dann, wenn der Rest unter 10 DM sinkt, die ganze Restschuld fällig würde, wäre die Abzahlung nach 10 Monaten beendet.

43 Der Turm wird 1000mal so hoch, also 2000 m oder 2 km.

44 In der Kasse waren außer kleinen Münzen weder 5-DM-Stücke noch 10-DM-Banknoten, wohl aber mehrere Scheine zu 20 DM. Der Verkäufer konnte also 12,80 DM nicht herausgeben, wohl aber hätte er 42,80 DM herausgeben können.

45 Herr Brause war schwach im Kopfrechnen, denn der 0,5. Teil von 300 S ist 600 S (300 : 0,5 oder 3000 : 5 = 600).

46 Wären die 500 DM nur mit einer Sorte zu bilden, so müßte man 10 Rehe oder über 33 Hasen oder 200 Rebhühner nehmen. Aber auch 5 Rehe und 100 Rebhühner würden 500 DM kosten. Wenn man nun noch einen Hasen statt 6 Rebhühnern einsetzt, kommt man zu einer der möglichen Lösungen: 5 Rehe, 1 Hase und 94 Rebhühner.

47 Nach gleicher Methode wie zuvor: 14 Hühnereier, 5 Enteneier und 1 Gänseei.

48 980 DM sind also gleich der Zahl der Enkel mal 5 mal der Zahl, oder: $5 x^2 = 980$; $x^2 = 196$; $x = 14$. Der Großvater hatte 14 Enkel.

49 Das Problem kann auch anders ausgedrückt werden: Die Hälfte des Betrages ist um 48 größer als $\frac{1}{3}$ des Betrages, daher ist 48 $\frac{1}{6}$ des Betrages und der Gesamtbetrag ist 288 DM.
($\frac{1}{2} x = y - 24$; $\frac{1}{3} x = y + 24$; $\frac{1}{2} x = \frac{1}{3} x + 48$;
$\frac{3}{6} - \frac{2}{6} x = 48$; $\frac{1}{6} x = 48$; $x = 288$)

50 Wenn die Zahl der Personen x ist, dann kostet 1 Mittagessen $\frac{1}{2} x$. Für die x Personen muß man also $\frac{1}{2} x \cdot x$ rechnen, oder $\frac{1}{2} x^2 = 288$. Dann ist x^2 576 und x 24. Es nahmen also 24 Personen teil.

51 Bis zu dem Augenblick, da der Nachbar noch nichts fordert, hat der Kaufmann keinen Schaden. Erst mit der Forderung des Nachbars tritt der Schaden ein, und dann in voller Höhe des Scheines, den der Schuhhändler wechseln ließ: 1000 Schilling.

52 Eine kleine Tabelle läßt leicht erkennen, warum die halbjährige Aufbesserung günstiger ist:

Ganzjährige Aufbesserung	Halbjährige Aufbesserung		
Jahresverdienst	Verdienst		
	1. Halbjahr	2. Halbjahr	Jahresverdienst
13.500 DM	6550 DM	+ 6850 DM	= 13.400 DM
14.500 DM	7150 DM	+ 7450 DM	= 14.600 DM
15.500 DM	7750 DM	+ 8050 DM	= 15.800 DM
16.500 DM	8350 DM	+ 8650 DM	= 17.000 DM usw.

53 Ist die Anzahl der Bedürftigen a Personen, dann bekäme jede Person $a/2$ Schilling und die ausgegebene Summe wäre $a^2/2$, zieht man davon 108 S ab, erhält man ebensoviel wie $a^2/3 + 108$; $a = 36$; es werden 36 Bedürftige berücksichtigt.

$$\frac{a^2}{2} - 108 = \frac{a^2}{3} + 108; \frac{a^2}{2} - \frac{a^2}{3} = 216; \frac{a^2}{6} = 216;$$

$$a^2 = 1296; a = 36$$

54 Die 23 Stück Geflügel, die der Bauer lieferte, verteilten sich so: 2 Gänse, 7 Enten, 3 Hühner, 11 Tauben.

55 Die drei Buben haben zusammen 31 Spielmarken, wir notieren uns: $a + b + c = 31$. Am Ende gilt: $a = b + 6$; $b = 2 c$. Wenn wir dies einsetzen in die erste Gleichung, haben wir $b + 6 + b + \frac{1}{2} b = 31$, oder $2\frac{1}{2} b = 25$. Es waren also zum Schluß $b = 10$, $a = 16$ und $c = 5$. Nun läßt sich rekonstruieren:

Nach dem 3. Spiel
	a 16	b 10	c 5

Nach dem 2. Spiel
	a 8	b 5	c 18

Nach dem 1. Spiel
	a 4	b 18	c 9

Anfangs
	a 17 +	b 9	c 4 +
	eine halbe		eine halbe

56 Jeder hatte zuletzt 16 Mark, nämlich $\frac{1}{3}$ der Summe der Barschaften am Anfang (22 + 14 + 12). Der mit der größten Barschaft hat sicher zuerst verloren; wenn der 1. gegen den 2. kämpfte, verblieben dem 1. noch 8 Mark, der 2. hatte nun 28 Mark, denn seine Barschaft wurde verdoppelt. Der 2. kämpfte gegen den 3.; der Unterschied ist 16. Der 2. verlor, hatte nun noch 16 Mark, der 3. gewann und hatte nun 24 Mark. Er kämpfte gegen den 1., verlor, zahlte 8 Mark an den 1., der nun 16 Mark hatte und behielt selbst auch noch 16 Mark. Jetzt hatte jeder von ihnen eine gleich hohe Barschaft in der Tasche.

57 Die Preise, die Frau Hager noch im Kopf hatte, sind durch 3 teilbar. Die Mengen bei den Kartoffeln und der Wurst sind auch durch 3 teilbar. Folglich mußte auch die Endsumme durch 3 teilbar sein, was sie aber nicht ist. Daher konnte Frau Hager sagen: »Stimmt nicht!«

58 Es müssen recht wertvolle Bücher gewesen sein. Er hat für ein Buch soviel gezahlt, wie es Bücher waren. Es muß daher Zahl der Bücher mal Preis sein gleich 1300 Mark weniger als 4. Oder: $x^2 = 1296$; $x = 36$. Ein Buch hat also 36 Mark gekostet.

59 Wenn man mit Schulweisheit an die Aufgabe herangeht, ist sie gar nicht leicht. Andererseits kann man aus den Zahlen entnehmen, daß es sich um runde Mengen und Preise handelt. Man suche also Zahlen, die miteinander multipliziert den ausgegebenen Betrag ergeben. Z. B. 600 Papiere zu je 200 DM gibt 120.000 DM. Hundert mehr (700) zum Preis von weniger (100) gibt nur 70.000, ist also falsch. Probieren führt dann schnell zu dem Paar 300 Stück zu 400 DM = 120.000 DM oder bei der Bank: 400 Stück zu 300 DM = 120.000 DM.

Natürlich kann man es auch so machen:

Nimmt man die Anzahl der Wertpapiere mit x und der Wert eines Papiers mit y an, dann ist $x \cdot y = (x + 100)(y - 100)$; daraus erhält man für $y = x + 100$; nun ist $x \cdot (x + 100) = 120.000$. Der reelle Wert für x ist 300. Es waren also ursprünglich 300 Wertpapiere; 250 erhielt der Erbe; es sind 50 verlorengegangen.

Von Längen, Flächen und Körpern

1 Die eine Schnur ist doppelt so lang wie die andere. Ihr Längenunterschied ist 70 cm. Wie lang ist jede?

2 Eine Schnur ist doppelt so lang wie die andere. Zusammen sind sie 1,5 m. Wie lang ist jede?

3 Von drei verschieden großen Bleistiften ist einer jeweils um 2 cm länger als der andere. Zusammen sind sie 27 cm lang. Wie lang ist jeder?

4 Man braucht einen 60 cm langen Papierstreifen, hat aber nur 2 Stück zu 31 cm. Wie weit müssen sie übereinandergeklebt werden?

5 Wenn man zwei 28 cm lange Brettchen 5 cm übereinanderklebt, erhält man ein langes Brettchen. Wie lang ist es?

6 Es wird eine Eisenstange von 82 cm Länge gebraucht. Es sind aber nur je ein Stück von 68 und 26 cm vorhanden. Wie weit müssen sie übereinandergeschweißt werden?

7 Der Radius eines Kreises ist 4 cm. Berechne die gerasterte Fläche.

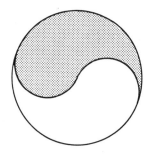

8 Rund um einen quadratischen Garten soll an Pfählen ein Zaun gezogen werden. Man braucht dazu 16 Pfähle. Wie viele Pfähle müssen an einer Seite stehen?

9 Ein rechteckiges Loch wird mit Pfählen und Draht abgesichert. Wie viele Pfähle sind erforderlich, wenn an jeder Seite 3 stehen?

10 Wann haben Umfang und Fläche eines Kreises gleiche Maßzahlen?

11 Wann haben Umfang und Fläche eines Quadrats die gleichen Maßzahlen?

12 Wann haben Oberfläche und Volumen eines Würfels gleiche Maßzahlen?

13 Die Höhe und Breite einer Tür messen zusammen 3 m, die Breite mißt 90 cm weniger als die Höhe. Wie hoch und breit ist die Tür?

14 Der Umfang eines Bildes ist 2 m. Die Länge ist um 30 cm größer als die Breite. Wie groß ist Länge und Breite?

15 Die drei Orte A, B, C liegen an einer Straße. Von A nach C ist es 49 km, die Strecke A/B ist 10 km weiter als die Strecke B/C. Wie weit sind die Orte voneinander entfernt?

16 Drei Baumstämme haben zusammen eine Länge von 50 m. Der 2. ist um $1/3$ länger als die beiden anderen. Wie lang ist jeder?

17 9 m Zierleisten wurden in 3 Stücken geliefert. Das 2. war um die Hälfte größer als das erste und das dritte um ein Drittel länger als das zweite. Wie lang war jedes Stück?

18 Sitzen die Leute bequem auf der Bank, so hat jede Person 60 cm Platz, kommt noch eine dazu, so hat jede nur 50 cm Platz. Wie lang ist die Bank?

19 Von den Frauen auf der Bank hat jede 60 cm Platz. Nun steht eine auf und geht, jetzt hat jede Frau 70 cm Platz. Wie lang ist die Bank?

20 Auf einem Tisch werden Pakete, jedes 40 cm lang und 30 cm hoch, nebeneinandergestellt. Legt man sie der Länge nach hin, hat um eines weniger Platz, als wenn man sie aufrecht stellt. Wie lang ist der Tisch?

21 Das Zifferblatt einer Uhr soll durch 2 gerade Linien, die nicht durch den Mittelpunkt laufen müssen, so in drei Teile zerlegt werden, daß auf jeden Teil 4 Ziffern entfallen, deren Summe jedesmal die gleiche ist.

22 Eine Briefmarke hat 72 Zacken. Die Breite hat um 2 Zacken weniger als die Längsseite. Wie viele Zacken hat jede Seite?

23 Länge und Breite einer Briefmarke haben zusammen 47 Zacken, die Längsseite hat um 5 Zacken mehr als die Breite. Wie viele Zacken hat die Längs- und Breitseite?

24 Die Zackensumme einer Briefmarke ist 88. Die Längsseite hat um 6 Zacken mehr als die Breitseite. Wie viele Zacken haben Längs- und Breitseite?

25 Ein Schlosserlehrling soll eine Eisenstange in 5 gleiche Teile zerschneiden. Zu jedem Schnitt braucht er 9 Minuten. Wie lange braucht er zu dieser Arbeit?

26 Eine 7 m lange Stange soll durch 2 Schnitte so geteilt werden, daß jede ganze Meterlänge zwischen 1 und 7 m dargestellt werden kann.

27 Ein Schneider schneidet jeden Tag von einem 40 m langen Stoff 5 m ab. In wie vielen Tagen hat er das Stück zerschnitten?

28 Gibt es einen einfachen Körper, der durch einen quadratischen und kreisrunden Ausschnitt, deren Seite und Durchmesser gleich ist, geschoben werden kann? Vorausgesetzt wird, daß er jedesmal den gesamten Ausschnitt ausfüllt.

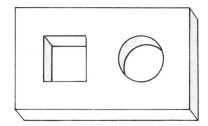

29 Gibt es einen einfachen Körper, der durch einen kreisrunden und durch einen dreieckigen Ausschnitt (das Dreieck ist gleichseitig), wobei Durchmesser und Grundlinie gleich sind, so geschoben werden kann, daß er jedesmal den gesamten Ausschnitt ausfüllt?

30 Eine Schnecke will an einer 10 m hohen Mauer hinaufklettern und legt jeden Tag 5 m zurück, rutscht aber in der Nacht wieder 4 m herunter. Wie lange braucht sie, bis sie oben ist?

31 Ein altes Kirchenfenster wird verkauft, 1 dm² um 10 DM. Es hat die Form eines gleichschenkeligen Dreieckes, dessen Grundlinie 1,6 m und dessen Höhe 2,1 m mißt. Demnach kostet das Fenster 1680 DM. Der Käufer findet heraus, daß sich dieses vierteilige Fenster, es läßt sich entlang der Höhe und parallel zur Grundlinie so teilen, daß die 2 unteren Flügel 80 cm hoch sind, zu einem Quadrat zusammensetzen läßt. Nun ist es plötzlich 1690 DM wert. Wieso?

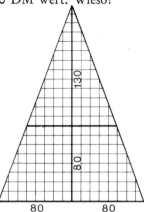

32 Aus 216 Feldern werden 217. Man zeichne ein Rechteck mit 24 mal 9 quadratischen Feldern und zerschneide es nach folgender Vorlage; setze die Teile zu einem neuen Rechteck 31 mal 7 wieder zusammen. Das neue Rechteck hat 217 Felder.

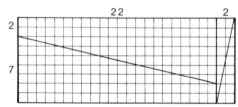

33 Aus einem Rechteck mit 168 Feldern wird ein Quadrat mit 169 Feldern. Zeichne ein Rechteck 21 mal 8 cm und rechne die Fläche aus. Ziehe dann eine Diagonale und teile die eine Länge in 8 und 13 cm und die andere in 13 und 8 cm (beide Male von links angefangen). Von den Teilungspunkten ziehe eine Parallele zur Breite bis zur Diagonale und schneide entlang aller Linien das Rechteck in 4 Teile. Diese Teile lassen sich zu einem Quadrat zusammensetzen. Berechne dann die Fläche des Quadrats. Wo ist der Fehler?

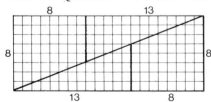

34 Aus einem Quadrat mit 64 Feldern wird ein Rechteck mit 65 Feldern. Zerschneide das Quadrat entlang der gezeichneten Linien und setze die Teile zu einem Rechteck zusammen, dessen Länge 13 cm ist. Zähle die Quadrate. Wo ist der Fehler?

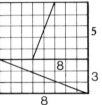

35 Wie oft kann man auf einem 30 cm langen Lineal, auf dem nur die cm-Einteilung zu sehen ist, 1 dm abgreifen, ohne einen Teilstrich zweimal zu benützen?

36 Auf einem 30 cm langen Lineal ist nur die cm-Einteilung aufgetragen. Wie oft kann man 1 dm abgreifen, ohne einen Teilstrich öfter als zweimal zu benützen?

37 Von einer Kiste sind Länge und Breite zusammen 90 cm, Breite und Höhe 78 cm und Länge und Höhe zusammen 84 cm. Berechne Oberfläche und Volumen.

38 Länge und Breite eines Buches messen zusammen 34 cm, Länge und Dicke 22 cm und Breite und Dicke 20 cm. Wie groß sind Länge, Breite und Dicke?

39 Legt man 5 Ringe aneinander, sind sie zusammen 25 cm lang, hängt man sie zu einer Kette zusammen, ist sie 21,8 cm lang. Wie dick ist das Material eines Gliedes?

40 Ein dreizehngliedriges Armband dient zur Ratenzahlung von 13 Raten, wobei jedes Glied einer Rate entspricht. Wieviel Glieder sind unbedingt herauszulösen, um einerseits jeder Ratenverpflichtung nachzukommen und andererseits das Armband möglichst wenig zu zerlegen?

41 Ein Zeitungsblatt wird sechsmal gefaltet. Wie oft mal kleiner wird die Fläche?

42 Teile die untenstehende Figur in 4 deckungsgleiche Teile.

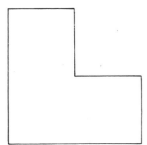

43 Das Matratzenlager einer Skihütte ist voll besetzt, jeder Schlafende hat 70 cm Platz. Es kommen 4 Personen dazu, jetzt hat jeder nur noch 60 cm zur Verfügung. Wie viele Personen sind im Schlafraum?

44 Ein quadratisches Zimmer soll mit 14 Wimpeln so geschmückt werden, daß an jeder Wand die gleiche Anzahl Wimpel zu sehen ist.

45 An den vier Ecken außerhalb eines quadratischen Teiches stehen vier Bäume. Wie kann die Fläche des Teiches verdoppelt werden, ohne die Bäume zu versetzen und sie trotzdem außerhalb des Teiches stehen zu lassen?

46 Ein Erdloch von 1 m Länge, 1 m Breite und 1 m Tiefe wird von einem Mann in 1 Stunde ausgehoben. Wie lange braucht er für eine Grube von 3 m Länge, 3 m Breite und 3 m Tiefe bei gleichbleibender Arbeitsleistung?

47 Ein Grundbesitzer wollte sein Grundstück gegen die Straße mit einem Zaun sichern. Das Grundstück war 50 m lang, er legte daher 50 m Zaun und 25 Pfosten (alle 2 m einer) und noch alle übrigen Kleinigkeiten zurecht. Warum konnte der Zaun trotz dieser Vorbereitungen nicht fertig gemacht werden?

48 Eine Eisenkette hat 32 Glieder. Jedes Glied ist 4 cm lang und aus 8 mm Rundeisen gemacht. Wie lang ist die Kette?

49 Das Glied einer starken Kette ist 6 cm lang. Nimmt man 3 Glieder von der Kette weg, wird sie um 14,4 cm kürzer. Wie dick ist das Material der Kettenglieder?

50 Ein Kettenglied ist 3 cm lang. Der Abstand zwischen dem 1. und 3. Glied ist 6 mm. Wie dick ist das Material der Kettenglieder?

51 Zwei Kettenglieder einer Kette messen zusammen 66 mm, drei Glieder messen 92 mm. Wie lang ist ein Kettenglied?

52 Ein rechteckiges Prisma hat ein Volumen von 300 cm³. Die Werte von Länge, Breite und Höhe sind ganzzahlig. Bildet man den Ziffernsturz aus der Summe der drei Abmessungen, so erhält man die Ziffernsumme dieser drei Maßzahlen. Wie groß sind Länge, Breite und Höhe?

53 Wie viele rechteckige Prismen mit dem Volumen von 300 cm³ gibt es, deren Abmessungen ganzzahlige Werte sind?

54 Das Volumen eines rechteckigen Prismas ist 300 cm³, die Oberfläche 400 cm². Wie groß sind die ganzzahligen Werte für Länge, Breite und Höhe?

55 Das Volumen und die Oberfläche eines Quaders haben die Maßzahl 450. Wie groß sind die ganzzahligen Abmessungen des Quaders?

56 Ein rechteckiges Prisma hat ein Volumen von 450 cm³. Wie groß müssen die ganzzahligen Werte für Länge, Breite und Höhe sein, damit es die kleinstmögliche Oberfläche hat?

57 Wie kann eine Fischblase durch eine einzige Linie in zwei deckungsgleiche Teile zerlegt werden?

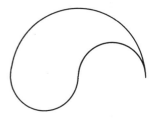

58 Ein Wassergraben hat im Querschnitt die Form eines gleichseitigen Dreiecks. Er soll mit Wasser gefüllt werden. Am 1. Tag fließt so viel Wasser zu, daß $1/3$ der Tiefe ausgefüllt ist. Wie viele Tage muß das Wasser fließen, damit der Graben voll ist?

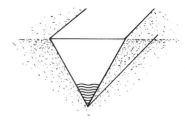

59 Vier Münzen liegen in untenstehender Anordnung auf dem Tisch. Wie weit sind linke und rechte Münze auseinander?

60 Der Vater hat vier Söhne, jeder erbt ein Feld. Das Feld des ersten ist 784 m², das des zweiten 775, das des dritten 748 und das des vierten 703 m². Jeder der vier Söhne braucht gleich viel Zaun zum Umzäunen des Feldes. Wie ist das möglich?

61 Ein Farmer will seine drei Söhne selbständig machen. Er sagt zu ihnen: »Jeder von euch bekommt 800 m Stacheldraht. Jeder zäunt sich damit eine Weide ein, so groß er kann.« Der erste zäunte sich 30.000 m², der zweite 40.000 m² und der dritte 50.955 m² ein. Wie machten sie das?

62 Ein Vater schenkt seinen beiden Söhnen je ein Stück Grund für einen Garten, den sich jeder selbst abstecken kann. Jeder erhält dafür 96 m Zaun. Der eine steckt sich 512 m², der andere 576 m² ab. Trotzdem braucht jeder gleich viel Zaun. Wie ist das möglich?

63 Vom Mittelpunkt einer Zimmerwand eines rechteckigen Zimmers soll die kürzeste elektrische Leitung zur Mitte des oberen Randes der gegenüberliegenden Wand unter Verputz gelegt werden. Welchen Weg muß die Leitung nehmen, wenn sie nicht über die Zimmerdecke gehen soll?

64 Ein 3,6 m langes Schilfrohr ist so geknickt, daß die Spitze den Boden 2,4 m vom Fuß des Schilfrohres entfernt berührt. In welcher Höhe ist das Schilfrohr geknickt?

65 Die Erde hat einen Umfang von 40.000 km. Wie viele km muß ein Flugzeug, das 10.000 m hoch fliegt, zurücklegen, um die Erde einmal zu umkreisen?

66 Aus einem Gefäß, das die Form eines Würfels hat, soll ohne Maß so viel abgegossen werden, daß genau $1/6$ des Inhalts im Würfel bleibt.

67 In einem Vorraum $4 \cdot 2 \cdot 2$ m sitzt in der Mitte einer unteren 2-m-Kante eine Spinne, und genau in der Körperdiagonale gegenüber sitzt ihre Nachbarin. Die untere Spinne überlegt, welcher Weg wohl der kürzeste zur Nachbarin wäre. Sie entschied sich aber für den bequemen Weg, zuerst durch die Mitte des Vorraumes und dann senkrecht an der Schmalseite hoch. Das waren genau 6 m. War es aber der kürzeste Weg?

68 Für einen quadratischen Aushängekasten braucht man eine Rückwand von 1,2 mal 1,2 m aus Sperrholz. Es steht aber nur ein rechteckiges Stück von 80 mal 180 cm zur Verfügung. Wie muß das rechteckige Stück in 2 Teile zerlegt werden, damit daraus die Rückwand für den Aushängekasten gemacht werden kann?

69 Ich lag einmal mit Grippe und Fieber im Bett, und ein fürchterlicher Traum plagte mich: Eine schwere Kugel, die immer größer und größer wurde, wälzte sich auf mich zu, während ich immer kleiner und hilfloser wurde. Die Kugel erreichte ein Vielfaches meiner Größe. Die Kugel kam immer näher, gleichgültig, wohin ich im Zimmer auch rannte. Als sie mich überrollte, wachte ich schweißgebadet auf und war froh, gerettet zu sein. Später überlegte ich, ob ich mich hätte retten können, wenn der Traum Wirklichkeit gewesen wäre. Ja, ich hätte. Aber wie?

70 1000 in Größe und Gewicht und Material genau übereinstimmende Kugeln liegen so in einer würfelförmigen Kiste, daß diese völlig ausgefüllt wird. In einer zweiten, völlig gleich großen Kiste liegt eine einzige Kugel aus gleichem Material, so groß, daß sie alle Kistenflächen von innen berührt. Welche Kiste ist schwerer?

71 Um Würfel rundherum zu lackieren, braucht man eine gewisse Menge Lack. Klebt man nun 2 Würfel zusammen, so braucht man etwas weniger als doppelt soviel Lack, weil man die beiden geklebten Flächen nicht lackieren kann. Wie viele solche Würfel müssen zu einem größeren zusammengeklebt werden, um die Hälfte des Lacks zu sparen?

72 Die Seiten eines Rechteckes haben ganzzahlige Werte. Schneidet man von diesem Rechteck insgesamt viermal einen 1 cm breiten Streifen rundherum ab, so verringert sich der Flächeninhalt nacheinander um 36, 28, 20 und 12 cm². Wie groß sind die Abmessungen ursprünglich?

73 Wie viele Rechtecke gibt es (Quadrat eingeschlossen), die den gleichen Umfang haben und deren Seiten ganzzahlige Werte sind?

74 Aus zwei gegebenen Quadraten läßt sich sehr leicht sowohl rechnerisch als auch zeichnerisch jenes Quadrat finden, das so groß ist wie die Summe der beiden gegebenen. Wie macht man das aber mit zwei aus Papier ausgeschnittenen Quadraten?

75 Ein Baukastenspiel besteht aus lauter kleinen, aber untereinander gleich großen, beklebten Holzwürfeln, die zu Bildern zusammengestellt werden können. Die Würfel sind durch den Gebrauch so abgenützt, daß die Bilder erneuert werden müssen. Man braucht also 6 verschieden große Bilder (entsprechend der 6 Würfelseiten), die in Quadrate zerschnitten und aufgeklebt werden sollen. Leider erhält man keine passenden Bilder, sondern nur viel kleinere, für die die Hälfte der Würfel ausreichen würde. Wie ist zu verfahren, damit für die 6 kleineren Bilder alle vorhandenen Würfel verwendet und die Bilder ohne Zwischenräume zusammengesetzt werden können?

76 Jedes beliebige ungleichseitige Dreieck läßt sich in vier gleichschenkelige Dreiecke zerlegen, von denen je zwei den gleichen Flächeninhalt haben. Zeichne ein Dreieck und zerlege es.

77 Ein Stück Gummiband ist an beiden Enden so befestigt, daß es wohl gerade, aber nicht gedehnt ist. Nimmt man es 3 cm vom Ende entfernt und zieht es 4 cm hoch, so wird es ausgedehnt und bildet außerdem einen rechten Winkel. Wie lange war das Gummiband?

78 Ein Baggerführer hat mit seiner Maschine eine 4 m hohe Erdpyramide aufzuschütten. Er hätte sie quadratisch anlegen sollen. Aus Versehen machte er die eine Seite um ¼ der vorgesehenen

Größe länger, dafür, so dachte er, mache ich die zweite Seite um ¼ seiner Länge kürzer. Die Erdmenge wird sich wohl gleichbleiben, überlegte er. Tatsächlich war der Haufen aber um 12 Kubikmeter zu klein. Wieviel Erde hätte er aufschütten müssen?

79 Ein Quadrat ist entsprechend der Maßzahlen der Seiten in kleine Quadrate eingeteilt (wie beim Schachbrett), die insgesamt 6 Farben aufweisen. Nun kommt aber keine Farbe in gerader und gleicher Anzahl vor. Wie viele Felder gibt es von den einzelnen Farben?

80 Teilt man die Kanten eines Würfels in 4 Teile, so ist leicht ersichtlich, daß man parallel zu jeder Ebene 3 Schnitte führen kann, insgesamt neun Schnitte, um den Würfel in 64 kleinere Würfel zu zerlegen. Ist dies auch mit weniger Schnitten möglich?

81 Teilt man die Kanten eines Würfels in 3 Teile, so kann der Würfel durch 6 Schnitte in 27 Teile zerlegt werden. Kann man hier dasselbe mit weniger Schnitten erreichen?

82 Die »Pummerin« ist die größte Glocke Österreichs und hängt im Wiener Stephansdom. Der innere Durchmesser des Schlagringes (jenes untersten Teiles, an den der Klöppel schlägt) ist 3,2 m. Der Klöppel ragt, wenn er ruhig in der Mitte hängt, 4 dm über den unteren Rand der Glocke hinaus. Schlägt er aber auf einer Seite an, schließt er mit dem Rand der Glocke ab. Wie lang ist der Glockenschwengel? (Die Maße sind, um die Aufgabe ganzzahlig lösen zu können, minimal gerundet.)

83 In vielen Kirchen werden die Glocken noch mit Läuteseilen geläutet. Ein solches Läuteseil ist so lang, daß 50 cm davon noch auf dem Boden liegen. Nimmt man das Ende und streckt das Seil, so muß man sich 3,5 m vom ursprünglichen Fußpunkt entfernen, damit das Seil gerade noch den Boden berührt. In welcher Höhe hängt die Glocke?

84 Ein hoher Mast ist mit einem 13 m und einem 15 m langen Seil abgespannt. Die Seile sind in gleicher Höhe am Mast befestigt. Die Bodenverankerungen der Abspannseile, die mit dem Mast in einer Linie liegen, sind 14 m voneinander entfernt. Wie hoch sind die Abspannseile am Mast angebracht?

85 Eine Brücke führt im rechten Winkel über den Kanal. In der geradlinigen Verlängerung der Brücke nach beiden Seiten ist je ein Ort, der Abstand der beiden Orte ist 27 km. Eine zweite Brücke über den gleichen Kanal ist von dem einen Ort 18 und vom anderen 25 km entfernt. Wie weit sind die beiden Brücken voneinander entfernt?

86 Zwei zweiräumige Garçonnieren (Junggesellenwohnungen) haben die gleiche Gesamtfläche. Die Zimmer der ersten sind 3 und 4 m lang. Die ebenfalls rechteckigen Zimmer der zweiten Wohnung bilden zusammen ein Quadrat von 5 m Seitenlänge. Zwei einzelne Seiten dieser Zimmer sind zusammen ebenso lang wie die Summe der beiden bekannten Maße der ersten Kleinwohnung. Welche Maße haben die Zimmer der beiden Garçonnieren?

1 140 und 70 cm. Der Längenunterschied von 70 cm muß die Länge der kürzeren Schnur sein.

2 1 m und 0,5 m. Die doppelte und einfache Länge der kürzeren Schnur zusammen ist die dreifache Länge, das ist 1,5 m.

3 Die Bleistifte sind 7 — 9 — 11 cm. Der eine Bleistift ist um 2, der andere um 4 cm länger. Zieht man diese 6 cm von 27 cm ab, erhält man 21 cm, die dreifache Länge des kürzesten Bleistiftes.

4 2 cm. Wenn man die Streifen übereinanderklebt, wird nur ein Streifen verkürzt.

5 51 cm. 2 · 28 cm — 5 cm.

6 12 cm. 68 cm + 26 cm = 94 cm — 82 cm.

7 Die gerasterte Fläche hat die genaue Größe der halben Kreisfläche. Wir rechnen also die gesamte Kreisfläche aus und halbieren das Ergebnis: r · r · π : 2. Oder wir rechnen: 4 · 4 = 16 : 2 = 8; 8 · π = die gerasterte Fläche.

8 Auf jeder Seite werden 5 Pfähle gezählt. Die Eckpfähle werden doppelt gezählt.

9 Es sind 8 Pfähle erforderlich. Die Eckpfähle werden doppelt gezählt.

10 Wenn r = 2 Maßeinheiten ist. u = 2 · r · π, Fläche = r · r · π.

11 Wenn s = 4 Maßeinheiten ist. u = 4 · s, Fläche = s · s.

12 Wenn s = 6 Maßeinheiten ist. O = 6 · s · s, Volumen = s · s · s.

13 Länge ist 195 cm, Breite ist 105 cm. Zieht man von 3 m (= 300 cm) 90 cm ab, erhält man 210 cm, das ist soviel wie zweimal die Breite.

14 Die Länge ist 65 cm, die Breite 35 cm. Der Umfang besteht aus zwei Längen und zwei Breiten. Zieht man von 200 cm zweimal 30 cm ab, erhält man die 4fache Breite.

15 A/B ist 29,5 km, B/C gleich 19,5 km. Zieht man von der Gesamtstrecke 10 km ab, so sind beide Streckenteile gleich.

16 Die Baumstämme sind 15 — 20 — 15 m lang. In Drittel ausgedrückt, hat der erste 3, der zweite 4, der dritte wieder 3 Drittel. Zusammen 10 Drittel.

17 Die Stücke sind 2, 3 und 4 m lang. Wenn das erste Stück 2 Teile hat, so hat das zweite Stück 3 Teile und das dritte Stück 4 Teile. Zusammen 9 Teile = = 9 m.

18 Die Bank ist 3 m lang. Jedem Bankbenützer wurden 10 cm weggenommen, dies 5mal, es waren daher 5 Personen: 5 · 60 cm oder 6 · 50 cm.

19 Die Bank ist 4,20 m lang. Jede Bankbenützerin gewinnt 10 cm, dies 6mal, daher 6 · 70 cm oder 7 · 60 cm.

20 Der Tisch ist 1,20 m lang. Man spart 3 · 10 cm ein, weil um 1 Paket mehr Platz hat. Daher 4 · 30 cm oder 3 · 40 cm.

21 Die eine Gerade verläuft zwischen den Ziffern 2 und 3 und den Ziffern 10 und 11; die zweite Gerade verläuft zwischen den Ziffern 4 und 5 und 8 und 9. Die Summe der vier Ziffern innerhalb eines Teils ergibt jeweils 26.

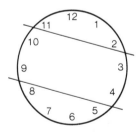

22 Die Längsseite hat 19, die Breite 17 Zacken. Zählt man zu 72 Zacken 2mal 2 Zacken dazu, erhält man 4mal die Länge = 76 Zacken, 76 : 4 = 19.

23 Die Längsseite hat 26, die Breite 21 Zacken. Hätten beide Seiten gleich viel Zacken, müßte die Längsseite um 5 Zacken weniger haben: 47 — 5 = 42 : 2 = 21.

24 Die Längsseite hat 25, die Breite 19 Zacken. Zieht man von 88 Zacken 2mal 6 Zacken ab, erhält man 4mal die Breite: $88 - 12 = 76 : 4 = 19$.

25 Der Lehrling braucht 36 Minuten. Für 5 Teile braucht man nur 4 Schnitte.

26 Damit durch 2 Schnitte jede Meterlänge einer 7 m langen Stange dargestellt werden kann, muß die Stange nach dem zweiten und dritten Meter abgeschnitten werden.

27 Der Schneider schafft das Zerschneiden des Stoffes in 7 Tagen. Um 8 Stücke zu erhalten, braucht man nur 7 Schnitte.

28 Ein gleichseitiger Zylinder (Rundsäule, deren Durchmesser gleich der Höhe ist).

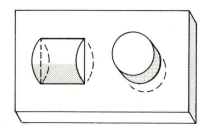

29 Ein gleichseitiger Kegel (Durchmesser und Seite sind gleich).

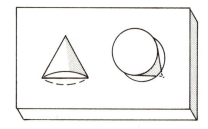

30 Die Schnecke ist in 6 Tagen oben. Nach 5 Tagen hat die Schnecke, obwohl sie in den 5 vorausgegangenen Nächten jeweils wieder um 4 m zurückgerutscht ist, eine Höhe von 5 m erreicht. Am 6. Tag kriecht sie 5 m weiter hinauf und erreicht somit 10 m; sie kommt also oben an. Sie wird daher auch nicht mehr zurückrutschen.

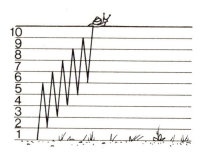

31 Die Zeichnung unten zeigt, wie das Quadrat zusammengesetzt wird. Dieses Quadrat hat eine Seitenlänge von 130 cm, also eine Fläche von 16.900 cm² oder 169 dm². Nachdem ein dm² 10 DM kostet, steigt in dieser Anordnung der Wert des Fensters auf 1690 DM. Die Größendifferenz entsteht dadurch, daß die schrägen Linien nicht genau zusammenpassen; dies macht in der Summe 1 dm² aus.

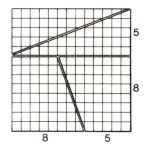

32 Lösung wie bei Aufgabe 31. Die Größendifferenz entsteht durch die stärkere Neigung der angesetzten Dreiecke. $31 \cdot 7 = 217$ Felder. Wie das Rechteck zusammengesetzt wird, zeigt die Zeichnung unten.

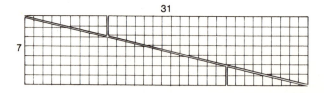

33 Lösung wie bei Aufgabe 31 bzw. 32. Die Zeichnung unten zeigt die Zusammensetzung des Quadrats. Auch hier entsteht die Größendifferenz durch die schrägen Linien. Sie macht insgesamt 1 dm² aus. 21 cm · 8 cm = 168 cm². 13 cm · 13 cm = 169 cm².

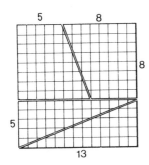

34 Lösung wie Aufgabe 31. Fügt man das in 4 Teile zerlegte Quadrat zu einem Rechteck mit einer Seitenlänge von 13 cm zusammen, ergibt sich daraus eine Höhe des Rechtecks von 5 cm = eine Fläche von 65 cm². Die Zeichnung unten zeigt die Anordnung des Rechtecks.

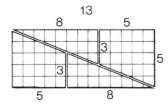

35 Auf einem 30 cm langen Lineal ist es 11mal möglich, 1 dm abzugreifen, ohne einen Teilstrich 2mal zu benützen.

36 Dürfen die Teilstriche 2mal benützt werden, kann 1 dm 21mal abgegriffen werden.

37

$$
\begin{aligned}
1 + b &= 90 \text{ cm} \\
b + h &= 78 \text{ cm} \\
\hline
2b + 1 + h &= 168 \text{ cm} \\
1 + h &= 84 \text{ cm} \\
\hline
2 b &= 84 \text{ cm} \\
1 b &= 42 \text{ cm}
\end{aligned}
$$

Daraus lassen sich nun alle anderen Maße errechnen. 1 = 90 cm — 42 cm = 48 cm; h = 78 cm — 42 cm = 36 cm. Die Oberfläche der Kiste ergibt sich aus der Summe der sechs Teilseiten. Also: Grundfläche bzw. Deckel, linke und rechte Längsseite, zweimal Stirnseite.

$$
\begin{aligned}
48 \cdot 42 &= 2016 \cdot 2 = 4032 \text{ cm}^2 \\
48 \cdot 36 &= 1728 \cdot 2 = 3456 \text{ cm}^2 \\
42 \cdot 36 &= 1512 \cdot 2 = \underline{3024 \text{ cm}^2} \\
&\qquad\qquad\quad 10512 \text{ cm}^2
\end{aligned}
$$

Das Volumen errechnet man aus Grundfläche mal Höhe: 48 · 42 = 2016 · 36 = 72576 cm³.

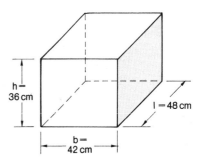

38

$$
\begin{aligned}
1 + b &= 34 \text{ cm} \\
1 + d &= 22 \text{ cm} \\
\hline
21 + b + a &= 56 \text{ cm} \\
b + a &= 20 \text{ cm} \\
\hline
21 &= 36 \text{ cm} \\
11 &= 18 \text{ cm}
\end{aligned}
$$

Breite des Buches: 34 cm — 18 cm = 16 cm; Dicke des Buches: 22 cm — 18 cm = 4 cm.

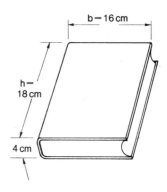

39

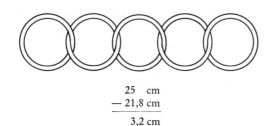

$$\frac{\begin{array}{r}25 \ \ \text{cm}\\ -21,8 \ \text{cm}\end{array}}{3,2 \ \text{cm}}$$

Diese 3,2 cm entsprechen 8mal der Kettenstärke (siehe Zeichnung). Das Material ist also 3,2 cm : 8 = = 0,4 cm oder 4 mm stark.

40 Das 3. Glied wird herausgelöst und das 6. vom 7. Glied getrennt. (Zweite Lösung möglich.)

41 Nach 6maligem Falten hat das Zeitungsblatt nur noch 1/64 des ursprünglichen Formates.

42 Die Zeichnung unten verdeutlicht die Aufteilung der Figur in 4 deckungsgleiche Felder.

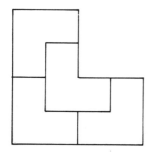

43 Man suche jene Zahl, die durch 7 dividiert einen Quotienten ergibt, der um 4 kleiner ist, als wenn man sie durch 6 dividiert. Der Einfachheit halber nimmt man statt 70 bzw. 60 cm 7 bzw. 6 dm. Die Zahl ist 168, durch 7 dividiert ergibt sie 24, durch 6 dividiert 28. Die Aufgabe wäre ebensogut mit Gleichung zu lösen, ihr Ansatz würde lauten 70 x = 60 (x + 4). Im Schlafraum sind 28 Personen, vorher waren es 24 Personen.

44 In 2 diagonal gegenüberliegende Ecken werden je 2, in die beiden anderen Ecken je 1 Wimpel gesteckt. Der Wimpelrest wird gleichmäßig verteilt.

45 Der Teich wird so vergrößert, daß die Bäume in der Mitte der Teichseiten zu stehen kommen:

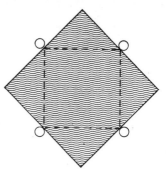

46 In einer Stunde schafft der Mann 1 m³ (1 m · 1 m · · 1 m). Da die auszuhebende Grube mit 3 m · 3 m · · 3 m einen Rauminhalt von 27 m³ hat, benötigt der Mann für diese Arbeit 27 Stunden.

47 Der Grundbesitzer wird am Ende des Zauns feststellen müssen, daß ihm noch ein Pfosten fehlt. Für 50 m Zaun mit Pfosten im Abstand von 2 m werden 26 Pfosten benötigt.

48 Die 32 Glieder der Kette einzeln nebeneinandergelegt, ergäben 128 cm (32 · 4). Zieht man davon 31mal die doppelte Gliedstärke ab, nämlich 31 · 1,6 cm = 49,6 cm, so erhält man eine Kettenlänge von 78,4 cm.

49 3 Glieder nebeneinandergestellt ergeben eine Länge von 18 cm. Löst man 3 zusammenhängende Glieder aus der übrigen Kette, vermindert sich ihre Länge um 14,4 cm. Die Differenz zu 18 cm ist 6mal die Materialstärke (= 3,6 cm). Die Materialstärke ist daher 0,6 cm.

50 Fertigt man von den 3 Kettengliedern eine Zeichnung, so kann man leicht erkennen, daß das Material der Kettenglieder 0,6 cm stark ist:

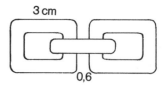

51 Wenn 66 mm die Länge zweier Kettenglieder vermindert um die doppelte Materialstärke ist, dann sind 33 mm 1 Kettenglied vermindert um eine Materialstärke. Durch das 3. Glied wird die Kette um 26 mm (das ist ein ganzes Glied vermindert um die doppelte Materialstärke) länger, daher ist die Materialstärke 7 mm und ein Kettenglied 33 + 7 = = 40 mm.

52 300 ist das Produkt aus drei Zahlen. Man zerlege 300 in Primfaktoren. Aus den vielen Möglichkeiten sind jene 3 Zahlen zu suchen, deren Summe gleich ist dem Ziffernsturz ihrer Ziffernsumme. Die Zahlensumme muß daher sehr klein sein:
10 — 6 — 5 cm.

53 Es gibt 11 solcher Prismen.

54 Aus den 11 Möglichkeiten der vorhergehenden Aufgabe suche man jene 3 Zahlen heraus, von denen je 2 miteinander multipliziert die Summe 200 (halbe Oberfläche) ergeben:
15 — 10 — 2. Die ganzzahligen Abmessungen sind 15 — 10 — 2.

55 450 ist das Produkt aus 3 Zahlen. Man zerlege 450 in Primfaktoren und suche aus den vielen Möglichkeiten jene 3 Zahlen heraus, von denen je 2 miteinander multipliziert die Summe 225 (halbe Oberfläche) ergeben:
15 — 10 — 3.

56 Man zerlege 450 in Primfaktoren und bilde jene Kombinationen der Maßzahlen, die voneinander den geringsten Abstand haben und daher dem Würfel am ähnlichsten sind: 10 — 9 — 5.

57 Vergleiche hierzu auch die schraffierte Figur von Aufgabe 7!

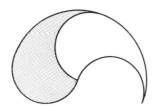

58 Das Wasser muß insgesamt 9 Tage fließen. Nehmen wir an, daß der Wassergraben insgesamt 15 m tief und 12 m lang ist, so füllt sich der Graben am 1. Tag auf 5 m. Das Volumen für diese Wassermenge beträgt:

$$\frac{6 \cdot 5 \cdot 12}{2} = 180\,\text{l}, \qquad V = \frac{a \cdot h \cdot l}{2}$$

Das Volumen des gesamten Wassergrabens errechnet sich aus:

$$\frac{18 \cdot 15 \cdot 12}{2} = 1620\,\text{l}$$

Wenn also 180 l an einem Tag zufließen, dann laufen 1620 l in 9 Tagen zu.

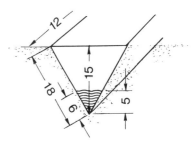

Diese Aufgabe läßt sich auch mittels einer geometrischen Figur lösen. Ausgangspunkt hierbei ist die an einem Tag zugeflossene Wassermenge. Dieser Teil wird mit 1 bezeichnet. Daraus ergeben sich die 9 Teile wie in der Zeichnung unten ersichtlich.

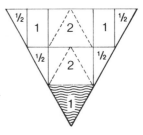

59 Die Mittelpunkte der Münzen 1, 2, 4 oder 2, 3, 4 bilden die Eckpunkte gleichseitiger Dreiecke. Durch Berechnung der Höhe und Abzug eines Münzradius erhält man den halben Abstand.

60 Das erste Feld ist ein Quadrat, das 2., 3. und 4. sind Rechtecke.

61 Der erste steckt ein Rechteck, der zweite ein Quadrat und der dritte einen Kreis ab.

62 Der eine steckt ein Rechteck, der andere ein Quadrat ab.

63

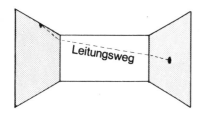

64 Das geknickte Schilfrohr bildet Hypotenuse und Kathete eines rechtwinkeligen Dreieckes. Nach dem pythagoreischen Lehrsatz ist das Quadrat über der Hypotenuse (c^2) gleich der Summe der beiden Kathetenquadrate ($a^2 + b^2$); eine Umkehrung ist $a^2 = c^2 - b^2$. In unserer Aufgabe ist die Höhe (a) die Wurzel aus der Differenz der Quadrate von Hypotenuse (c) und Kathete (b = 2,4); $a^2 = (3,6 - a)^2 - 2,4^2$; a = 1 m. Das Schilfrohr ist in 1 m Höhe geknickt.

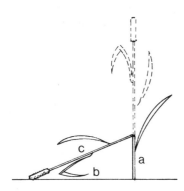

65 Nur 40.062,8 km.

66 Das Wasser über einer Ecke so weit abgießen, bis die Wasseroberfläche entlang 3er Flächendiagonalen steht.

67 Der kürzeste Weg ist 5,656 m, siehe Skizze.

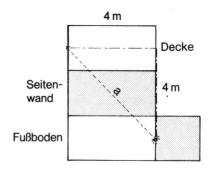

68 So wird das rechteckige Sperrholzstück in zwei Teile zerlegt:

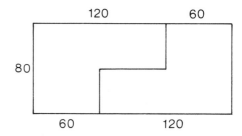

Und so wird daraus ein Quadrat mit einer Seitenlänge von 1,20 m:

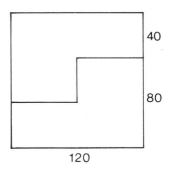

69 Ich hätte mich nur in eine Ecke zu flüchten brauchen, dorthin hätte die Kugel mit ihrer großen Rundung niemals gekonnt.

70 Die beiden Kisten sind gleich schwer.

71 Man muß 8 Würfel zu einem zusammenkleben, um die Hälfte des Lacks zu sparen.

72 Nimmt man vom kleinsten Streifen 4 cm weg, erhält man die Summe aller Seiten. Der halbe Umfang ist 4; da die Werte ganzzahlig sind, ist $l = 3$ und und $b = 1$ und das kleinste Rechteck $5 \cdot 3$ cm, das größte $11 \cdot 9$ cm.

73 Es gibt so viele Rechtecke, wie die Hälfte des halben Umfanges beträgt. Ist dies eine ungerade Zahl, so ist die Anzahl der Rechtecke um 1 geringer als die Hälfte des um 1 vergrößerten halben Umfanges.

74 Rechnerisch wird aus der Summe der beiden Flächeninhalte die Wurzel gezogen, zeichnerisch wird die Aufgabe mit dem pythagoreischen Lehrsatz gelöst. Die Lösung für die ausgeschnittenen Quadrate sieht so aus:

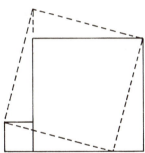

75 Man klebt jeweils 8 Würfel zu einem größeren zusammen, damit verringert sich die Oberfläche auf die Hälfte, und die kleineren Bilder passen genau.

76 Durch eine Höhe wird das Dreieck in 2 rechtwinkelige Dreiecke zerlegt. Von der Mitte der längsten Seiten der rechtwinkeligen Dreiecke wird zum gegenüberliegenden Eckpunkt (rechter Winkel) eine Linie gezogen. Diese teilen die beiden rechtwinkeligen Dreiecke in gleichschenkelige.

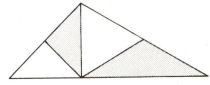

77 Die bekannten Ausdehnungen (3 cm vom Ende und 4 cm hoch) bilden mit einem Teil des Gummibandes ein pythagoreisches Dreieck, dessen Hypotenuse 5 cm ist. Mit Hilfe der Ähnlichkeit kann die Länge des Bandes bestimmt werden. Das Gummiband ist $8^1/_3$ cm lang.

78 Man rechne zuerst die Quadratseite der Grundfläche aus, indem man das Volumen der rechteckigen Pyramide ($5 \, x/4 \cdot 3 \, x/4 \cdot 4 : 3$) mit dem Volumen der quadratischen Pyramide ($x^2 \cdot 4 : 3$) vergleicht; $5 \, x/4 \cdot 3 \, x/4 \cdot 4 : 3 = x^2 \cdot 4 : 3 - 12$. Die Quadratseite ist 12 m. Mit dieser Quadratseite und der Höhe von 4 m rechnet man das Volumen aus. Der Baggerführer hätte 192 m³ Erde aufschütten müssen.

79 Von den einzelnen Farben gibt es 1, 3, 5, 7, 9 und 11 Felder.

80 Daselbe kann man auch mit 6 Schnitten erreichen:

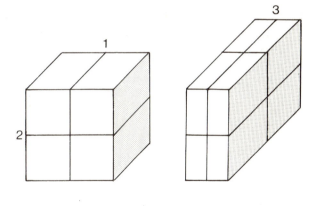

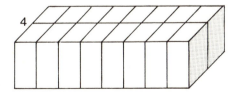

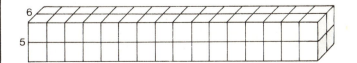

81 Für diese Aufgabe benötigt man unbedingt 6 Schnitte:

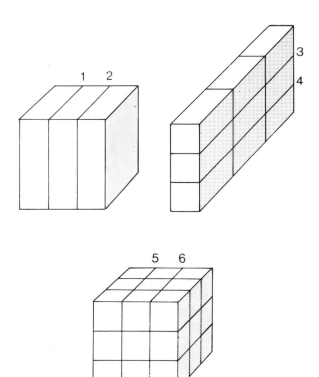

82 Der Glockenschwengel und der Radius des Schlagringes bilden ein rechtwinkeliges Dreieck. Mit Hilfe des pythagoreischen Lehrsatzes ($c^2 = a^2 + b^2$) läßt sich die Schwengellänge berechnen. Wenn man c als a + 4 annimmt, lautet der Lehrsatz $(a + 4)^2 = a^2 + 16^2$; a ist dann 30 dm. Der Schwengel ist 3,4 m lang.

83 Ist wie Aufgabe 82 zu lösen. Die Glocke hängt 12 m hoch.

84 Die beiden Abspannseile und die Entfernung der Verankerungen bilden ein ungleichseitiges Dreieck, während der Mast selbst die Höhe auf die 14-m-Seite bildet. Durch zweimalige Anwendung des pythagoreischen Lehrsatzes ($c^2 = a^2 + b^2$) läßt sich die Höhe finden: $13^2 = x^2 + y^2$; $15^2 = x^2 + (14 - y)^2$; x = 12, y = 5. Die Seile sind in 12 m Höhe befestigt.

85 Das Resultat wird analog der Lösung der vorigen Aufgabe ermittelt. Die Brücken haben einen Abstand von 15 km.

86 Nachdem beide Garçonnieren gleich groß sind, muß auch die erste 25 m² haben. Die erste diophantische Gleichung lautet daher 3 x + 4 y = 25, wobei x und y die Breiten der Zimmer sein sollen. Da die Längen der beiden Zimmer zusammen 7 m betragen, so müssen 2 Seiten der Zimmer der anderen Kleinwohnung 5 und 2 m sein (die Längen 6 und 1 m sind nicht möglich, weil daraus kein Quadrat von 5 m Seitenlänge zusammengestellt werden kann). Die zweite diophantische Gleichung lautet daher 2 u + 5 v = 25, wobei u und v die jeweils anderen Seiten der Zimmer sein sollen. Die Maße der Zimmer für die erste Wohnung sind 3 · 3 und 4 · 4 m, die der zweiten sind 2 · 5 und 5 · 3 m.

Von Waagen, Rollen und Rädern

1 Wir schauen auf das Thermometer. Oben steht darauf C, was heißt das? Morgens waren es — 4°, zu Mittag hat es + 3°, aber abends waren es wieder — 2°. Welche Durchschnittstemperatur herrschte an diesem Tag?

2 Hier liegen 200 kg Eisen. Wieviel wiegen sie wohl weniger, wenn sie durch und durch verrostet sind?

3 Von einer Ware, die 40 kg wog, wurde ein gewisser Teil verkauft. Der Rest war um 8 kg schwerer als die verkaufte Menge. Wieviel wurde verkauft?

4 Welches Gewicht hatte der Panzer des Riesen Goliath, wenn er nach damaligem Gewicht 5000 Sekel wog? 1 Sekel sind 2 Beka, 1 Beka sind 10 Gerah, und 1 Gerah sind 0,7 g.

5 In 5 verschiedenen Säcken sind 20, 30, 40, 50 und 60 gleich große und gleich schwere Kugeln. Aus einem Sack wurde eine Kugel entnommen. Durch zweimaliges Wiegen soll festgestellt werden, aus welchem Sack die Kugel genommen wurde.

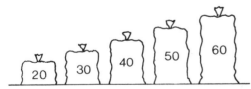

6 An einer beweglichen Rolle, die durch eine Zugschnur mit einer festen Rolle verbunden ist, hängt eine Last. Das freie Ende der Zugschnur ist auf gleicher Höhe mit der Last. Zieht man an der Schnur, hebt sich die Last. Wie weit hat sich die Last aufwärts bewegt, wenn das Schnurende 1 m von der Last entfernt ist?

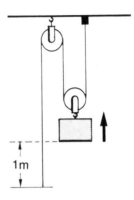

7 Eisen hat ein spezifisches Gewicht von 7,8 g je cm³, es wiegt 39 kg. Wie schwer ist es im Wasser?

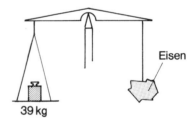

8 Laufen 24 Bilder pro Sekunde durch den Projektionsapparat, so dauert der Film 1 Stunde und 12 Minuten. Wie lange dauert der Film bei 16 Bildern pro Sekunde?

9 Der Film muß 36 m lang sein, wenn er 1 Minute 15 Sekunden dauern soll und 24 Bilder pro Sekunde durch den Projektionsapparat laufen. Wie hoch ist ein Bildchen und wie lange dauert der Film, wenn 16 Bilder pro Sekunde durchlaufen?

10 Von 2 ineinandergreifenden Zahnrädern macht das eine doppelt soviel Umdrehungen wie das andere. Das größere Rad hat um 16 Zähne mehr als das kleinere. Wie viele Zähne hat jedes Rad?

11 Von 2 Zahnrädern, die ineinandergreifen, dreht sich das eine Rad einmal, wenn das andere nur eine halbe Drehung macht. Ihre Zahnsumme beträgt 48 Zähne. Wie viele Zähne hat jedes Rad?

12 Von 2 ineinandergreifenden Zahnrädern hat das eine um 12 Zähne mehr als das andere. Während das eine eine halbe Drehung macht, macht das andere nur ein Drittel einer Drehung. Wie viele Zähne hat jedes Rad?

13 Eine Apothekerwaage, die zwei völlig gleiche Hebelarme haben soll, ist dadurch ungenau, daß einer von beiden etwas länger ist. Ein Apotheker wiegt nun auf dieser Waage für zwei verschiedene Kunden die gleiche Menge einer Ware so, daß er einmal das Gewicht und das andere Mal die Ware auf den kürzeren Hebelarm legt. Gewinnt der Apotheker, verliert er oder hebt sich der zweimalige Fehler auf?

14 Von 2 völlig gleichen Zahnrädern ist das eine fest, während das andere um das erste kreist. Wie weit kommt das bewegliche, wenn es eine ganze Drehung macht?

15 In einem feststehenden Zahnkranz läuft ein Zahnrad, das nur den halben Umfang des Zahnkranzes hat. Wo steht das kleine Rad nach einer Umdrehung?

16 Zum Bewegen sehr schwerer Lasten bedient man sich manchmal Holzrollen (Holzzylinder), die man der Last unterlegt und sie darauf gleiten läßt. Eine solche Rolle hat einen Umfang von 50 cm. Wie weit wird die Last bewegt, wenn sich die Rolle einmal gedreht hat?

17 Kann man 1000 Stahlkugeln von 1 mm Durchmesser auf einer Küchenwaage wiegen, wenn sie 5 kg trägt?

18 Von 7 Kugeln ist eine um 1 g schwerer als die übrigen. Durch zweimaliges Wiegen ist festzustellen, welche Kugel die schwerere ist.

19 Von 8 Kugeln ist eine um ganz wenig schwerer als die übrigen. Durch zweimaliges Wiegen ist festzustellen, welche Kugel schwerer ist.

20 Von 9 Kugeln ist eine ganz wenig schwerer als die übrigen. Durch zweimaliges Wiegen ist festzustellen, welche Kugel dies ist.

21 Von 18 Kugeln ist eine geringfügig schwerer als die übrigen. Durch dreimaliges Wiegen ist festzustellen, welche Kugel die schwerere ist.

22 In 9 Säcken sind Kugeln zu 10 g, in einem Sack sind solche zu 9 g. Wie kann man durch einmaliges Wiegen feststellen, in welchem Sack die Kugeln zu 9 g sind?

23 Ein Stein verliert im Wasser $2/5$ seines Gewichtes. Wie groß ist sein spezifisches Gewicht?

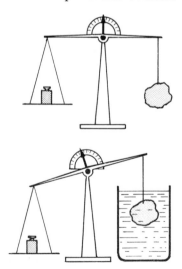

24 Ein Körper verliert im Wasser $4/7$ seines Gewichtes. Wie groß ist sein spezifisches Gewicht?

25 Wenn man von 2 gleich großen Münzen die eine festhält und die andere wie ein Zahnrad um die erste kreisen läßt, dann hat die 2. Münze eine volle Drehung gemacht, wenn sie den halben Umfang der ersten erreicht hat. Hält man nun eine doppelt so große Münze fest und läßt die kleine kreisen, dann wird sie nach einer Umdrehung wieder einen Teil des Umfanges der großen zurückgelegt haben. Welchen Teil?

26 Ein Stein, der im Wasser liegt, kann mit einem Hebel, dessen Lastarm sich zum Kraftarm wie 3 : 5 verhält, mit einer Kraft von 18 kg gehoben werden. Wie schwer ist der Stein, wenn sein spezifisches Gewicht 2,5 beträgt?

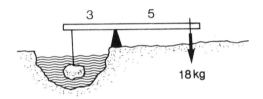

27 Ein Stein mit einem spezifischen Gewicht von 2,5 wiegt im Wasser 60 kg. Wie schwer ist er wirklich?

28 Ein Stein hat ein spezifisches Gewicht von 3 g/cm³. Wie schwer ist er, wenn er im Wasser 60 g wiegt?

29 Ein Stein hat ein spezifisches Gewicht von 2 kg/dm³. Wie schwer ist er, wenn er im Wasser 60 kg wiegt?

30 Eine Eisenschraube ist in eine Schraubenmutter mit 25 Windungen gedreht, sie steht senkrecht und ragt am unteren Ende mit einer ganzen Windung aus der Mutter heraus Diese Windung taucht in Öl. Wie oft muß sich nun die Schraube eine ganze Drehung vor- und wieder zurückdrehen, damit die ganze Mutter geölt ist? Vorausgesetzt wird, daß der Ölfilm nicht abreißt.

31 Von 7 Teilen einer Kette hat ein Teil 5 Glieder, die anderen teils mehr, teils weniger Glieder. Sie sollen zu einer einzigen Kette zusammengefügt werden, ohne daß zusätzliche Glieder verwendet werden. Das Aufschweißen und wieder Zuschweißen eines Gliedes sind 2 Arbeitsgänge. Fügt man die 7 einzelnen Teile zusammen, braucht man 12 Arbeitsgänge. Könnte man die Arbeit auch in 10 Arbeitsgängen vollenden?

32 Zwei silberne Döschen mit Deckel wiegen gleich viel. Das erste Döschen ohne Deckel ist eineinviertelmal so schwer wie das zweite Döschen ohne Deckel, aber auch um 24 g schwerer als der Deckel des zweiten Döschens. Dieser wiederum ist eineinhalbmal so schwer wie der Deckel des ersten Döschens. Wie schwer sind beide Döschen und beide Deckel?

33 In der Lehrwerkstätte einer Maschinenfabrik erhalten drei Lehrlinge die Aufgabe, gleich dicke Eisenstäbe in 20 cm lange Stücke zu zersägen. Der Lehrling A erhält Stäbe zu 80 cm, B solche zu 60 cm und C solche zu 40 cm. Die Lehrlinge arbeiten alle im gleichen Tempo. Nachdem A 6 Stäbe zersägt hat, werden unter Mitnahme der zersägten Stücke die Arbeitsplätze gewechselt. A zersägt wieder 6 Stäbe. Nun werden die Plätze unter den gleichen Bedingungen abermals gewechselt. A zersägt nochmals 6 Stäbe, dann wird die Arbeit eingestellt. Jeder Lehrling hat nun gleich viel Schnitte gemacht. Ist auch der Erfolg der gleiche?

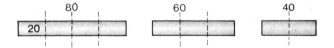

34 Damit man alle Grammengen zwischen 1 und 100 g abwiegen kann, braucht man verschiedene Gewichte. Auf einer Balkenwaage genügen die 5 Gewichte zu 1, 3, 9, 27 und 81 g. Wie zum Beispiel wiegt man 43 g, 67 g oder 97 g?

35 Von 10 Schachteln mit gleich großen und auch gleich vielen Pillen sind die einer Schachtel um 0,3 g je Pille leichter. Die aller übrigen Schachteln wiegen gleich viel. Wie kann man durch einen einmaligen Wiegevorgang feststellen, in welcher Schachtel sich die leichteren Pillen befinden?

36 Ein Elektrogerät hat 4 Stufen. Die 2. Stufe braucht um 100 Watt mehr als die erste, die 3. um 1000 Watt mehr als die zweite, und die vierte Stufe braucht soviel wie alle 3 Stufen zusammen, nämlich 1500 Watt. Wieviel verbraucht jede Stufe?

37 Frau Schneider und Frau Hager stehen vor einer Waage. Frau Schneider meint: »Überprüfen wir unser Gewicht, ich habe mich seit 3 Wochen nicht mehr gewogen.« — »Ich habe mich eben in der Apotheke gewogen«, widerspricht Frau Hager. Frau Schneider will sich allein wiegen, sie steigt auf die Waage, wirft die Münze ein und stellt entrüstet fest: »Die Waage stimmt nicht, ich kann doch in den drei Wochen nicht 4 kg zugenommen haben.« Nach kurzer Überlegung wirft sie nochmals eine Münze ein und kann dann etwas erleichtert feststellen: »Also doch nur 1 kg zugenommen.« Was haben die beiden unternommen, um das richtige Gewicht festzustellen?

38 In drei vollen 7-l-Gefäßen ist Flüssigkeit zu 60 Grad, 20 Grad und 10 Grad. Daneben stehen drei leere 7-l-Gefäße. Außerdem ist noch ein 1-l-Gefäß als einziges Maß verwendbar. Durch Umfüllen sollen in die 3 leeren 7-l-Gefäße je 7 l der Durchschnittstemperatur gelangen. Vorausgesetzt wird, daß während des Umfüllvorganges keine Wärme verlorengeht.

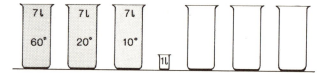

1 Die Bezeichnung C besagt, daß unser Thermometer nach der Gradeinteilung von Celsius aufgeteilt ist. (Es gibt auch noch R = Réaumur und F = Fahrenheit.)
Die Durchschnittstemperatur errechnet sich aus — 4 + 3 und — 4 = — 6 + 3 = — 3, diese Zahl geteilt durch die 3 Messungen. Die Durchschnittstemperatur war also — 1°.

2 Rost ist eine Verbindung mit Sauerstoff, auch er hat ein Gewicht. Das ehemalige Eisen ist daher schwerer geworden.

3 40 — verkaufte Menge = verkaufte Menge + 8. Zwei verkaufte Mengen sind also 40 — 8 = 32. Verkauft wurden 16 kg.

4 5000 Sekel · 2 = 10.000 Beka.   10.000 Beka · 10 = = 100.000 Gerah.   100.000 Gerah · 0,7 = 70.000 g. 70.000 g = 70 kg. Solche Rüstung war sicher auch für Goliath recht schwer.

5 Auf die linke Waagschale werden die Säcke mit 20 und 60 Kugeln, auf die andere Waagschale die Säcke mit 30 und 50 Kugeln gelegt. Spielt die Waage ein, fehlt die Kugel aus dem Sack mit 40 Kugeln. Fehlt sie aus der linken Waagschale, so legt man die Säcke in je eine Waagschale und ergänzt den 20er-Sack mit dem mit 40 Kugeln. Fehlt die Kugel auf der rechten Waagschale, geht man entsprechend vor.

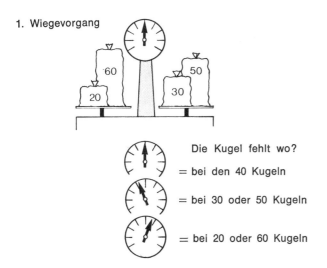

1. Wiegevorgang

Die Kugel fehlt wo?
= bei den 40 Kugeln
= bei 30 oder 50 Kugeln
= bei 20 oder 60 Kugeln

2. Wiegevorgang:

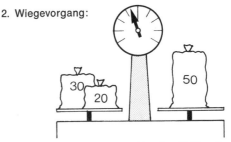

Je nachdem bei 30 oder 50 Kugeln

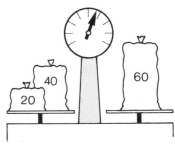

Je nachdem bei 20 oder 60 Kugeln

6 Die Last steigt um $\frac{1}{3}$ m.

7 Das Volumen des verdrängten Wassers ist abzusetzen. 39 kg geteilt durch das spezifische Gewicht von 7,8 g gibt 5000 g oder 5 kg. 39 — 5 = 34. Das Eisen wiegt im Wasser noch 34 kg.

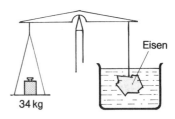

Eisen

34 kg

8 Die Verzögerung der Vorführung erfolgt im Verhältnis 2 : 3 (16 : 24 Bilder). In der Zeit, in der bisher 24 Bilder durchlaufen, gehen jetzt nur noch 16 durch den Apparat. Es wird also um die Hälfte mehr Zeit gebraucht: 72 Minuten + 36 Minuten = 1 Stunde 48 Minuten.

9 Ein Bildchen ist also 3600 cm : 75 (Sekunden) = cm pro Sekunde = 48 : 24 (Bilder) = 2 cm pro Bild. Bei der Projektion von nur 16 Bildern in der Sekunde ist die Zeit wie bei Aufgabe 8 um die Hälfte länger = 1 Minute 52,5 Sekunden.

10 Da 16 Zähne mehr bereits die doppelte Umdrehung bewirken, kann das kleinere Zahnrad nur 16 Zähne haben. Das große hat dann 32 Zähne.

11 Im Grunde die gleiche Aufgabe wie 10. Drei halbe Umdrehungen bei zusammen 48 Zähnen heißt 16 für die halbe Umdrehung des großen Rades. Das große Rad hat 32 Zähne, das kleine 16.

12 Bezeichnet man die Zahl der Zähne des kleineren Rades mit x, so ist $x = \frac{2}{3}(x + 12) = \frac{2}{3}x + 8$. Es ist also $\frac{1}{3}x = 8$, oder: die Zahl der Zähne des kleineren Rades beträgt 24 Zähne. Das große hat 12 Zähne mehr, also 36 Zähne.

13 Man muß ein praktisches, wenn auch übertriebenes Beispiel wählen, um überhaupt zu einem Ergebnis zu kommen. Etwa wäre anzunehmen, daß 6 g der Ware auf dem kürzeren Hebelarm den 5 g Gewicht auf dem längeren Arm entsprechen. Dann ergeben also 5 g (Gewicht) 6 g (Ware). Wieviel Ware ergeben dann 5 g (Gewicht) auf der anderen Schale? $5 \cdot 5 : 6 = 4,16$ g. Der Apotheker verkauft also in Wirklichkeit einmal 5 g Ware, die nur 4,16 g wiegt, das andere Mal 5 g Ware, die 6 g wiegt, zusammen also für 10 g in Wirklichkeit 10,16 g. Er verliert also, außerdem könnte eine solche Gewichtsdifferenz bei Arzneien sehr ernste Folgen haben. Daher wird kein Apotheker mit einer so fehlerhaften Waage arbeiten, und auf die richtige Wägung wird deshalb auch von den staatlichen Eichämtern mit großer Aufmerksamkeit durch Nachprüfen der Eichungen der Waagen geachtet.

14 Das bewegliche Zahnrad kommt bis zum halben Umfang des feststehenden Zahnrades, weil das bewegliche 2 Bewegungen in der gleichen Richtung macht (Drehung und Umkreisung), beide Bewegungen addieren sich.

15 Das kleine Rad steht genau gegenüber. In diesem Falle addieren sich die Bewegungen nicht.

16 Die Last wird 1 m weiterbewegt, beide Bewegungen addieren sich.

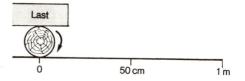

17 Die Kugeln können nicht gewogen werden, weil sie zuwenig Gewicht haben, sie wiegen etwas mehr als 4 g. Der Inhalt der Kügelchen ist $\frac{4}{3} r^3 \pi$ oder $\frac{d^3}{6} \pi$, wobei $2r = d$ jeweils 1 mm beträgt. Da $d^3 = 1$ ist, bleibt für den Kugelinhalt $\frac{3,14}{6}$ oder rund $\frac{1}{2}$ mm³. Es haben dann 1000 Kugeln ein Volumen von 500 mm³. Bei einem spezifischen Gewicht des Stahls von ca. 7,85 wiegen diese 1000 Kügelchen also nur $7,85 \cdot 500$ mg oder rund 4 g.

18 1. Wiegevorgang: 3 Kugeln auf die eine und 3 Kugeln auf die andere Waagschale. 2. Wiegevorgang: Von der schwereren Gruppe wird je eine auf die beiden Waagschalen gelegt. Möglichkeiten beim 1. Wiegevorgang: Die schwerere Kugel war in keiner der Waagschalen, dann war es die 7. Kugel, die nicht mitgewogen wurde. Beim 2. Wiegevorgang: Die Waage zeigt keinen Unterschied an; in diesem Fall ist die schwerere Kugel jene, die von der Dreiergruppe nicht in die Waagschale kam.

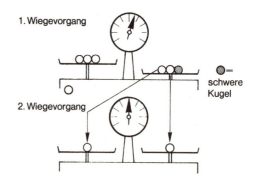

19 Wie vorhergehende Aufgabe.

20 Wird wie die beiden vorangegangenen Aufgaben gelöst.

21 Zuerst 2mal 9 oder 2mal 6 Kugeln auf die Waagschale, dann wie die vorhergehende Aufgabe. Die Zeichnungen verdeutlichen die Wiegevorgänge für beide Lösungen:

Lösungsmöglichkeit 1, beginnend mit 2mal 9 Kugeln:

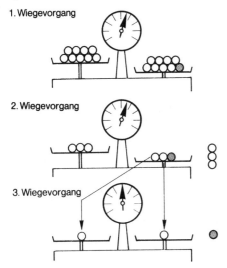

Lösungsmöglichkeit 2, beginnend mit 2mal 6 Kugeln:

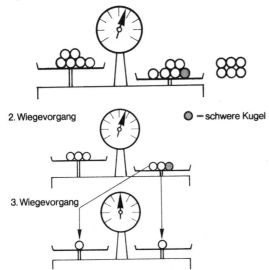

22 Man nimmt aus dem 1. Sack 1 Kugel, aus dem 2. Sack 2 Kugeln, aus dem 3. Sack 3 Kugeln usw. Schließlich wiegt man alle Kugeln zusammen ab und stellt aus dem tatsächlichen und dem errechneten Gewicht fest, aus welchem Sack die leichteren Kugeln stammen. Beispiel: Die leichten Kugeln sind im 4. Sack. Alle 45 entnommenen Kugeln würden bei 10 g Einzelgewicht 450 g wiegen. Das tatsächliche Gewicht beträgt nur 446 g. Aus der Differenz von 4 g ist zu schließen, daß die leichteren Kugeln aus dem 4. Beutel stammen. Wollen wir nur hoffen, daß man alle diese Kugeln gut unterscheiden kann, an der Farbe zum Beispiel, sonst wäre es schwer, die leichteren Kugeln unter den 45 wiederzuerkennen.

23 Das ganze Gewicht des Steines beträgt $^5/_5$. Von diesem Gewicht verliert er $^2/_5$ im Wasser, dieser Betrag ist also das Volumen eines Steines. Dividiert man das ganze Gewicht durch das Volumen, also $^5/_5$ durch $^2/_5$, so ergibt sich das spezifische Gewicht, das hier also 2,5 beträgt. $\left(\dfrac{5}{5} \cdot \dfrac{5}{2} = 2{,}5 \right)$

24 $\dfrac{7}{7} \cdot \dfrac{7}{4} = \dfrac{49}{28} = 1{,}75.$

25 Ein Drittel des Umfangs der großen Münze.

26 Gewicht im Wasser: $18 \text{ kg} \cdot \dfrac{5}{3} = 30 \text{ kg}.$ Beim spezifischen Gewicht von 2,5 entspricht dieses Gewicht $^3/_5$ des normalen Gewichts (vergl. Aufgabe 23); das Gewicht außerhalb des Wassers ist also $^5/_5 = 50$ kg.

27 Ein spezifisches Gewicht von 2,5 entspricht im Wasser $^2/_5$ für den Auftrieb und $^3/_5$ für das Gewicht. Bei 60 kg Gewicht unter Wasser sind $^5/_5$, also das normale Gewicht = 100 kg.

28 Spezifisches Gewicht von 3 entspricht $\dfrac{6}{6} : \dfrac{2}{6} = \dfrac{36}{12}$

Es sind $\dfrac{4}{6} = 60$ g, $\dfrac{6}{6}$ also = 90 g

29 Spezifisches Gewicht von 2 entspricht $\dfrac{4}{4} : \dfrac{2}{4}$. Es sind

also $\dfrac{2}{4}$ = 60 kg, das ganze Gewicht also **120 kg**.

30 Bei einer Drehung vorwärts wird die Schraube, bei einer Drehung rückwärts wird die Schraubenmutter eingeölt. Nach 25 Vor- und Rückwärtsbewegungen ist die Schraubenmutter eingeölt.

31 Der 5gliedrige Kettenteil wird in die einzelnen Glieder zerlegt, mit ihnen werden je 2 Kettenteile zusammengefügt.

32 Die beiden Döschen wiegen 60 g und 48 g, die beiden Deckel 24 g und 36 g.
Die erste Dose hat den Deckel A und den Unterteil C, die zweite den Deckel B und den Unterteil D. Dann ist:

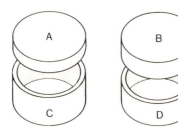

$A = \dfrac{2}{3} B$ $B = \dfrac{3}{2} A$ $B = C - 24$

$C = B + 24$ $C = \dfrac{5}{4} D$ $D = \dfrac{4}{5} C$

Es ist aber:

A   +   C   =   B   +   D

oder $A + B + 24 = \dfrac{3}{2} A + \dfrac{4}{5} (B + 24)$

$A + \dfrac{3}{2} A + 24 = \dfrac{3}{2} A + \dfrac{4 \cdot 3}{5 \cdot 2} A + \dfrac{4 \cdot 24}{5}$

$\dfrac{2}{10} A = \dfrac{240 - 192}{10}$

A = 24
B = 36
C = 36 + 24
D = $\dfrac{4}{5} \cdot 60 = 48$

33
A: 6 Stäbe zu 80 = 18 Schnitte = 24 Stücke
6 Stäbe zu 60 = 12 Schnitte = 18 Stücke
6 Stäbe zu 40 = 6 Schnitte = 12 Stücke
                        54 Stücke

B bei gleichen Schnittzahlen:
18 Schnitte Stäbe zu 60 = 27 Stücke
12 Schnitte Stäbe zu 40 = 24 Stücke
6 Schnitte Stäbe zu 80 = 8 Stücke
                        59 Stücke

C bei gleichen Schnittzahlen:
18 Schnitte Stäbe zu 40 = 36 Stücke
12 Schnitte Stäbe zu 80 = 16 Stücke
6 Schnitte Stäbe zu 60 = 9 Stücke
                        61 Stücke

34
43 g = 81 + 1 — 27 — 9 — 3 g
67 g = 81 + 9 + 3 + 1 — 27 g
97 g = 81 + 27 + 1 — 9 — 3

35 Siehe Aufgabe 22. Will man jedoch die Pillen den Schachteln nicht entnehmen, so wäre ein dreimaliges Wiegen notwendig, etwa wie in Aufgabe 21.

36 Die erste Stufe verbraucht a Watt, die zweite a + 100, die dritte a + 100 + 1000, die vierte soviel wie alle bisherigen = 3 a + 1200, und dies ist gleichzusetzen mit 1500 Watt. Für 3 a bleiben also 300 Watt, die 1. Stufe braucht 100 Watt, 2. Stufe 200 Watt und 3. Stufe 1200 Watt.

37 Das zweitemal stieg Frau Hager auf die Waage, die ihr Gewicht genau kannte, dadurch konnte man die fehlerhafte Gewichtsangabe berichtigen. Frau Hager wog auf dieser Waage rund 3 kg mehr als beim Apotheker. Folglich war es schon richtig, wenn auch Frau Schneider annahm, daß ihr Gewicht in Wirklichkeit auch etwa um 3 kg zu hoch angezeigt wurde.

38 Zuerst werden je 2 l von den verschieden warmen Flüssigkeiten in die leeren Gefäße gefüllt. Dann werden die restlichen 3 l zusammengegossen und aufgeteilt.

Rätsel mit Brüchen

1 Von den Kindern einer Familie sind $2/3$ an Grippe erkrankt, eines hat einen starken Schnupfen und eines ist gesund. Wie viele Kinder hat die Familie?

2 Aus einer Kitte Rebhühner werden $2/3$ von der Hälfte geschossen, das sind 4 Stück. Wie groß war die Kitte?

3 In einer Klasse sind um $1/3$ mehr Mädchen als Jungen. Zusammen 35 Schüler. Wie viele Jungen und Mädchen sind es?

4 Ein Telegrafenmast soll gemessen werden. Man reicht nur 4 m hoch, es bleibt $1/3$ des Mastes ungemessen. Wie hoch ist er?

5 1 kg Birnen kostet soviel wie 3 DM und $1/4$ kg. Wie teuer ist 1 kg?

6 Wenn die Versammlung um $1/3$ mehr besucht hätten, wären alle 96 Plätze besetzt gewesen. Wie viele Besucher waren in der Versammlung?

7 Heidi und Trude spielen Ball. Trude hat um 4 Fehler mehr gemacht. Heidi hat nur $2/3$ der Fehler von Trude. Wie viele Fehler hat jede?

8 Zwei Schwestern lesen dasselbe Buch, die jüngere ist auf Seite 32, die ältere auf Seite 74. Sie hat um $1/4$ des Buches mehr gelesen als ihre jüngere Schwester. Wie viele Seiten hat das Buch?

9 Berta und Ute hatten gleich viel Waffeln. Berta hat 6 gegessen, Ute noch keine. Ute hat noch um $2/3$ mehr als Berta. Wie viele Waffeln hatte jede?

10 Wären in der Klasse 5 Schüler mehr, so wären die Hälfte 20 Schüler. Wie viele Schüler sind es?

11 Der Vater schreibt in seinem Testament: »Von meinen 18 Schafen erhält der Zweitgeborene $1/3$, der Erstgeborene um die Hälfte des Anteils des Zweitgeborenen mehr und der dritte den Rest.« Wie viele Schafe erhält jeder?

12 Eine Familie hat mehrere Kinder — Jungen und Mädchen. Auf die Frage, wie viele Kinder seid ihr, antwortete das ältere Mädchen: »Ich habe ebenso viele Schwestern wie Brüder.« Der älteste Bruder sagte: »Ich habe nur halb so viele Brüder wie Schwestern.« Wie viele Jungen und Mädchen waren es?

13 »Ich habe im Spiel verloren, zuerst $1/4$ meines Geldes, dann $1/3$ des Restes und schließlich die Hälfte des neuerlichen Restes. Mir blieben noch 3 DM. Wieviel Geld hatte ich?«

14 Ein Gäns'rich saß in süßer Ruh'
in einem Sumpfgesträuche,
da flog ein Gänseschwarm herzu
von einem nahen Teiche.
Der Gäns'rich sprach: »Ich grüß' euch schön,
fürwahr, ich bin verwundert,
euch insgesamt allhier zu sehn,
ihr seid ganz sicher hundert!«
Ein kluges Gänschen drauf versetzt:
»Viel wird zu hundert fehlen,
du hast die Zahl zu hoch geschätzt,
drum magst du selbst nun zählen.
Verdopple unsre Zahl, dann sei
die Hälfte noch genommen,
ein Viertel und du Freund dabei
wirst hundert dann bekommen.«

15 Eine Ärztin in einem Sanatorium sagte: »Ich habe doppelt soviel Kolleginnen wie Kollegen.« Ein Arzt sagte: »Ich hab 5mal so viele Kolleginnen wie Kollegen.« Wie viele Ärzte bzw. Ärztinnen hatte das Sanatorium?

16 Ein Zeugnis hat 6 Gut, die Anzahl der Ausreichend entspricht $2/3$ der Befriedigend, die der Befriedigend $3/4$ der Sehr gut, während die Anzahl der Sehr gut $2/3$ der Gut entspricht. Wie viele Noten hat das Zeugnis?

17 Von einem Feigenkranz werden zuerst die Hälfte, vom Rest $1/3$ und vom neuen Rest $1/4$ gegessen. Es bleiben noch 6 Feigen übrig. Wie viele bleiben übrig, wenn zuerst $1/4$, dann $1/3$ und schließlich die Hälfte vom jeweiligen Rest gegessen wird?

18 3 ursprünglich gleich große Kerzen wurden zu verschiedenen Zeiten angezündet. Von der ersten ist $1/3$ niedergebrannt, von der zweiten die Hälfte und von der dritten $1/4$. Zusammen sind sie noch 46 cm lang. Wie lang waren sie ursprünglich, und wie lang sind sie jetzt?

19 Aus einer Bonbonniere wurde um $1/3$ mehr gegessen als geblieben ist. Wäre noch die Hälfte drinnen, müßten es um 7 Stück mehr sein. Wieviel Stück enthielt die Schachtel?

20 Im Nähkurs wird ein Kleid angefertigt. Man braucht 5 Ellen Stoff. Wieviel Meter sind das, wenn 1 Elle $25^1/2$ Zoll und 1 Zoll 26 Millimeter sind?

21 Die Kochlehrerin sagt zur Schülerin: »Kaufe soviel Würste, daß $2/3$ um 1 mehr sind als die Hälfte.« Wie viele hatte sie zu kaufen?

22 Helga hat Geburtstag, sie wollte wissen, was das Geburtstagsgeschenk gekostet hat und erhielt die Antwort: $2/3$ des Preises war um 7 DM billiger als $3/4$ des Preises. Helft ihr rechnen.

23 In einer Skihütte hat der Damenschlafraum um 6 Plätze weniger als der Herrenschlafraum. Hätte dieser um 3 Plätze mehr, wäre er um $1/3$ größer als der Damenschlafraum. Wie viele Damen haben Platz?

24 Bei einem Räumungsverkauf wurden viermal so viele Damenschirme wie Herrenschirme und an Spazierstöcken nur $1/6$ der Anzahl der Herrenschirme verkauft. $9/10$ der gesamten Ware konnte abgesetzt werden. Es blieben 2 Spazierstöcke übrig. Wieviel von jedem Artikel war vorhanden und wieviel wurde verkauft?

25 Ein Knabe hütete einige Schafe. Ein Vorübergehender wollte ihn necken und sprach: »Wirst du fertig mit deinen 100 Schafen?« Der Knabe erwiderte: »Hätte ich sechsmal soviel und noch $2/3$ und $3/4$ und $5/6$ meiner Schafe und noch dich dazu, dann hätte ich hundert.« Der Fremde ärgerte sich und rechnete nach.

26 Ernst fragte Erich: »Wie viele Tauben hast du?« Erich sagte: »Hätte ich um $1/7$ mehr, so wäre die Hälfte genau 12 Paare.« Wie viele Tauben hatte Erich?

27 Ein Pferdebesitzer antwortete auf die Frage, wie viele Pferde er im Stall habe: »Wenn ich 3 weniger hätte, so wäre die Hälfte um 2 mehr als $1/3$.« Wie viele Pferde hatte er im Stall?

28 Ein Knabe hat beim Spiel bis auf 2 alle Kugeln verloren, und zwar zuerst die Hälfte, dann $1/3$ des Restes und schließlich noch $7/8$ der verbliebenen Anzahl. Wie viele Kugeln hat er anfangs gehabt?

29 »Wie viele Eier hast du im Korb?« wurde ein Mädchen gefragt. Sie antwortete: »$2/3$ davon betragen um 5 mehr als die Hälfte.« Wie viele Eier hatte das Mädchen im Korb?

AUFGABEN

30 Die Brüder Franz und Anton wollten sich ein Pferd kaufen. Sie fanden auch das richtige, doch als es zum Zahlen kam, konnte Franz nur $1/8$ und Anton nur $1/7$ des Kaufpreises entrichten. Sie warfen das Geld zusammen und machten eine Anzahlung von 1440 DM. Wie teuer war das Pferd?

31 Ein leichtsinniger Spekulant jammert: »Hätte ich nur halb so viele Schulden, dann wäre $1/3$ davon ebenso hoch wie $1/4$ des Wertes meines Hauses, das ich für 180.000 DM gekauft habe.« Wie groß sind seine Schulden?

32 Franz sagt: »Hätte ich doppelt so viele Äpfel und noch den dritten Teil dazu, so hätte ich 28. Wie viele habe ich wirklich?«

33 Im Keller eines Weinbauern stehen 23 Fässer. Der Bauer zieht sich aufs Altenteil zurück und verteilt die Fässer an seine 5 Kinder. Die drei Söhne erhalten je nach Alter $1/3$, $1/4$ und $1/6$, die zwei Töchter $1/8$ und $1/12$ der Fässer. Wie wurden die Fässer an die Kinder verteilt, wenn kein Faßinhalt verteilt worden ist?

34 Ein Bauer vermacht in seinem Testament 19 Rinder seinen 3 Söhnen. Der erste erhält die Hälfte, der zweite $1/4$ und der jüngste $1/5$. Wie wurden die Rinder verteilt, ohne daß eines geschlachtet werden mußte?

35 Ein Vater vermacht seinen drei Söhnen unter anderem 11 Pferde. Der älteste soll die Hälfte, der zweite $1/4$ und der jüngste $1/6$ erhalten. Wie wurden sie verteilt, ohne eines zu schlachten?

36 Ein Vater schreibt in seinem Testament: Von meinen 17 Schafen bekommt der älteste die Hälfte, der zweite $1/3$ und der jüngste Sohn $1/9$. Wie viele hat jeder erhalten, wenn kein Tier geschlachtet werden durfte?

37 Wenn ich an meinem Mantel $1/3$ der Knöpfe aufknöpfe und dann wieder $1/4$ zuknöpfe, bleibt ein Knopf offen. Wie viele Knöpfe hat der Mantel?

38 Ein Käselaib soll gewogen werden. 4 kg sind zuwenig. Schneidet man $1/4$ des Laibes ab und legt ihn zu den Gewichten, so spielt die Waage ein. Wie schwer ist der Laib?

39 Um einen Käselaib wiegen zu können, braucht man 6 kg und einen Viertel Käselaib. Wie schwer ist er?

40 Eine Prachtbirne wiegt 250 g und eine halbe Birne. Wie schwer ist sie?

41 Ein Brot wiegt soviel wie $3/4$ kg und ein halbes Brot. Wieviel wiegt das Brot?

42 Franz sagt zu Karl: »Hätte ich um 4 Kugeln weniger, dann wäre die Hälfte meiner Kugeln soviel wie $1/3$ der deinen, aber die Hälfte meiner Kugeln wären um 5 weniger als die Hälfte der deinen.« Wie viele Kugeln hatte jeder?

43 Liesl sagt: »Die Hälfte meiner Äpfel sind um 2 mehr als $1/3$ der Äpfel.« Wie viele Äpfel hat sie?

44 Die Hälfte der Kugeln in der linken Tasche sind ebensoviel wie $1/3$ der Kugeln in der rechten Tasche. In beiden zusammen sind 50 Kugeln. Wie viele sind in jeder Tasche?

45 Eine Gänsehirtin, die ihre Herde auf die Weide trieb, wurde gefragt: »Wo treibst du dein Schock Gänse hin?« Das Mädchen antwortete: »Hätte ich noch einmal soviel und noch die Hälfte und noch zwei und drei dazu, so wären es ein Schock.« Wie viele Gänse hatte das Mädchen zu hüten?

46 Die Glocke hat... geschlagen, sang der Nachtwächter. Ein Nachtschwärmer fragte: »Wieviel hat die Glocke geschlagen?« Der Nachtwächter antwortete: »Die Hälfte, das Drittel und das Viertel der Stundenzahl zusammen ist um eins mehr, als die Glocke geschlagen hat.« Wieviel hat sie nun wirklich geschlagen?

47 In einem Zeugnis stehen 18 Noten, und zwar doppelt so viele Befriedigend wie Ausreichend, $^2/_3$ der Anzahl der Befriedigend entsprechen der Anzahl der Gut, und Sehr gut sind um 1 mehr als Gut. Wie verteilen sich die Noten?

48 In einem Zeugnis sind $^1/_6$ der Noten Sehr gut, $^1/_3$ der Noten Gut, $^2/_9$ sind Ausreichend und 5 Noten sind Befriedigend. Wie verteilen sich die Noten?

49 Herr Berger geht mit einem leeren Kanister, um Heizöl zu kaufen. Der Tankwart sollte ihn füllen. Nachdem ein Teil des Öls eingefüllt war, wurde kontrolliert, wieviel noch fehlt. Der Kanister war erst zu $^2/_3$ voll, dann wurden noch 31 dazugegossen. Nun fehlte nur noch $^1/_4$. Wie viele l faßte der Kanister?

50 Der Vater gibt seinen drei Söhnen zu Weihnachten zusammen 7 Gutscheine. Zum Ältesten sagt er: »Du bekommst die Hälfte, der Mittlere $^1/_4$ und der Jüngste $^1/_8$ der Gutscheine.« Wie viele bekommt jeder?

51 Wie viele Eier legen $8^1/_3$ Hühner in $6^3/_4$ Tagen, wenn $6^1/_4$ Hühner in $4^3/_4$ Tagen $6^1/_3$ Eier legen, und wenn wir einmal unberücksichtigt lassen, wie $^1/_3$ Huhn bzw. $^1/_4$ Huhn überhaupt Eier — besonders $^1/_3$ Ei — legen können?

52 Jemand hat 12 Zigaretten, von jeder Zigarette bleibt $^1/_3$ als Stummel. Diese werden gesammelt und zu neuen Zigaretten gedreht. Wie viele Zigaretten können insgesamt geraucht werden?

53 Drei Handwerksburschen bestellten in einem Gasthaus eine Schüssel voll Kartoffeln. Bis sie gekocht waren, legten sie sich schlafen. Als der erste aufwachte, die Kartoffeln sah, aß er $^1/_3$ davon und schlief weiter. Der zweite erwachte, aß $^1/_3$ vom Rest und schlief ebenfalls weiter; ebenso der dritte. Als der erste zum zweitenmal aufwachte, sah er noch 24 Kartoffeln in der Schüssel. Da er erkannte, wie sich die Sache zugetragen hatte, weckte er die anderen. Wie wurde der Rest verteilt, wieviel hat jeder gegessen, und wie viele Kartoffeln waren in der Schüssel?

54 Ein Müßiggänger hatte von seinem 18. Lebensjahr an, da seine Eltern starben und ihm ein beträchtliches Vermögen hinterließen, bis zu seinem Lebensende $^3/_8$ der Zeit verschlafen, $^1/_{12}$ mit Essen und Trinken zugebracht, $^1/_6$ der Zeit mit Spielen totgeschlagen, $^1/_4$ mit Spazierengehen vertrödelt, $^1/_{12}$ im Lehnstuhl vergähnt und nur 2 Jahre gearbeitet. Wie alt ist der Nichtsnutz geworden?

55 Ernst fragte Albrecht: »Wieviel Geld hast du auf der Sparkasse?« Albert schrieb auf: $$\frac{6^3/_7}{5/_{14}} : \frac{2/_5}{3/_5}$$ Wieviel Geld hatte der Prahlhans?

56 Das Alter dreier Knaben beträgt zusammen $28^1/_2$ Jahre. Der Altersunterschied beträgt jeweils $3^1/_2$ Jahre. Wie alt sind die Knaben?

57 Eine Bäuerin verkauft dem ersten Kunden die Hälfte der Eier und noch ein halbes dazu. Dem zweiten die Hälfte des Restes und ein halbes dazu usw., bis sie dem fünften Kunden die letzten 5 Eier verkauft. Wie viele hatte sie anfangs?

58 Ein Sterbender macht ein Testament und bestimmt, daß sein Vermögen seine Frau und das zu erwartende Kind erben sollen. Ist es ein Sohn, so erhält dieser $^3/_4$ und die Witwe $^1/_4$. Ist es eine

Tochter, so soll diese $7/12$ und die Witwe $5/12$ erhalten. Nun werden Zwillinge geboren, und zwar ein Knabe und ein Mädchen. Wie ist das Erbe jetzt zu verteilen?

59 »Hier dies Grabmal deckt Diophantos' sterbliche Hülle,
Und in des trefflichen Kunst zeigt es sein Alter dir an.
Knabe zu sein, gewährt' ihm der Gott ein Sechstel des Lebens,
Und ein Zwölftel der Zeit ward er ein Jüngling genannt.
Noch ein Siebentel schwand, da fand er des Lebens Gefährtin,
Und fünf Jahre darauf ward ihm ein liebliches Kind.
Halb nur hatte der Sohn des Vaters Alter vollendet,
Als ihn plötzlich der Tod seinem Erzeuger entriß.
Noch vier Jahre betrauert' er ihn im schmerzlichen Kummer.
Und nun sage das Ziel, welches er selber erreicht!«

60 »Edler Pythagoras, sage mir an, wie viele der Jünger
Zählt dein Haus, die dem Dienst sich weihen der unsterblichen Götter?«
»Sagen will ich dir, o Polykrates. Siehe die Hälfte
Weiht sich der herrlichen Mathematik, ein Viertel erforschet
Eifrig die Tiefen der ewigen Natur; ein Siebentel übt noch
Schweigend die Kraft des Gemüts und horcht der sinnigen Rede;
Dann der Jungfrauen drei, doch herrlich vor allem Theano;
Soviel führ' ich der Jünger zum Born der ewigen Wahrheit.«

61 Die Mutter verteilt unter ihre 4 Kinder Nüsse: Das jüngste Kind erhält 1 Nuß und $1/5$ des Restes, das zweite Kind erhält 2 Nüsse und wieder $1/5$ des neuen Restes, das dritte Kind 3 Nüsse und abermals $1/5$ des Restes, das älteste Kind erhält den übrigen Rest. Als die Kinder die Anzahl ihrer Nüsse verglichen, stellten sie fest, daß jedes gleich viel Nüsse hatte. Wie viele waren es insgesamt?

62 Eine Gruppe von Buben findet unter einem Apfelbaum eine Anzahl Äpfel. Ein Bub nimmt 1 Apfel und $1/6$ des Restes, der zweite Bub nimmt 2 Äpfel und $1/6$ des Restes usw., bis der letzte Bub den übrigen Rest der Äpfel nimmt. Nun stellen sie fest, daß jeder gleich viel Äpfel hat. Wie viele Äpfel lagen unter dem Baum, und wie viele Buben waren es?

63 Unter den 24 Kindern einer Kindergartengruppe sollen 11 Zuckerstangen völlig gleichmäßig so aufgeteilt werden, daß kein Kind mehr als 2 Zuckerstangenteile erhält. Wie müssen sie geteilt werden?

64 In einer Lehrwerkstätte arbeiten 12 Lehrlinge. Jeden Morgen erhält jeder gleich viel und gleichgeformtes Material. Eines Tages sind 7 Stangen Profileisen gleichmäßig aufzuteilen, und zwar in möglichst große Stücke. Wie wird das gemacht?

65 Ein Vorarbeiter sollte das Volumen einer Baugrube nach der Formel Länge mal Breite mal Tiefe berechnen. Er wollte gerade mit der letzten Multiplikation anfangen, als ihn sein Arbeitskamerad darauf aufmerksam machte, daß er bei der Länge um $1/6$ zuviel genommen habe. Das war dem Vorarbeiter natürlich peinlich, doch er war deshalb nicht verlegen und meinte: »Das macht nichts, ich kürze eben die Breite um ein Sechstel, so gleicht sich das wieder aus, weil ja Länge und Breite gleich sind.« Am Ende hatte er sich doch um 3 Kubikmeter verrechnet. Wie tief war die Grube, wenn er sich um 1 m vermessen hat?

66 In eine Elektrohandlung kamen 4 Kunden; sie kauften alle die gleiche Art Glühbirnen. Der erste Kunde kaufte $^3/_4$ des Vorrats und noch eine $^3/_4$ Birne dazu, der zweite kaufte $^3/_4$ des Restes und eine $^3/_4$ Birne dazu. Der dritte und vierte Kunde kaufte analog, worauf auch die letzte Birne verkauft war. Wie viele Glühbirnen dieser Art waren vorrätig? (Es sollte keiner den Einwand erheben, der Kauf einer $^3/_4$ Birne sei Unsinn, was ja tatsächlich der Fall wäre, sondern vor seinem Einwand die Aufgabe erst einmal durchrechnen!)

67 In einer Hühnerfarm wurde am Montag der vierte Teil der schlachtreifen Hühner und noch $^1/_4$ Huhn geschlachtet. Am Dienstag vom Rest wieder $^1/_4$ und $^1/_4$ Huhn, am Mittwoch, Donnerstag und Freitag jeweils $^1/_4$ des Restes und $^1/_4$ Huhn. Am Samstag waren noch 242 Hühner übriggeblieben. Wie viele schlachtreife Hühner gab es am Montag? (Selbstverständlich läßt sich $^1/_4$ Huhn nicht schlachten! Vgl. Anmerkung zu Aufgabe 66. — Ist dies übrigens überhaupt notwendig?)

68 Gestern waren noch $^3/_4$ des Behälters leer. Heute fehlen nur noch $^2/_3$. Eines Tages wird er voll sein. Gleich darauf entleert man ihn wieder. Nach wie vielen Tagen von heute an gerechnet wird der Behälter wieder leer sein, wenn der Zufluß nur halb so groß ist wie der Abfluß und beide Hähne geöffnet sind?

69 $^2/_3$ des Monatsgehalts von Herrn Müller und $^1/_4$ des Monatsgehalts von Herrn Gruber sind zusammen ebensoviel wie $^3/_4$ des Gehalts von Herrn Gruber und $^1/_3$ des Gehalts von Herrn Müller. Wer verdient mehr?

I Wenn $2/3$ der Kinder grippekrank sind, muß der Rest der Kinder $1/3$ sein, denn alle Kinder zusammen müssen $3/3$ sein. $1/3$ sind daher 2 Kinder und $3/3$ sind 6 Kinder. Die Familie hat 6 Kinder.

2 Wenn 4 Rebhühner $2/3$ von der Hälfte sind, dann sind 8 Rebhühner $2/3$ von der ganzen Kitte. Somit sind $1/3$ aller Hühner 4 und $3/3$ 12 Rebhühner.

3 Die Jungen sind $3/3$ und die Mädchen sind $4/3$, zusammen daher $7/3$; $1/3$ sind 5 Schüler. Es sind 15 Jungen und 20 Mädchen.

4 Die gemessenen 4 m sind daher $2/3$ des Mastes, und der ganze Mast ist 6 m hoch.

5 1 kg besteht aus $4/4$ oder, wie in der Aufgabe ausgedrückt ist, aus 3 DM und $1/4$ kg. Es müssen daher 3 DM $3/4$ kg entsprechen. 1 kg kostet daher 4 DM.

6 $1/3$ mehr als die ganzen Besucher sind $4/3$, das wären 96; $3/3$ sind daher 72 Besucher.

7 4 Fehler sind $1/3$, Trude hat daher $3/3$ oder 12 und Heidi 8 Fehler.

8 Die Differenz zwischen Seite 32 und Seite 74 beträgt 42 Seiten, das ist $1/4$ des Buches. Das Buch hat daher 168 Seiten.

9 Die 6 gegessenen Waffeln sind $2/3$; $3/3$ (= das Ganze) sind 9 Waffeln. Jede hatte also 9 Waffeln.

10 Ist 20 die Hälfte, dann ist 40 die Gesamtzahl. 20 ist aber nur dann die Hälfte, wenn 5 Schüler mehr in der Klasse wären. Man muß also 5 von 40 subtrahieren, um auf die richtige Anzahl, nämlich 35, zu kommen.

II Der Zweitgeborene erhält $1/3$ der Gesamtanzahl, also 6. Erhält der Erstgeborene um die Hälfte des Anteils des Erstgeborenen (3) mehr, so ergibt dies 9. 9 + 6 = 15. Sind aber 15 Schafe bereits auf zwei Söhne verteilt, bleiben für den Jüngsten noch (18 — 15) = 3 Schafe übrig.

I2 Aus der Aussage des ältesten Mädchens geht hervor, daß die Anzahl der Mädchen um 1 größer ist als die der Jungen. Der älteste Junge behauptet sinngemäß, ohne ihn sind es halb soviel Jungen wie Mädchen. Also muß die Anzahl 2 (ältester Junge + ältestes Mädchen) der Hälfte der Gesamtanzahl der Mädchen entsprechen. Es sind daher 4 Mädchen und 3 Jungen.

I3 Er verlor $1/4$ des Geldes, blieben daher $3/4$: davon $1/3$, das ist wieder $1/4$, bleiben also $2/4$: davon die Hälfte, bleibt nur mehr $1/4$, das sind 3 DM. Er hatte daher 12 DM.

I4 Nennen wir die tatsächliche Anzahl der Gänse x, dann erhalten wir aus der Aussage des klugen Gänschens folgende Beziehung:
$$2x + \tfrac{1}{2}x + \tfrac{1}{4}x + 1 = 100$$
$$11x = 396$$
$$x = 36$$
Es waren also nur 36 Gänse, die der Gänserich auf 100 geschätzt hatte.

Die Aufgabe läßt sich aber auch ohne Unbekannte ausdrücken und lösen: Die Anzahl der Gänse sei $4/4$. Aus der Aussage des Gänschens erhalten wir dann die Beziehung: $8/4 + 2/4 (= 1/2) + 1/4 = 99$
$$11/4 = 99$$
$$1/4 = 9$$
$$4/4 = 36$$

I5 Diesmal mit Gleichung gelöst: Anzahl der Ärzte = x, Anzahl der Ärztinnen $(2x + 1)$, Aussage des Arztes: $(x - 1) \cdot 5 = 2x + 1$; $x = 2$. Es sind 2 männliche und 5 weibliche Ärzte.

I6 Aussage 6 Gut: $2/3$ von 6 = 4 (Sehr gut), $3/4$ von 4 = 3 (Befriedigend), $2/3$ von 3 = 2 (Ausreichend). Das Zeugnis hat folglich insgesamt 15 Noten.

I7 Rechnet man alles in Zwölftel, weil Drittel und Viertel in Zwölftel ausgedrückt werden können, dann blieben zuerst $6/12$, dann $2/3$ davon, das sind $4/12$, schließlich noch $3/12$ oder 6 Feigen. Es waren daher 24 Feigen.

(Lösung für den 2. Teil der Aufgabe: Es waren ursprünglich $12/12$, $1/4$ weg, bleiben $9/12$, dann $1/3$ weg, bleiben $6/12$, schließlich $1/2$ weg, bleiben $3/12$. Auch in diesem Fall erhalten wir als Lösung 24 Feigen.)

18 Jede Kerze sei $^{12}/_{12}$ lang. Die erste ist noch $^8/_{12}$, die zweite noch $^6/_{12}$ und die dritte noch $^9/_{12}$ lang; das sind zusammen $^{23}/_{12} = 46$ cm. $^{12}/_{12}$ sind daher 24 cm lang. Die erste ist noch 16 cm, die zweite noch 12 und die dritte 18 cm lang.

19 Der Unterschied zwischen der Hälfte und einem Drittel sind also 7 Stück oder $^1/_6$. Der Gesamtinhalt beträgt $^6/_6$ oder 42 Stück.

20 Die Ellen werden zuerst in Zoll (25,5 Zoll mal 5) und schließlich die Zoll (127,5) in Millimeter umgerechnet. Es sind 3,315 m.

21 Siehe Aufgabe 19. Die Schülerin mußte 6 Würste kaufen.

22 Der Unterschied zwischen $^2/_3$ und $^3/_4$ ist $^1/_{12}$, das sind 7 DM. Das Geschenk hat daher 84 DM gekostet.

23 Der Unterschied von 9 Plätzen entspricht einem Drittel der Damenschlafplätze, daher hatte der Damenschlafraum 27 Plätze.

24 Die 2 Spazierstöcke sind $^1/_{10}$ ihrer Gesamtzahl; es waren daher 20 Spazierstöcke, von denen 18 verkauft wurden. Die Anzahl von 6 mal 20 Herrenschirmen entspricht 120 Schirmen; davon wurden 108 verkauft. Von den 480 Damenschirmen wurden dann 432 verkauft.

25 Lösung in Form einer Gleichung: Die Anzahl der Schafe sei x, dann sind:
$6x + ^2/_3 \cdot x + ^3/_4 \cdot x + ^5/_6 \cdot x + 1 = 100$; $x = 12$;
der Knabe hatte 12 Schafe.

26 Hätte Erich um $^1/_7$ mehr, dann hätte er $^8/_7$ seiner Tauben, das wären 48 Stück. $^1/_7$ sind 6 Tauben und $^7/_7$ sind 42 Tauben. Erich hatte 42 Tauben.

27 Der Unterschied zwischen der Hälfte und einem Drittel $(= ^1/_6)$ wären 2 Pferde. $^6/_6$ daher 12, dazu noch 3 sind 15 Pferde.

28 Verlor er beim letzten Spiel $^7/_8$ seiner Kugeln, muß $^1/_8$ übriggeblieben sein, das waren 2 Kugeln. Er hatte also vor dem letzten Verlust 16 Kugeln. Diese 16 Kugeln waren wiederum $^2/_3$ seiner Kugeln vor dem zweiten Verlust. Er hatte daher 24 Kugeln, die wiederum der Hälfte seiner ursprünglichen Anzahl entsprachen. Er hatte daher 48 Kugeln.

29 Siehe Aufgabe 19. Das Mädchen hatte 30 Eier im Korb.

30 $^1/_8$ und $^1/_7$ zusammen sind $^{15}/_{56}$ oder 1440 DM; $^1/_{56}$ sind 96 DM. $^{56}/_{56}$ oder der Gesamtpreis wäre 5376 DM.

31 $^1/_3$ von der Hälfte der Schulden sind $^1/_6$ der Schulden, sie sind gleich $^1/_4$ von 180.000 DM oder 45.000 DM. Daher sind die Gesamtschulden 270.000 DM.

32 Er hat $^3/_3$ Äpfel, hätte er $^6/_3 + ^1/_3$ so wären dies $^7/_3$ oder 28 Äpfel. $^1/_3$ sind daher 4 Äpfel. Er hat 12 Äpfel.

33 Diese Aufgabe ist nur mit einem kleinen Trick zu lösen, der mathematisch nicht ganz exakt ist: Man braucht statt 23 Fässer deren 24. Es wird ein Faß vom Nachbar ausgeliehen. Nun ist die Verteilung sehr einfach: Die Söhne erhalten 8, 6 und 4 Fässer, die Töchter dagegen 3 und 2 Fässer. Zusammen sind dies aber nicht 24, sondern nur 23 Fässer, so daß das »ausgeliehene« Faß wieder zurückgegeben werden kann.

34 Siehe Aufgabe 33: Die Söhne erhalten 10, 5 und 4 Rinder.

35 Siehe Aufgabe 33: Die Söhne erhalten 6, 3 und 2 Pferde.

36 Siehe Aufgabe 33: Die Söhne erhalten 9, 6 und 2 Schafe.

37 1 Knopf ist also der Unterschied zwischen $^1/_3$ und $^1/_4$, das ist $^1/_{12}$. Der Mantel hat also 12 Knöpfe.

38 Ist die Waage im Gleichgewicht, wird nicht der ganze Laib, sondern nur $^3/_4$ des Laibes gewogen. Dieser $^3/_4$ Laib besteht aus 4 kg und $^1/_4$ Laib. Die 4 kg müssen daher $^2/_4$ oder $^1/_2$ Laib sein. Der ganze Laib wiegt somit 8 kg.

39 Die 6 kg sind $^3/_4$ des Gesamtgewichtes, das demnach 8 kg beträgt.

40 Wiegt die Birne 250 g plus die Hälfte der Birne, so bedeutet das gleichzeitig, daß die 250 g ebenfalls der Hälfte der Birne entsprechen müssen. Die Birne wiegt folglich 500 g.

41 Wie Aufgabe 40. Das Brot wiegt 1,5 kg.

42 Lösung in Form einer Gleichung: Die Anzahl der Kugeln des Franz sei x, die des Karl y; dann ist $(x-4):2 = y/_3$ und $\frac{x-4}{2} + 5 = \frac{y}{2}$. Daraus folgt: $x = 24$ und $y = 30$. Franz hatte 24 und Karl 30 Kugeln.

43 Die Differenz zwischen $^1/_2$ und $^1/_3$ beträgt $^1/_6$. Diese $^1/_6$ entsprechen den 2 Äpfeln. Liesl hatte demnach $^6/_6 = 12$ Äpfel.

44 Die Anzahl der Kugeln in der linken Tasche ist gleich $^2/_3$ der Kugeln der rechten Tasche. In dieser sind also um $^1/_3$ Kugeln mehr, also $^3/_3$. Zusammen ergibt das $^5/_3 = 50$ Kugeln. In der linken Tasche sind daher 20, in der rechten 30 Kugeln.

45 Ein Schock sind 60 Stück, nimmt man davon 3 und 2 weg, bleiben 55, diese sind 2 und $^1/_2$ mal soviel wie die Gänsehirtin wirklich hat. $^1/_2 = 11$ Gänse. Die Hirtin hat 22 Gänse zu hüten.

46 Rechnet man $^1/_2$, $^1/_3$ und $^1/_4$ zusammen, erhält man $^{13}/_{12}$, das ist um ein Schlag mehr als es geschlagen hat. Es hat 12 geschlagen.

47 Lösung mit Gleichung: Z. B. sei die Anzahl der Ausreichend x, dann gibt es x Ausreichend, 2 x Befriedigend, $2 x \cdot ^2/_3$ Gut und $2 x \cdot ^2/_3 + 1$ Sehr gut; $x + 2 x + 4 x/_3 + 4 x/_3 + 1 = 18$; $x = 3$. Das Zeugnis enthält 3 Ausreichend, 6 Befriedigend, 4 Gut und 5 Sehr gut.

48 Zählt man $^1/_6$, $^1/_3$ und $^2/_9$ zusammen, so sind der Rest auf 1 die 5 Befriedigend: $^3/_{18} + ^6/_{18} + ^4/_{18} = ^{13}/_{18}$, fehlen also $^5/_{18}$ auf $^{18}/_{18}$, das sind 5 Noten. $^1/_{18}$ ist daher 1 Note. Die Noten verteilen sich auf 3 Sehr gut, 6 Gut und 4 Ausreichend.

49 Der Unterschied zwischen $^2/_3$ voll und $^3/_4$ voll sind 3 l, also ist $^1/_{12}$ gleich 3 l. Der ganze Kanister faßt 36 l.

50 Erinnern wir uns an den kleinen Trick, den wir schon zur Lösung bei Aufgabe 33 herangezogen haben, so ist die Aufgabe leicht zu lösen. Die Söhne bekamen dem Alter entsprechend 4, 2 und 1 Gutschein.

51 Wenn $^{25}/_4$ $(= 6^1/_4)$ Hühner $^{19}/_3$ $(= 6^1/_3)$ Eier legen, dann legen $^{25}/_3$ Hühner (ohne Berücksichtigung der Tage) $^{19}/_3$ gebrochen durch $^{25}/_4$ mal $^{25}/_3$ $(= 19 \cdot 4$ durch $3 \cdot 3)$ Eier. Wenn nun diese Hühner in $^{19}/_4$ $(= 4^3/_4)$ Tagen $19 \cdot 4$ durch $3 \cdot 3$ Eier legen, dann legen sie in $^{27}/_4$ $(= 6^3/_4)$ Tagen $\frac{19 \cdot 4 \cdot 4 \cdot 27}{3 \cdot 3 \cdot 19 \cdot 4} = 12$ Eier.

52 12 Zigaretten geben 12 Stummel, das sind 4 ganze Zigaretten, von denen wiederum 4 Stummel übrigbleiben. Diese ergeben wiederum 1 Zigarette. Ein Stummel blieb, einen Stummel gibt die letzte Zigarette. Der Raucher leiht sich einen Stummel aus und kann eine ganze Zigarette rauchen. Wieder bleibt ein Stummel übrig, den er zurückgeben kann. Der Raucher kann also 18 Zigaretten rauchen.

53 Der erste Handwerksbursche aß $^1/_3$ der Kartoffeln, es blieben daher $^2/_3$ Kartoffeln übrig. Der zweite aß davon wieder $^1/_3$, das ist $^2/_3 : 3 = ^2/_9$; diesmal blieben $^4/_9$ der Kartoffeln übrig. Der dritte nahm sich $^4/_9 : 3$ oder $^4/_{27}$ und es blieben noch 24 Kartoffeln oder $^8/_{27}$ übrig. $^8/_{27} = 24$, daher sind $^{27}/_{27}$ gleich 81 Kartoffeln. Der zweite Handwerksbursche erhielt noch 9 und der dritte noch 15 Kartoffeln. Jeder aß 27 Kartoffeln. Insgesamt waren es 81 Stück.

54 Man zählt alle Brüche zusammen: $^3/_8 + ^1/_{12} + ^1/_6 + ^1/_4 + ^1/_{12}$; der Rest auf ein Ganzes $= ^1/_{24} = 2$ Jahre; $^{24}/_{24}$ entsprechen 48 Jahren, dazu kommen noch 18 Jahre. Der Müßiggänger ist also 66 Jahre alt geworden.

55 Eine Division zweier Doppelbrüche (Brüche werden durcheinander dividiert, indem man ihre Kehrwerte multipliziert): $^{45}/_7 \cdot ^{14}/_5 : ^2/_5 \cdot ^5/_3 = 27$. Der Prahlhans hatte 27 DM.

56 Wären alle 3 Knaben gleich alt, so müßte der älteste um 7 und der mittlere um $3\frac{1}{2}$ Jahre jünger sein. Zieht man diese $10\frac{1}{2}$ Jahre von $28\frac{1}{2}$ ab, erhält man das dreifache Alter des jüngsten Knaben, das ist 18 : 3 = 6 Jahre. Der zweite Knabe ist $9\frac{1}{2}$ Jahre und der dritte 13 Jahre alt.

57 Der Rest von 5 Eiern ist also um $\frac{1}{2}$ Ei weniger als die Hälfte des letzten Restes, daher betrug der ganze letzte Rest 11 Eier; diese 11 Eier waren wieder um $\frac{1}{2}$ Ei weniger als die Hälfte des vorletzten Restes. Der ganze vorletzte Rest betrug daher 23 Eier. Diese Überlegung wird weitergeführt: So fanden der 2. Kunde 47 und der 1. Kunde 95 Eier vor.

58 Obwohl der Erblasser das Testament nicht eindeutig bestimmt hat, ist doch folgende Lösung sehr wahrscheinlich: Die Mutter bekommt 5 Teile, die Tochter 7 Teile und der Sohn das Dreifache der Mutter, das sind 15 Teile. Das Erbe ist also in 27 Teile zu teilen, davon bekommt die Mutter 5, der Sohn 15 und die Tochter 7 Teile.
Man kann aber auch in folgender Weise schließen: Im ersten Fall erhält die Mutter $\frac{1}{4}$, im zweiten Fall $\frac{5}{12}$ des Vermögens, also mindestens $\frac{1}{4}$ davon. Der Rest von $\frac{3}{4}$ des Vermögens ist unter Sohn und Tochter im Verhältnis $\frac{3}{4} : \frac{7}{12}$ oder 9 : 7 zu verteilen.

59 Wird die Aufgabe in Form einer Gleichung gelöst, könnte der Ansatz lauten: $x/6 + x/12 + x/7 + 5 + x/2 + 4 = x$; $x = 84$; Diophantes wurde 84 Jahre alt.

60 Zählt man die Brüche zusammen ($\frac{1}{2} + \frac{1}{4} + \frac{1}{7}$), so ist der Rest auf ein Ganzes jener Teil, den die 3 Jungfrauen ausmachen, also $\frac{3}{28}$. Es waren somit 25 Jünger und 3 Jungfrauen.

61 Um zur Lösung zu kommen, braucht man nur die Nüsse, die das erste Kind bekommt, jenen Nüssen gleichzusetzen, die das zweite Kind bekommt. Die Anzahl der Nüsse sei x. Das erste Kind erhält 1 Nuß. Es bleiben noch (x — 1) Nüsse übrig, davon erhält es den 5. Teil. Es beträgt die Anzahl der Nüsse des ersten Kindes daher $(1 + \frac{x-1}{5})$. Das zweite Kind:

Noch sind $\frac{4(x-1)}{5}$ Nüsse vorhanden, davon gehen zuerst 2 ab, es bleiben noch $\frac{4(x-1)}{5} - 2$; davon erhält das zweite Kind den 5. Teil, es erhält daher insgesamt $2 + (\frac{4[x-1]}{5} - 2) : 5$; x ist daher 16. Es wurden 16 Nüsse verteilt.

62 Ansatz wie Aufgabe 61: Es lagen 25 Äpfel unter dem Baum, die Anzahl der Buben kann nur 5 gewesen sein.

63 8 Stangen müssen in Drittel und 3 Stangen in Achtel geteilt werden, dann bekommt jedes Kind 2 Teile. Jedes Kind erhält $\frac{11}{24}$, es können die 11 Stangen nur in 8 und 3 getrennt werden, weil andere Summanden von 11 nicht in 24 enthalten sind.

64 Siehe Aufgabe 63: Es werden 3 Stangen in Viertel und 4 Stangen in Drittel geteilt. Jeder bekommt 2 Teile (je 1 von jeder Länge).

65 $\frac{1}{6}$ der richtigen Länge ist daher 1 m. Die Baugrube war also 6 m lang und sollte ebenso breit sein. Die Bodenfläche sollte daher 36 m² sein. Der Vorarbeiter rechnete aber Länge + 1 m = (6 + 1) = 7 m · Breite — 1 = (6 — 1) = 5 m, was 35 m² ergibt. Das ist pro Tiefenmeter 1 m. Er verrechnete sich um 3 m³, was 3 Tiefenmetern entspricht. Die Baugrube war daher 3 m tief.

66 Der letzte Kunde kaufte $\frac{3}{4}$ des noch vorhandenen Vorrats und noch eine $\frac{3}{4}$ Glühbirne dazu. Es muß daher diese $\frac{3}{4}$ Birne gleich $\frac{1}{4}$ des Vorrats gewesen sein, weil nichts mehr übriggeblieben ist. Trifft dies zu, betrug der Vorratsrest für den 4. Kunden noch 3 Birnen. Der 3. Kunde ließ also 3 Birnen zurück. Diese 3 Birnen waren für den 3. Kunden $\frac{1}{4}$ des Vorrats, vermindert um eine $\frac{3}{4}$ Birne. Diese $\frac{3}{4}$ Birne muß zu den 3 Birnen dazugerechnet werden, um $\frac{1}{4}$ des Vorrats für den 3. Kunden zu erreichen, das sind $\frac{15}{4}$, und der ganze Vorrat ist daher 15 Glühbirnen. Für den 2. und 1. Kunden ist diese Überlegung fortzusetzen. Für den 2. Kunden kommt man auf 63 Birnen und für den 1. Kunden auf 255 Birnen, was dem Gesamtvorrat an Glühbirnen gleichkommt.

67 Der Rest von 242 Hühnern ist um $1/4$ Huhn weniger als $3/4$ jener Anzahl, die für Freitag geblieben sind. Also $(242 \cdot 4 + 1) : 3$ ist die Anzahl vor dem Freitagverkauf ($= 323$ Hühner). Diese 323 Hühner sind wieder um $1/4$ Huhn weniger als $3/4$ jener Anzahl, die für Donnerstag vorgesehen waren: $(323 \cdot 4 + 1) : 3 = 431$ Hühner usw. Anzahl für Mittwoch wäre 575 Hühner, für Dienstag 767 und für Montag 1023 Hühner. Am Montag gab es 1023 schlachtreife Hühner.

68 Der tägliche Zuwachs beträgt $1/12$ des Behälterinhalts ($=$ Unterschied zwischen $3/4$ und $2/3$ des Behälterinhalts). Da noch $2/3$ des Behälters zu füllen sind ($2/3 = 8/12$), ist in 8 Tagen der Behälter voll. Täglich wird $1/6$ des Behälters geleert, weil der Abfluß doppelt so groß ist wie der Zufluß. Der Rest der Aufgabe kann als Gleichung gelöst werden: Die Anzahl der Tage, in denen der Behälter wieder leer ist, sei x. Der volle Behälter ist 1. Der tägliche Zuwachs beträgt $1/12$, der Gesamtzuwachs daher x/12.

Gleichung: $1 + x/12 - x/6 = 0 \cdot x = 12$. In 12 Tagen ist der Behälter leer. Zu den 12 Tagen kommen noch die 8 Tage, die gebraucht werden, bis der Behälter voll ist. Der Behälter ist daher, von heute an gerechnet, in 20 Tagen wieder leer.

69 Herr Müller verdient mehr, denn $\dfrac{2m}{3} + \dfrac{g}{4} = \dfrac{3g}{4} + \dfrac{m}{3}$; daraus folgt, daß 2 m gleich 3 g sind. Somit ist m größer als g.

Von Ziffern und Zahlen

1 Schreibe die Zahl 3 auf, und zwar 7-, 8- und 9mal, und bilde daraus jedesmal den Wert 100.

2 Bilde aus 4mal der Zahl 3 den Wert 10; aus fünfmal der Zahl 3 den Wert 100 und aus 6mal der Zahl 3 den Wert 1000.

3 Denke dir eine Zahl, vermehre sie um 1 und bilde das Produkt aus beiden Zahlen. Ziehe schließlich die ursprüngliche Zahl ab und gib den Rest bekannt. Ich werde die Zahl sagen, die du dir gedacht hast.

4 Wie heißt eine dreistellige Zahl, deren Ziffernsumme 15 ist und die jeweils rechts stehende Ziffer um 2 kleiner ist als die vorhergehende?

5 Ergänze die folgenden Additionsaufgaben:

. 57 .	. 4 . 8 . .	4 . 7 . 9	. . . .	83707
4 . . 8	5 . 6 . 75	. 2 . 6 .	7284	. . . . .
7432	1222222	81234	13242	142381

6 Ergänze die folgenden Subtraktionsaufgaben:

7 . . 4	163 . 4	. . . .	. . . .	5873
. 65 .	. 68 .	6874	7284	. . . .
6568	9 . 75	2565	1879	3078

7 Wenn die Hälfte einer Zahl um ihr Drittel verringert wird, erhält man $1/2$. Wie heißt die Zahl?

8 Ein Halb ist ein Drittel einer Zahl. Wie heißt die gesuchte Zahl?

9 Welches Zeichen muß man zwischen 9 und 10 setzen, damit man eine Zahl erhält, die größer als 9, aber kleiner als 10 ist?

10 Die Zahl 28.982 ist eine symmetrische Zahl, weil sie von vorne wie von rückwärts gelesen gleich lautet. Wie heißt die nächst größere symmetrische Zahl?

11 Teile einen Kreis in 10 gleiche Teile, verbinde die gegenüberliegenden Teilungspunkte durch Durchmesser und schreibe die Zahlen von 1 bis 10 dazu. Stelle diese Zahlen so in die einzelnen Sektoren, daß die Summe von 2 beliebigen benachbarten Zahlen gleich der Summe ihrer gegenüberliegenden Zahlen ist.

12 Gegeben sind: 111; 333; 555; 777; 999.
Von diesen 5 dreistelligen Zahlen sollen 9 Ziffern so durch Nullen ersetzt werden, daß die Summe der Zahlen 1111 ergibt. Dieselbe Summe läßt sich erreichen, wenn man nur 8 Ziffern durch Nullen ersetzt. Selbst wenn man nur 7 oder 6 oder gar nur 5 Ziffern durch Nullen ersetzt, kann man als Summe 1111 erhalten.

13 Es läßt sich jede Zahl zwischen 2 und einschließlich 9 durch einen Quotienten (Bruch) von zwei fünfstelligen Zahlen so ausdrücken, daß jede Zahl zwischen 0 und 9 nur einmal als Ziffer der beiden fünfstelligen Zahlen vorkommt. Suche zumindest eine von jeweils mehreren Lösungsmöglichkeiten.

14 Ergänze die folgenden Multiplikationsaufgaben:

```
    . . . mal 538
    . . . .
    2268
    . . . .
    . . . . . .
```

15
```
...7 mal...
. 37..
.. 203
.... 6
.......
```

16
```
... mal 7..
3. 81
. 8..
....
..... 5
```

17
```
4.. mal . 3.
4..
...7
2. 3.
.....
```

18
```
. 7. mal ...
3. 44
. 5..
......
```

19
```
... mal ...
....
1736
43.
1696. 4
```

20 Ein Drittel einer Zahl ist um vier weniger als die Hälfte. Wie heißt die Zahl?

21 Ein Viertel einer Zahl ist um 3 kleiner als ein Drittel der Zahl. Wie heißt sie?

22 Gibt man zum Drittel einer Zahl 3 dazu, erhält man die Hälfte der Zahl. Wie heißt sie?

23 Das Drittel und das Viertel einer Zahl zusammen sind um 1 größer als die Hälfte der Zahl. Wie heißt sie?

24 Die Summe aus einem Sechstel und einem Viertel einer Zahl ist um 2 kleiner als die Hälfte der Zahl. Wie heißt sie?

25 Wieviel Unterschied ist zwischen Null Ganze neun und Null Ganze zehn?

26 Wie schreibt man elftausendelfhundertelftel in Ziffern?

27 Wieviel sind dreieinhalb Siebtel von: 8, 22, 36, 4, 6?

28 Wieviel sind zweieinhalb Fünftel von: 6, 8, 4, 2, 28, 16?

29 Wieviel sind eineinhalb Drittel von: 10, 26, 32, 44, 64?

30 Die Ziffern der Zahl 8532 sind so umzustellen, daß die neu entstandene Zahl durch 2, 3, 4, 6, 7, 8 und 9 teilbar ist.

31 Aus den 6 Zahlzeichen 222222 sind nacheinander derart die Werte von 1 bis 10 darzustellen, daß jedesmal alle 6 Zahlzeichen verwendet werden. Rechenzeichen dürfen in beliebiger Anzahl verwendet werden.

32 Aus den 6 Zahlzeichen 111111 ist der Wert 12 darzustellen, wobei alle Zahlzeichen verwendet werden müssen, nur Rechenzeichen dürfen zusätzlich verwendet werden.

33 Eine 6stellige Zahl hat als 1. Ziffer 9. Nimmt man diese von der 1. Stelle weg und setzt sie an die letzte Stelle, so daß wieder eine 6stellige Zahl entsteht, so ist die ursprüngliche Zahl viermal so groß wie die neue. Wie heißt die Zahl?

34 Ergänze die folgenden Divisionsaufgaben:
```
...... : ... = .. 5.
...
312.
. 920
.. 80
1. 2.
2. 5.
....
0
```

35
```
.7... : .. = .2.
2..
─────
18.
 .30
 .20
─────
 ...
───
  0
```

36
```
.8... : .46 = ..
2..8
─────
 ...8
 .9..
─────
  0
```

37
```
...8. : ... = 6.
1.84
─────
 ...8
 .8..
─────
  0
```

38
```
..... : .8 = ...
3.0
─────
1.3
...
─────
...
2.2
─────
 0
```

39 Bei dieser Rechnung sind die Buchstaben durch Ziffern zu ersetzen:

$$(ab)^2 = c$$
```
        ab
         ab
        ────
       decb
```

40 Nehme ich von einer zweistelligen Zahl die 1. Ziffer weg, so bleibt um eins weniger übrig als die Hälfte der ursprünglichen Zahl. Wie groß war sie?

41 Die doppelte 1. Zahl und die 2. zusammen ergeben 75, die doppelte 2. und die 3. zusammen ergeben 65, die doppelte 3. und die 1. zusammen ergeben 55. Welche Zahlen sind es?

42 Aus 88888888888 soll die Zahl 1000 gebildet werden.

43 Teile 10 so in 2 Teile, daß der eine Teil fünfmal so groß ist wie der andere.

44 Ein Taler sind 3 Mark. Wie viele Taler sind 3 Taler mal 12 Mark, und wie viele Mark sind 3 Taler mal 12 Mark?

45 Das Vierfache einer Zahl hat von 15 den gleichen Abstand wie das Einfache. Wie heißt die Zahl?

46 Die Zahl 32 ist so zu zerlegen, daß der größere Teil 63mal so groß ist wie der kleinere.

47 Schreibe 100 mit 4 gleichen Ziffern.

48 Schreibe 100 mit 6 gleichen Ziffern.

49 Schreibe 100 mit 8 gleichen Ziffern.

50 Die Hälfte, der 3. Teil und der 4. Teil einer Zahl zusammen ist um 1 größer als die ganze Zahl. Wie groß ist sie?

51 Zählt man die Hälfte, den 3. und 4. und 5. Teil einer Zahl zusammen und zieht davon den 6. Teil ab, so erhält man 67. Wie lautet die Zahl?

52 Auf einem Jahrmarkt ist eine Wurfbude, in der unter anderem Masken aufgestellt sind, die statt Augen, Ohren und Mund kreisrunde Löcher aufweisen, die mit Zahlen versehen sind und in die Bälle geworfen werden sollen. Fritz wirft 3 Bälle durch Löcher einer Maske und erreicht 30 Punkte. In welche Löcher welcher Maske wurden die Bälle geworfen?

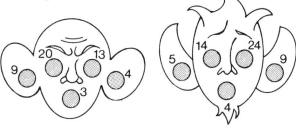

53 Von zwei Zahlen ist die Summe doppelt so groß wie die Differenz und diese doppelt so groß wie der Quotient. Wie heißen die Zahlen?

54 Die Zahl 2450 ist so in 3 Faktoren zu zerlegen, daß der 3. Faktor so groß ist wie die Differenz der beiden anderen Faktoren. Wie lauten die 3 Faktoren?

55 Vermindert man die Quadrate von zwei aufeinanderfolgenden nicht durch 3 teilbare ungerade Zahlen je um 1, so erhält man 2 Zahlen, von denen die eine Zahl doppelt so groß ist wie die andere. Wie heißen die ursprünglichen Zahlen?

56 Welche 5stellige Zahl gibt mit 4 multipliziert wieder eine 5stellige Zahl mit den gleichen Ziffern, aber in umgekehrter Reihenfolge?

57 Zwei zweistellige Zahlen und ihre Quadrate unterscheiden sich nur durch ihre Ziffernfolge. Wie heißen die Zahlen?

58 Es wird behauptet:

Das Produkt zweier Zahlen mit der Differenz 2 ist das um 1 verminderte Quadrat des arithmetischen Mittels der beiden Zahlen. Wir wollen dies erst einmal an Hand eines konkreten Beispiels beweisen:
Nehmen wir als 1. Zahl 6, dann ist die 2. Zahl 8; das Produkt daraus ist 48. Jetzt errechnen wir noch das um 1 verminderte Quadrat des arithmetischen Mittels beider Zahlen:

$$\left(\frac{8+6}{2}\right)^2 - 1 = 48.$$

Der oben aufgestellte Satz stimmt also. Wie aber läßt sich diese Gesetzmäßigkeit für alle Rechnungen dieser Art mittels Buchstaben darstellen? Für die 1. Zahl soll x, für die 2. x + 2 stehen. Wie lautet die komplette Gleichung?

59 Die Buchstaben entsprechen je einer Ziffer. Gleiche Buchstaben bedeuten gleiche Ziffern. Wie lautet die Rechnung der folgenden 3 Aufgaben?

```
A B  —   A C  =    F
  +        +        +
C D  —   E F  =    G
─────    ─────    ───
D F H  — D D B  =  D D
```

60
```
C H  —   D C  =   F C
  +        +        +
A E  —   G H  =   D G
─────    ─────    ─────
G D A  —  I I  =   E B
```

61
```
A B  +   C D  =   E C
  +        +        +
F G  +   H E  =   I G C
─────    ─────    ─────
I J H  + I I A  =  C C F
```

62 Könnte man eine Aufgabe lösen, in der überhaupt keine Zahlen vorkommen? Zum Beispiel, ist es möglich, die richtigen Ziffern zu finden, die man an Stelle der Punkte in dieses Schema einsetzen müßte? Zu beachten ist, daß nach der ersten Teilung nur eine Ziffer übrigbleibt.

```
. . . . . .  :  . . .  =  . . . . , . . . .
. . .
───
  . . .
  . . .
  ───
    . . .
    . . .
    ───
      . . .
      . . .
      ───
        . . . .
        . . . .
        ─────
            0
```

63 Auch bei dieser Aufgabe sind die angegebenen Punkte durch die richtigen Ziffern zu ersetzen:

```
2 . . 2 , . 4  :  . . .  =  . . . , . . . .
. . .
───
  4 . .
  . . .
  ───
    . . .
    . . .
    ───
      . . .
      . . .
      ───
          0
```

64 Ein amerikanischer Soldat telegrafiert seinem Vater um Geld:

$$\begin{array}{r} S\,E\,N\,D \\ M\,O\,R\,E \\ \hline M\,O\,N\,E\,Y \end{array}$$

Wieviel Geld soll ihm wohl der Vater schicken, wenn jeder Buchstabe einer Ziffer entspricht?

65 Es gibt 2 Zahlen, deren Summe doppelt so groß ist wie ihre Differenz, und ihr Produkt ist 3mal so groß wie ihre Summe. Wie heißen sie?

66 Wie heißt die 8stellige Zahl, die mit einer einstelligen Zahl multipliziert neun gleiche Ziffern einer 9stelligen Zahl ergibt?

67 Welche Zahl und ihr Quadrat haben von 21 denselben Abstand?

68 Das um 1 verminderte Quadrat einer beliebigen ungeraden Zahl (außer 1) ist immer durch 8 teilbar. Warum?

69 Das um 1 verminderte Quadrat einer nicht durch 3 teilbaren Zahl ist immer durch 3 teilbar. Warum?

70 Die Zahl 45 ist in 4 Teile zu teilen. Wenn man zum 1. Teil 2 zuzählt, vom 2. Teil 2 abzieht, den 3. Teil mit 2 vervielfacht und den 4. Teil durch 2 teilt, so erhält man immer die gleiche Zahl. Wie heißen die 4 Teile?

71 Vom Spielkasino aus telegrafiert ein Hasardeur:

$$\begin{array}{r} B\,I\,T\,T\,E \\ +\,G\,E\,L\,D \\ \hline F\,R\,I\,T\,Z \end{array}$$

72 Rita telegrafiert mit Stolz ihren ersten Lohn und die davon gesparte Summe nach Hause:

$$\begin{array}{r} L\,O\,H\,N \\ -\,S\,P\,A\,R \\ \hline R\,I\,T\,A \end{array}$$

73 Herr Gentler übermittelt die erworbenen Geschäftsanteile seinem Partner durch folgendes Telegramm:

$$\begin{array}{r} G\,E\,N\,T\,L\,E\,R \\ +\,A\,N\,T\,E\,I\,L\,E \\ \hline B\,A\,R\,G\,E\,L\,D \end{array}$$

74 Vor 350 Jahren schilderte Johann Valentin Andreae die Antwort einer gelehrten Jungfrau auf die Frage nach ihrem Namen:

»Mein Name enthält 56 und hat doch nur 8 Buchstaben; der dritte ist des fünften dritter Teil; kommt jener dritte dann zu dem sechsten, so wird daraus eine Zahl, deren Wurzel schon um den ersten Buchstaben größer ist als der dritte Buchstabe selbst und halb so groß wie der vierte. Nicht nur der fünfte und siebente Buchstabe sind gleich, sondern auch der erste und letzte. Der erste Buchstabe macht mit dem zweiten soviel wie der sechste hat, der doch nur um vier mehr als der dritte dreimal besitzt. Nun sag mir, lieber Herr, wie ich heiße.«

Dem Frager kam das Rätsel kraus genug vor, trotzdem ließ er nicht nach und fragte: »Edle und tugendsame Jungfrau, darf ich nicht wenigstens einen einzigen Buchstaben erfahren?« — »Jawohl«, antwortete sie, »das läßt sich wohl machen. Der siebente Buchstabe enthält so viel, wie Herren hier anwesend sind.« Der Frager war mit dem Hinweis zufrieden, zählte 9 Herren und fand die Lösung ohne Schwierigkeit. Er hatte gemerkt, daß die 8 Buchstaben des Namens durch ihre Reihenfolge im Alphabet bezeichnet waren. Die Geschichte ist einem alchimistischen Märchen entnommen.

75 Regeln:

1. Jedes leere Feld entspricht einer Ziffer.

2. Das Ergebnis einer waagrechten Zeile muß der Summe der entsprechenden Reihe gleichen. (Ergebnis der Zeile 1 muß gleich sein der Summe aus Reihe 1.)

3. Das Ergebnis einer Zeile ist so zu ermitteln, daß die Rechnungen der gegebenen Reihenfolge nach durchgeführt werden.

4. Eine Null darf nie allein oder als erste Ziffer einer Zahl stehen.

5. Die Aufgaben sind nicht durch Probieren, sondern durch folgerichtiges Denken zu lösen.
Der vorstehende Text gilt für die nächsten fünf Aufgaben:

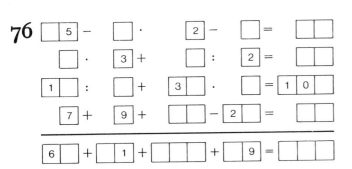

76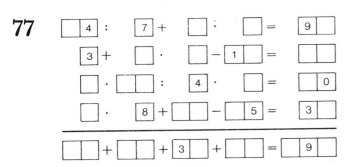

77

78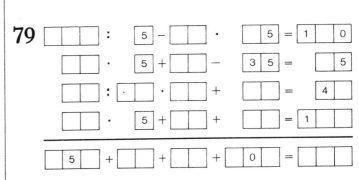

79

80 Regeln wie bei den vorhergehenden Aufgaben, dazu kommt: Entsprechende Zeilen und Reihen sind durch die gleiche Zahl teilbar (z. B. 1. Zeile und 1. Reihe usw.). Die Teilbarkeitszahlen stehen neben den Zeilen.

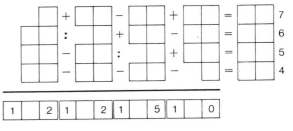

81 Regeln wie vorhergehende Aufgabe.

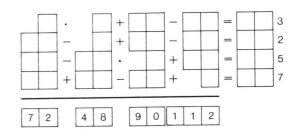

82 Das Produkt dreier einstelliger Zahlen ist 10mal so groß wie ihre Summe. Wie heißen die Zahlen?

83 Der 6. und 8. Teil einer Zahl zusammen sind um 2 größer als der 4. Teil dieser Zahl. Wie heißt sie?

84 Wie bei Kreuzworträtseln die Buchstaben, werden bei Kreuzzahlrätseln Ziffern eingesetzt, die folgenden Bedingungen entsprechen müssen:
Waagrecht: 1 dritte Potenz einer Primzahl; 5 symmetrische Quadratzahl; 6 Quadratwurzel aus der umgekehrten Ziffernfolge von 9 waagrecht; 7 die um 10 verminderte Quadratwurzel aus 2 senkrecht; 9 die umgekehrte Ziffernfolge des Quadrats von 8 senkrecht.
Senkrecht: 1 Quadrat einer Primzahl; 2 Quadratzahl; 3 Quadratzahl; 4 die 3. Wurzel aus 1 waagrecht; 8 wie 6 waagrecht.

85 Kreuzzahlrätsel:
Waagrecht: 1 natürliche ungerade Ziffernfolge, deren Quersumme eine Quadratzahl ist; 6 natürliche gerade Ziffernfolge; 7 Quadratwurzel aus 4 senkrecht; 8 vergleiche 7 senkrecht; 10 Produkt aus 7 senkrecht und umgekehrter · Ziffernfolge von 9 senkrecht.
Senkrecht: 2 3. Potenz der Ziffernsumme von 3 senkrecht; 3 vergleiche 2 senkrecht; 4 vergleiche 7 waagrecht; 5 Quadrat einer Primzahl; 7 Produkt aus 8 waagrecht und letzter Ziffer von 5 senkrecht; 9 umgekehrte Ziffernfolge der letzten beiden Ziffern von 10 waagrecht.

86 Kreuzzahlrätsel:
Waagrecht: 1 3. Potenz einer Zahl; 4 ein Vielfaches von 3 senkrecht mit umgekehrter Ziffernfolge; 6 die 4. Potenz der Ziffernsumme von 3 senkrecht; 8 Wurzel aus 6 waagrecht; 9 Quadrat der Basis von 2 senkrecht; 11 gemeinsames Vielfaches von 8 und 9 waagrecht.
Senkrecht: 1 Vielfaches von 10 senkrecht; 2 3. Potenz einer Zahl; 3 größter Teiler von 4 waagrecht; 5 Quadrat des Produkts aus den Ziffern des zweiten Faktors von 1 senkrecht; 7 1 waagrecht vermehrt um 1; 10 Quadrat der Ziffernsumme von 1 waagrecht.

87 Kreuzzahlrätsel:
Waagrecht: 1 Quadrat des Doppelten einer Primzahl; 5 das Doppelte von 13 senkrecht; 6 ein Faktor von 11 waagrecht; 8 das Zehnfache von 15 waagrecht; 9 zweiter Faktor von 11 waagrecht; 11 siehe 6 und 9 waagrecht; 14 das Dreifache einer Potenz von 2; 15 vergl. 8 waagrecht.
Senkrecht: 1 3. Potenz eines Teilers von 3 senkrecht; 2 2 gleiche Ziffern; 3 arithmetische Reihe mit der Differenz 3; 4 Vielfaches von 12 senkrecht; 7 Quadrat ganzer Zehner; 8 3. Potenz einer Primzahl; 10 das Dreifache einer Potenz von 2; 12 das Dreifache eines Teilers von 2 senkrecht; 13 umgekehrte Ziffernfolge von 14 waagrecht.

88 Ein Straßendorf ist von 1 bis zur letzten Hausnummer fortlaufend numeriert. Das Haus, das genau in der Mitte des Dorfes steht und daher die mittelste Hausnummer trägt, ist die Schule. Welche Hausnummer hat sie, wenn die Summe aller Nummern 2701 beträgt?

89 Für 7 zweistellige Zahlen werden die 7 Zehner aus den Ziffern 1, zweimal 3 und viermal 2 gebildet, die Einer aus den Ziffern 6, 7, 9 und viermal die 5. Eine von den 7 zweistelligen Zahlen ist eindeutig bestimmt. Welche Zahl ist das?

90 Die Differenz der Quadrate zweier Zahlen ist das Quadrat des arithmetischen Mittels der beiden Zahlen. Wie heißen sie?

91 Die Zahlen 2, 5, 7, 19, 40 (oder 7, 8, 9, 11, 13) sollen mit Verwendung der 4 Grundrechnungsarten so verbunden werden, daß das Ergebnis Null ist.

92 Die Zahlen 3, 5, 8, 9, 17, 63 (oder 4, 5, 6, 9, 19, 66) sollen bei Verwendung der 4 Grundrechnungsarten so miteinander verbunden werden, daß das Ergebnis 0 lautet.

93 Die Buchstaben sind so durch Ziffern zu ersetzen, daß die Aufgaben waagrecht und senkrecht gelöst sind, wobei gleiche Buchstaben gleichen Ziffern entsprechen. Die 3 folgenden Aufgaben sind nicht durch Probieren, sondern in erster Linie durch folgerichtiges Denken zu lösen.

$$
\begin{array}{ccccc}
ab & + & cd & = & eaf \\
\cdot & & + & & + \\
g & + & db & = & ad \\
\hline
hdb & - & edf & = & fig
\end{array}
$$

94
$$
\begin{array}{ccccc}
abc & - & db & = & aed \\
: & & - & & - \\
ae & \cdot & c & = & aad \\
\hline
ad & + & ac & = & fg
\end{array}
$$

95
$$
\begin{array}{ccccc}
aa & - & b & = & cd \\
+ & & + & & \cdot \\
cef & - & bg & = & ch \\
\hline
cai & + & gi & = & aad
\end{array}
$$

96 Suche die kleinste dreistellige Zahl, deren Ziffernprodukt 105 und deren Ziffernsumme in diesem Produkt enthalten ist.

97 Von einer dreistelligen Zahl ist das Produkt der beiden ersten Ziffern so groß wie die Summe aller drei Ziffern, während das Produkt der drei Ziffern 126 ist. Wie heißt die Zahl?

98 Welche der 4 folgenden Zahlen, ausgedrückt durch dreimal die Ziffer 2, ist die größte:
$222; 22^2; 2^{22}$ oder 2^{2^2}?

99 Welche der 8 folgenden Zahlen, ausgedrückt durch viermal die Ziffer 2, ist die größte:
$22222; 222^2; 22^{22}; 22^{2^2}; 2^{222};$
$2^{2^{2^2}}; 2^{2^{2^2}}$ oder 2^{22^2}?

I $33 \cdot 3 + \dfrac{33}{33}$; $33 + 33 + 33 + \dfrac{3}{3}$; $33 \cdot 3 + \dfrac{333}{333}$

2 $3 \cdot 3 + \dfrac{3}{3}$; $33 \cdot 3 + \dfrac{3}{3}$; $333 \cdot 3 + \dfrac{3}{3}$

3 Die gedachte Zahl ist x; $x \cdot (x + 1) - x = x^2$; die Wurzel daraus ist x.

4 Die Zahl heißt 753.

5

2574	645847	48769	5958	83707
4858	576375	32465	7284	58674
7432	1222222	81234	13242	142381

6

7224	16364	9439	9163	5873
0656	6689	6874	7284	2795
6568	9675	2565	1879	3078

7 Die Zahl heißt 3.

8 Die Zahl heißt eineinhalb.

9 Man muß ein Komma dazwischen setzen.

10 Die nächste symmetrische Zahl heißt 29092.

II Aus 48 Lösungsmöglichkeiten ist eine: Die Zahl und ihr Gegenüber sind der Reihe nach: 1—6, 7—2, 3—8, 9—4 und 5—10.

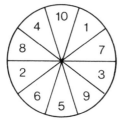

12 Lösungs-beispiele:

100	111	110	100	111
000	003	030	330	333
005	000	055	505	500
007	007	007	077	077
999	990	909	099	090
1111	1111	1111	1111	1111

13 $9 = \dfrac{97524}{10836}$; $8 = \dfrac{25496}{03187}$; $7 = \dfrac{16758}{02394}$; $6 = \dfrac{34182}{05697}$

$5 = \dfrac{67290}{13458}$; $4 = \dfrac{81576}{20394}$; $3 = \dfrac{69174}{23058}$; $2 = \dfrac{13584}{06792}$

14 Das Zwischenprodukt 2268 stammt von der Ziffer 3 des Faktors 538. Man überlegt, welche Zahl mit 3 multipliziert als Einerstelle 8 gibt. Es ist 3 mal 6. Daher ist die letzte Ziffer des ersten Faktors 6. Da 1 geblieben ist, ist jene Zahl zu suchen, die als Einerstelle eine 5 (6—1) hat, wenn wieder mit 3 multipliziert wird, das ist die Zahl 5, daher vorletzte Stelle des 1. Faktors 5. Wieder bleibt bei 15 als Zehnerstelle eine Eins, es muß daher jene Zahl gesucht werden, die mit 3 multipliziert als Einerstelle eine 1 (2—1) gibt. Es ist die Zahl 7. Der erste Faktor heißt 756.

15 Man suche zuerst die beiden letzten Ziffern des 2. Faktors, sie sind 9 und 8, weil nur 9 mal 7 am Ende eine 3 und nur 8 mal 7 am Ende eine 6 hat. Mit Hilfe der gefundenen Ziffer 9 und dem vorhandenen Teil des mittleren Zwischenproduktes lassen sich die 2. und 3. Ziffer des ersten Faktors bestimmen: 4 und 6. Mit Hilfe der Zahl 37 des ersten Teilproduktes und der Ziffern 4 und 6 des 1. Faktors läßt sich die 1. Ziffer des 2. Faktors bestimmen: Multipliziert man eine Zahl mit 4 (2. Ziffer des 1. Faktors) und zählt die »gebliebenen« Zehner aus dem vorhergehenden Produkt dieser Zahl mit 6 (3. Ziffer des 1. Faktors) dazu (wobei auch die »gebliebenen« Zehner aus dem Produkt mit 7 zu berücksichtigen sind), muß man die Ziffer 7 erhalten. Die gesuchte Zahl ist daher 8. Die 3 Zehner, hauptsächlich aus dem Produkt 8 mal 4 müssen zum Produkt aus der 1. Ziffer des 1. Faktors mit der 1. Ziffer des 2. Faktors addiert werden. Da diese Addition als »Einerstelle« wieder 3 (von 37) ergibt, muß das vorerwähnte Produkt als Einerstelle 0 haben. Die erste Ziffer des ersten Faktors heißt daher 5 und die beiden Faktoren sind 5467 und 898.

16 Ähnlich wie Aufgabe 14 und 15 zu lösen. Resultat 483 mal 765.

17 Ähnlich wie Aufgabe 14 und 15 zu lösen: Resultat 489 mal 136.

18 Ähnlich wie Aufgabe 14 und 15 zu lösen: Resultat 574 mal 618.

19 Ähnlich wie Aufgabe 14 und 15 zu lösen: Resultat 217 mal 782.

20 Der Unterschied zwischen der Hälfte und einem Drittel einer Zahl ist ein Sechstel, das ist, wie die Aufgabe festgelegt, 4. Die ganze Zahl ist daher 6mal soviel oder 24. Die Zahl heißt 24.

21 Wie Aufgabe 20: Die Zahl heißt 36.

22 Wie Aufgabe 20: Die Zahl heißt 18.

23 Wie Aufgabe 20: Die Zahl heißt 12.

24 Wie Aufgabe 20: Die Zahl heißt 24.

25 Die Lösung wird sofort ersichtlich, wenn man die beiden Werte in Zahlen schreibt: Null Ganze neun = = 0,9, Null Ganze zehn = 0,10. Der Unterschied zwischen beiden ist 0,8.

26 12111.

27 Dreieinhalb Siebtel sind sieben Vierzehntel oder die Hälfte. Man braucht also die angegebenen Zahlen nur zu halbieren: 4; 11; 18; 2; 3.

28 Zweieinhalb Fünftel sind fünf Zehntel oder die Hälfte. Ergebnis: 3; 4; 2; 1; 14; 8.

29 Eineinhalb Drittel sind drei Sechstel oder die Hälfte. Ergebnis: 5; 13; 16; 22; 32.

30 Die umgestellte Zahl heißt 3528.

31 $1 = \dfrac{222}{222}$; $2 = \dfrac{22}{22} + \dfrac{2}{2}$; $3 = \dfrac{2}{2} + \dfrac{2}{2} + \dfrac{2}{2}$;

$4 = \dfrac{2}{2} + 2 \cdot 2 - \dfrac{2}{2}$; $\quad 5 = \dfrac{22}{22} + 2 + 2$;

$6 = \dfrac{2}{2} + \dfrac{2}{2} + 2 + 2$; $7 = \left(\dfrac{2}{2} + 2\right) \cdot 2 + \dfrac{2}{2}$;

$8 = \dfrac{2}{2} \cdot 2 \cdot 2 + 2 \cdot 2$; $9 = 2 \cdot 2 + 2 \cdot 2 + \dfrac{2}{2}$;

$10 = \left(2 + 2 + 2 - \dfrac{2}{2}\right) \cdot 2$

Weitere Lösungen sind möglich. Noch ein Hinweis zur Auflösung: Punktrechnung geht vor Strichrechnung!

32 $11 + \dfrac{11}{11}$

33 Die Lösung kann über eine Gleichung erfolgen. Die 6stellige Zahl 9..... kann aufgelöst werden in 900000 und den 5stelligen Rest, der nun mit x bezeichnet wird. Dann ergibt sich folgende Gleichung:
900000 + x = 4 (10 x + 9) (10 x, weil die Stellenwerte um eine Stelle nach links verschoben werden.)

$\qquad\qquad = 40 x + 36$
899964 $\qquad = 39 x$

Es ist deshalb x = 23076 und die Zahl lautet 923076.

34 Das Ergebnis kann nur schrittweise ermittelt werden. Zunächst sei festgestellt, daß bei allen Divisionen dieser Art die Produkte aus der jeweiligen Quotientziffer mit dem Divisor nicht unmittelbar abgezogen, sondern vorerst unter den jeweiligen »Rest« geschrieben und dann von diesem subtrahiert werden. Zuerst werden die einzelnen Subtraktionen soweit als möglich ergänzt: Die unvollständige Subtraktion 312 . muß

$\qquad\qquad\qquad$ — . 920
$\qquad\qquad\qquad\overline{\qquad\quad .. 80}$

lauten $\quad$ 3128
$\qquad$ — 2920
$\qquad\overline{\quad\;\; 2080}$

Die nächste Subtraktion muß lauten:
$\qquad$ 2080
— 1825
$\overline{\qquad 255.}$

Um den Divisor zu finden, muß man zuerst den fünften Teil der Zahl 1825 suchen, weil das Produkt aus dem Divisor und 5, eben 1825, ist. Der Divisor ist daher 365. Nun läßt sich der Quotient bis auf die 1. Ziffer bestimmen: 8 ist die 2. Ziffer des Quotienten, weil 365 in 2920 eben 8mal enthalten ist. Die letzte Ziffer ist 7, nur sie läßt ein Vielfaches von 365 zu, das die 4stellige Zahl 255 . ohne Rest gibt. Nun wird die ganze Division soweit als möglich vervollständigt. Schließlich wird die erste Ziffer des Quotienten bestimmt, die nur 1 sein kann, weil für den Rest von 312 die Ziffer 2 als Quotient schon zu groß wäre. Die vollständige Division lautet daher:

$$677805 : 365 = 1857$$
$$365$$
$$\overline{3128}$$
$$2920$$
$$\overline{2080}$$
$$1825$$
$$\overline{2555}$$
$$2555$$
$$\overline{0}$$

35 Siehe Aufgabe 34: $27820 : 65 = 428$.

36 Siehe Aufgabe 34: $28348 : 746 = 38$.

37 Siehe Aufgabe 34: $17688 : 264 = 67$.

38 Siehe Aufgabe 34: $35632 : 68 = 524$.

39 Das Quadrat jeder 2stelligen Zahl setzt sich aus $a^2 + 2\,ab + b^2$ zusammen, weil man die 2stellige Zahl als $(a + b)$ auffaßt. Beim Addieren dieser Zahlen muß man aber den Stellenwert berücksichtigen, und zwar hat a^2 immer 2 Nullen, $2\,ab$ immer 1 Null und b^2 natürlich keine Null. Aus den Buchstaben der Aufgabe geht hervor, daß sowohl die Zahl, die quadriert wird, als auch das mittlere Glied $(2\,ab)$ gleich der Zahl b^2 aus der allgemeinen Darstellung eines Quadrats ist; es stellen ja gleiche Buchstaben gleiche Zahlen dar. Die Ziffer a muß außerdem die Hälfte von b sein, das geht aus dem Mittelglied hervor. Dieses Verhältnis trifft nur bei 36 zu (36 ist ein Quadrat, außerdem ist die 2. Ziffer doppelt so groß wie die erste). Die Rechnung lautet: $36^2 =$

$$900$$
$$360$$
$$36$$
$$\overline{1296}$$

40 Löst man die Aufgabe mit Hilfe einer Gleichung, dann sei die erste Ziffer x, die zweite y. Die Zahl lautet daher mit Berücksichtigung des Stellenwertes $(10\,x + y)$; vermehrt man die zweite Ziffer um 1 $(= y + 1)$, erhält man die Hälfte der ursprünglichen Zahl: $10\,x + y = 2\,(y + 1)$. Daraus folgt, daß $y = 10\,x - 2$ ist. y und x müssen einstellige Zahlen sein. y ist nur dann einstellig, wenn x gleich 1 ist. y ist daher 8; die Zahl heißt 18.

41 Lösung mit Gleichung: 1. Zahl sei x, 2. Zahl y und 3. Zahl z. Es ist nun $2\,x + y = 75$, $2\,y + z = 65$ und $2\,z + x = 55$. Aus der zweiten Gleichung rechnet man z heraus: $z = 65 - 2\,y$. Diesen Ausdruck setzt man für z in der dritten Gleichung ein: $2\,(65 - 2\,y) + x = 55$; nun eliminiert man aus den beiden übriggebliebenen Gleichungen eine weitere Unbekannte, zum Beispiel y; aus der 1. Gleichung folgt, daß y gleich $75 - 2\,x$ ist. In der neugebildeten Gleichung $2\,(65 - 2\,y) + x = 55$ setzt man den für y erhaltenen Ausdruck $(75 - 2\,x)$ ein: $2\,[65 - 2\,(75 - 2\,x)] + x = 55$; x ist daher 25. Die drei Zahlen heißen 25, 25, 15.

42 $8 \cdot 8 + 888 + 8 + 8 + 8 + 8 + 8 + 8 = 1000$.

43 10 muß daher in 6 Teile geteilt werden. Davon sind 5 Teile oder der erste Teil von 10 gleich $8^1/_3$ und der zweite Teil ist $1^2/_3$.

44 Würde man ohne darüber nachzudenken die Resultate bestimmen, so erhält man im ersten Fall 12 Taler, im zweiten Fall 108 Mark. Nun sind aber 12 Taler nur 36 Mark. Welcher Fehler wurde gemacht? Man darf nie 2 benannte Zahlen miteinander multiplizieren, eine davon muß immer unbenannt bleiben. Die Aufgabe ist daher in der vorliegenden Form nicht lösbar.

45 Löst man die Aufgabe mit einer Gleichung, dann ist folgende Überlegung zielführend: Der »Abstand« von 15 sei x; das Einfache der Zahl ist dann $(15 - x)$, dagegen ist das Vierfache $(15 + x)$. Die Gleichung lautet: $4\,(15 - x) = 15 + x$; $x = 9$. Das Einfache der Zahl ist daher $(15 - 9) = 6$. Die Zahl heißt 6.

46 Das Verhältnis der beiden Teile ist daher $63 : 1$. Die Zahl 32 muß daher in 64 $(63 + 1)$ Teile zerlegt werden. Die beiden Teile sind daher $^{63}/_2$ und $^1/_2$.

47 $99\dfrac{9}{9}$.

48 $99\dfrac{99}{99}$.

49 $99\dfrac{999}{999}$.

50 $\frac{1}{2} + \frac{1}{3} + \frac{1}{4}$ einer Zahl sind $\frac{13}{12}$ dieser Zahl; $\frac{1}{12}$ ist daher 1. Die Zahl heißt 12.

51 $\frac{1}{2} + \frac{1}{3} + \frac{1}{4} + \frac{1}{5} - \frac{1}{6}$ einer Zahl sind $\frac{67}{60}$, das sind 67, wie in der Aufgabe festgestellt wurde. Die Zahl lautet daher 60.

52 Fritz wählte die erste der beiden in der Aufgabe gezeichneten Masken und warf durch die Löcher 13, 13, 4. Das sind zusammen 30 Punkte.

53 Um der Bedingung — Summe doppelt so groß wie die Differenz — zu entsprechen, muß die größere Zahl dreimal so groß wie die kleinere sein. Der Quotient ist daher 3 und die Differenz gleich 6 (abgeleitet aus: Differenz doppelt so groß wie Quotient). Die Summe ist demnach 12. Die Zahlen sind daher 3 und 9.

54 Man zerlege die Zahl 2450 in Primfaktoren (1, 2, 5, 5, 7, 7) und setze sie so zu größeren Faktoren zusammen, daß jeweils 3 Zahlen entstehen, wobei auch der Faktor 1 zu berücksichtigen ist. Nur die Faktoren 49, 50, 1 entsprechen den geforderten Bedingungen.

55 Lösung mit Gleichung: Eine ungerade Zahl läßt sich eindeutig nicht einfach durch x ausdrücken. Damit sie sicher ungerade ist, vermindert man eine gerade Zahl um 1. Eine gerade Zahl eindeutig ausgedrückt ist 2 x und die ungerade Zahl ist dann (2 x — 1) und die in der natürlichen Zahlenfolge nächste ungerade Zahl ist (2 x + 1). Das Quadrat beider ist $(2x-1)^2$ und $(2x+1)^2$. Die Gleichung lautet: $[(2x-1)^2 - 1] \cdot 2 = (2x+1)^2 - 1$; x ist gleich 3. Die erste Zahl ist daher (2 x — 1) = 5, die zweite Zahl ist 7.

56 Man überlegt folgendermaßen: Die erste Ziffer muß niedrig sein, weil die Zahl nach der Multiplikation mit 4 wieder eine 5stellige Zahl ergibt. Diese erste Ziffer kann aber weder 1 noch 3 sein; 1 deshalb nicht, weil diese 1 nach der Multiplikation am Ende stehen müßte, es gibt aber keine Zahl, die mit 4 multipliziert als Einerstelle eine 1 gibt. 3 kann die erste Ziffer deshalb nicht sein, weil die Multiplikation mit 4 schon eine 6stellige Zahl ergibt. Die erste Ziffer kann daher nur 2 sein. 2 mal 4 ist 8, daher ist die letzte Ziffer

eine 8 und 4 mal 8 gibt für die Einerstelle eine 2. Die 2. Stelle ist ebenfalls sehr klein, weil das Produkt mit 4 den Zehner nicht überschreiten darf, auch wenn von der vorhergehenden Multiplikation ein weiterzuzählender »Rest« geblieben ist. Die 2. Ziffer ist daher 1 oder 2. Wäre sie 2, dann würde die vorletzte Ziffer wieder 1 sein, diese muß aber größer als 4 werden. Es kann daher die 2. Ziffer nur 1 sein. Somit ist die vorletzte Ziffer 7 und die mittlere Ziffer ist 8 oder 9, weil 3 bleiben muß, damit die 2. Ziffer nach der Multiplikation mit 4 auf 7 anwachsen kann. Die mittlere Ziffer ist 9, weil sie als mittelste Ziffer gleichbleiben muß. Die ganze Zahl heißt 21978, nach der Multiplikation mit 4 lautet sie 87912.

57 Die Zahlen lauten 12 und 21 (12 · 12 = 144; 21 · 21 = 441). Aber auch die Zahlen 13 und 31 erfüllen diese Bedingungen (13 · 13 = 169; 31 · 31 = 961).

58 Ist die erste Zahl x, dann ist die um 2 größere (x + 2), das Produkt daher x . (x + 2), das arithmetische Mittel beider Zahlen ist (x + x + 2) : 2 = = x + 1, ihr Quadrat ist $(x + 1)^2$ und die Gleichung lautet: $x(x + 2) + 1 = (x + 1)^2$. Beide Seiten der Gleichung sind wertgleich.

59 Zuerst kann festgestellt werden, daß D der Ziffer 1 entspricht. Es werden daher vorerst alle D durch 1 ersetzt. F muß der Ziffer 2 entsprechen, weil B um 1 kleiner als H sein muß (folgt aus letzter Zeile). Aus dieser Folgerung schließt man, daß G der entsprechende Buchstabe für 9 ist. In der ersten Addition müssen die beiden Zehner A und C zusammen 12 (DF) ergeben, diese beiden Ziffern können nur 4 und 8 oder 8 und 4 sein. Weder 5 und 7 noch 3 und 9 ist möglich, denn 9 ist G und kann daher weder A noch C sein, wäre C aber 7, so müßte B gleich 9 sein, was wieder nicht möglich ist. A enspricht also der Ziffer 8 und C der Ziffer 4, dann ist B gleich 6 und E gleich 3, H ist 7. Die Rechnung lautet:

$$
\begin{array}{rcrcr}
86 & — & 84 & = & 2 \\
+ & & + & & + \\
41 & — & 32 & = & 9 \\
\hline
127 & — & 116 & = & 11
\end{array}
$$

60 Ähnliche Überlegungen wie bei Aufgabe 59 führen zu folgender Lösung:

$$86 - 28 = 58$$
$$+ \quad + \quad +$$
$$37 - 16 = 21$$
$$\overline{123 - 44 = 79}$$

61 Ähnliche Überlegungen wie für Aufgabe 59 sind auch für diese Aufgabe anzustellen. Die Lösung lautet:

$$65 + 27 = 92$$
$$+ \quad + \quad +$$
$$43 + 89 = 132$$
$$\overline{108 + 116 = 224}$$

62 Ähnliche Überlegungen wie für Aufgabe 34 führen zum Resultat:

$$631938 : 625 = 1011,1008$$
$$- 625$$
$$\overline{693}$$
$$- 625$$
$$\overline{688}$$
$$- 625$$
$$\overline{630}$$
$$- 625$$
$$\overline{5000}$$
$$- 5000$$
$$\overline{0}$$

63 Ähnliche Überlegungen wie für Aufgabe 34 führen zum Ergebnis:

$$22952,34 : 225 = 102,0104$$
$$- 225$$
$$\overline{452}$$
$$- 450$$
$$\overline{234}$$
$$- 225$$
$$\overline{900}$$
$$- 900$$
$$\overline{0}$$

64 Für diese Aufgabe sind ähnliche Überlegungen wie für Aufgabe 59 anzustellen. Die gelöste Aufgabe lautet:

$$9567$$
$$+ 1085$$
$$\overline{10652}$$

65 Die beiden Zahlen seien x und y. Ihre Summe ist (x + y), ihre Differenz (x — y). Die beiden Gleichungen lauten: $2(x - y) = x + y$; $3(x + y) = xy$; $x = 12$, $y = 4$; die beiden Zahlen sind 12 und 4.

66 Die Zahl heißt 12345679, multipliziert man sie mit 9, erhält man 9mal die Ziffer 1. Multipliziere sie mit einem Vielfachen von 9.

67 Siehe Aufgabe 45. Die Zahl heißt 6.

68 Eine beliebige ganze Zahl sei x, damit sie aber ungerade ist, nimmt man 2 x, dann ist sie mit Sicherheit gerade, zählt man noch 1 dazu, dann haben wir mit Sicherheit eine ungerade Zahl: (2 x + 1). Nun wird behauptet:

$$\frac{(2x + 1)^2 - 1}{8}$$ sei eine ganze Zahl. Der Ausdruck

wird ausgerechnet, wenn das Ergebnis keinen Nenner enthält, ist es eine ganze Zahl und der ursprüngliche Ausdruck durch 8 teilbar. Das Ergebnis ist x (x + 1).

69 Die nicht durch 3 teilbare Zahl wird durch $3x \pm 1$ ausgedrückt. Nun wird behauptet:

$$\frac{(3x \pm 1)^2 - 1}{3}$$ ist eine ganze Zahl. Hat das Ergeb-

nis keinen Nenner, ist die Zahl durch 3 teilbar. Ergebnis: $x(3x \pm 2)$.

70 Diese Aufgabe läßt sich natürlich mittels mehrerer Gleichungen lösen. Man kommt aber auch durch Probieren sehr schnell zum Ziel. Bevor man aber damit beginnt, muß man sich darüber im klaren sein, daß der zweite Teil um 4 größer sein muß als der erste (zum ersten 2 dazu, vom zweiten 2 weg); der vierte Teil muß 4mal so groß sein wie der dritte (dritter Teil mal 2, vierter Teil geteilt durch 2). Dies sind die Voraussetzungen dafür, um der Forderung, am Schluß immer die gleiche Zahl zu erhalten, nachkommen zu können. Nach zweimaligem Probieren kommt man nun sicher zum richtigen Ergebnis:

1. Teil: $8 + 2 = 10$;
2. Teil: $12 - 2 = 10$;
3. Teil: $5 \cdot 2 = 10$;
4. Teil: $20 : 2 = 10$.

71 Diese Aufgabe ist ähnlich zu lösen wie die Aufgabe 59. Resultat:

$$
\begin{array}{r}
13448 \\
+\ 6897 \\
\hline
20345
\end{array}
$$

72 Die Aufgabe ist ähnlich zu lösen wie die Aufgabe 59. Das Resultat lautet:

$$
\begin{array}{r}
2357 \\
-\ 0461 \\
\hline
1896
\end{array}
$$

73 Die Aufgabe ist ähnlich zu lösen wie die Aufgabe 59. Das Resultat lautet:

$$
\begin{array}{r}
1942897 \\
3429089 \\
\hline
5371986
\end{array}
$$

74

A	B	C	D	E	F	G	H	I	J	K	L	M
1	2	3	4	5	6	7	8	9	10	11	12	13

N	O	P	Q	R	S	T	U	V	W	X	Y	Z
14	15	16	17	18	19	20	21	22	23	24	25	26

Nach der Aussage der Jungfrau enthält der 7. Buchstabe den Wert 9, ist also ein I. Der 5. ist ebenfalls ein I, da diese beiden gleich sind. Wenn der 3. Buchstabe den dritten Teil des 5. hat, also 3, so ist er ein C (9 : 3 = 3). Als nächster errechnet sich am leichtesten der 6. Buchstabe, der um 4 mehr als der 3. 3mal besitzt; also: 3 · 3 + 4 = 13. Der 6. Buchstabe ist also ein M. Der 3. und der 6. Buchstabe zusammen ergeben einen Wert von 16 (13 + 3). Die Wurzel daraus (also 4) ist halb so groß wie der 4. Buchstabe; dieser ist demnach der 8. Buchstabe des Alphabets, ein H. Die Wurzel 4 ist auch um 1 größer als der 3. Buchstabe (C); daraus ergibt sich, daß der 1. und letzte Buchstabe des Namens den Wert 1 haben; sie sind beide ein A. Jetzt fehlt nur noch der 2.: Der 1. und der 2. zusammen ergeben die Summe des 6. Der 6. Buchstabe des Namens hat den Wert 13 (M). Zieht man davon den Wert des 1. Buchstabens (A, 1) ab, so erhält man 12. Der 2. Buchstabe muß ein L sein. Der Name der Jungfrau ist also:

$$
\begin{array}{cccccccc}
A & L & C & H & I & M & I & A \\
\hline
\end{array}
$$
$$1 + 12 + 3 + 8 + 9 + 13 + 9 + 1 = 56$$

75 Zuerst werden alle jene Ziffern eingesetzt, die sich aus der Tatsache ergeben, daß die senkrechten Summen mit den entsprechenden Querresultaten übereinstimmen. Für die unteren Summen ergeben sich vorerst folgende Ziffern (v. l. n. r.): . 7, 4 ., 2 ., . ., = . 1 . Die dreistellige Summe muß 11 . heißen, weil die 4. Quersumme höchstens 40 ergeben kann, denn die 2. Zahl von links der 4. Quersumme wird zwischen 10 und 30 liegen. Wenn also die dreistellige Summe zwischen 110 und 119 liegt, kann das erste Querresultat nur 27 heißen, und der Faktor vor dem Gleichheitszeichen kann nur 3 sein. Es ist daher das Resultat bis zum Faktor 3 gleich 9. Die erste Zahl dieser Zeile kann nur 14 oder 16 sein (10, 12 oder 18 ist wegen der 1. senkrechten Summe nicht möglich). Somit ist die 3. Zahl der 1. Zeile 1 oder 2 und die 3. senkrechte Summe 20 oder 21. Nimmt man für die erste Zahl der ersten Zeile 14 an, dann heißt die 1. Zeile: 14 : 2 + 2 · 3 = 27 und die 1. senkrechte Reihe: 14 + 3 + 8 + 2 = 27. Nun ergibt sich für die 3. Zeile das Resultat 20. Die zweistellige Zahl dieser Zeile kann nur 12 oder 22 heißen, weil die 2. senkrechte Reihe nicht mehr als 40 bis 49 sein darf. Da in der 4. Zeile das Ergebnis zwischen 20 und 30 liegen wird, wird die zweistellige Zahl dieser Reihe unter 20 liegen, so daß für die zweistellige Zahl der 3. Zeile nur 22 bleibt. Die 3. Zeile heißt daher: 8 + 22 · 2 : 3 = 20. Die 3. senkrechte Reihe heißt 2 + 8 + 2 + 8 = 20, und die 4. senkrechte Reihe kann nur heißen: 3 + 16 + 3 + 6 = 28, während die 4. Zeile lauten muß: 2 + 12 + 8 + 6 = 28. Schließlich bleibt für die 2. Zeile nur mehr 3 + 4 · 8 — — 16 = 40 und für die 2. senkrechte Reihe 2 + 4 + 22 + 12 = 40. Die dreistellige Summe heißt 115. Die gelöste Aufgabe lautet:

$$
\begin{array}{rcrcrcr}
14: & 2 & + & 2\cdot & 3 & = & 27 \\
3 & + & 4\cdot & 8 & - 16 & = & 40 \\
8 & + & 22\cdot & 2 & : 3 & = & 20 \\
2 & + & 12 & + & 8 + 6 & = & 28 \\
\hline
27 & + & 40 & + & 20 + 28 & = & 115
\end{array}
$$

76 Überlegungen ähnlich wie für Aufgabe 75. Die gelöste Aufgabe lautet:

$$
\begin{array}{rcrcrcr}
45 & - & 7\cdot & 2 & - 8 & = & 68 \\
6\cdot & 3 & + & 24: & 2 & = & 21 \\
10: & 2 & + & 30\cdot & 3 & = & 105 \\
7 & + & 9 & + & 49 - 26 & = & 39 \\
\hline
68 & + & 21 & + & 105 + 39 & = & 233
\end{array}
$$

77 Überlegungen ähnlich wie für Aufgabe 75. Die gelöste Aufgabe lautet:

$$84 : 7 + 4 \cdot 6 = 96$$
$$3 + 9 \cdot 4 - 12 = 36$$
$$5 \cdot 12 : 4 \cdot 2 = 30$$
$$4 \cdot 8 + 18 - 15 = 35$$
$$\overline{96 + 36 + 30 + 35 = 197}$$

78 Überlegungen wie für Aufgabe 75. Die gelöste Aufgabe lautet:

$$6 \cdot 5 + 5 \cdot 3 = 105$$
$$84 : 7 \cdot 4 + 25 = 73$$
$$12 + 10 \cdot 3 - 16 = 50$$
$$3 + 51 + 38 : 2 = 46$$
$$\overline{105 + 73 + 50 + 46 = 274}$$

79 Überlegungen ähnlich wie für Aufgabe 75. Die gelöste Aufgabe lautet:

$$100 : 5 - 10 \cdot 15 = 150$$
$$10 \cdot 5 + 10 - 35 = 25$$
$$30 : 10 \cdot 10 + 10 = 40$$
$$10 \cdot 5 + 10 + 40 = 100$$
$$\overline{150 + 25 + 40 + 100 = 315}$$

80 Überlegungen ähnlich wie bei Aufgabe 75. Die gelöste Aufgabe lautet:

$$7 + 84 - 70 + 28 = 49$$
$$84 : 6 + 40 - 24 = 30$$
$$35 - 30 + 5 + 40 = 50$$
$$56 - 12 - 20 - 8 = 16$$
$$\overline{182 \quad 132 \quad 135 \quad 100}$$

81 Überlegungen ähnlich wie bei Aufgabe 75. Die gelöste Aufgabe lautet:

$$3 \cdot 6 + 30 - 21 = 27$$
$$12 - 4 + 20 - 14 = 14$$
$$15 - 10 \cdot 5 + 70 = 95$$
$$42 + 28 - 35 + 7 = 42$$
$$\overline{72 \quad 48 \quad 90 \quad 112}$$

82 Von den 3 einstelligen Zahlen muß eine 5 und eine gerade sein, damit das 10fache der Summe als Einerstelle Null hat. Das Produkt muß kleiner als 220 sein (5 + 8 + 9 = 22). Eine Zahl muß nahe 10 sein, damit die Summe möglichst hoch wird (wahrschein-

lich 9). Es fehlt noch die gerade Zahl. 8 oder 6 sind nicht möglich, weil das Produkt größer als 220 wird. Nur mit der Zahl 4 wird den geforderten Bedingungen entsprochen. Die Zahlen sind 4, 5, 9.

83 Der 6. und 8. Teil zusammen sind $7/24$, dagegen sind der 4. Teil $6/24$; $1/24$ ist 2 und $24/24$ sind somit 48. Die Zahl ist 48.

84 Man beginnt zweckmäßig mit 5 waagrecht; diese Zahl muß 121 sein, denn die 2. mögliche Quadratzahl wäre 676. Da sie aber eine gerade Zahl ist, entspricht sie nicht 4 senkrecht. 4 senkrecht muß wiederum 11 sein (Primzahl mit Einerstelle 1 und 4stellige dritte Potenz), daher 1 waagrecht 1331. Für 2 senkrecht ergibt sich somit die Zahl 3136 und für 3 senkrecht 3249; 7 waagrecht ist daher 46 und 8 senkrecht 63, ebenso wie 6 waagrecht. Für 9 waagrecht finden wir 9693 und für 1 senkrecht 1369. Zur Lösung verwende man zweckmäßig eine Potenz- und Wurzeltafel, die für wenig Geld in jeder Schulbuchhandlung zu haben ist. Das aufgelöste Kreuzzahlrätsel sieht so aus:

85 1 waagrecht kann nur 1, 3, 5, 7, 9 oder die umgekehrte Zahlenfolge sein. Die Zahl 5 gehört jedenfalls zu 3 senkrecht. 6 waagrecht ist entweder 2, 4, 6, 8 oder die umgekehrte Zahlenfolge. Da 2 senkrecht der Kubus von der Ziffernsumme von 3 senkrecht ist, muß die Mittelziffer von 2 senkrecht 2 oder 8 sein. Einen dreistelligen Kubus mit der Mittelziffer 8 gibt es nicht, daher kann diese nur 2 sein und der Kubus nur 729. 6 waagrecht ist demnach 2, 4, 6, 8. 4 senkrecht ist 361, daraus folgt, daß 7 waagrecht 19 ist. 5 senkrecht ergibt 1849, daraus folgt wiederum, daß 7 senkrecht 126 ist, da die erste Ziffer von 10 waagrecht 6 ist, kann die Zehnerziffer des 2. Faktors von 26 nur 5 sein, dagegen muß die Einerziffer 2 sein, denn diese Ziffer mit 6 multipliziert muß wieder die gleiche Ziffer ergeben. 10 waagrecht ist daher 6552 und 9 senkrecht 25. Das gelöste Rätsel sieht wie folgt aus:

¹9	²7	³5	⁴3	⁵1
	⁶2	4	6	8
⁷1	9	⁸1	4	
2	⁹2		9	
¹⁰6	5	5	2	

86 Als Ansatzpunkte für dieses Kreuzzahlrätsel nimmt man 1 waagrecht und 2 senkrecht. Zu suchen sind alle dreistelligen 3. Potenzen, das sind: 125, 216, 343, 512 und 729. Dabei ist aber zu berücksichtigen, daß die Endziffer von 1 waagrecht zugleich die Anfangsziffer von 2 senkrecht sein muß. Unter diesem Aspekt entfallen die Zahlen 343 und 729. Um nun die richtige Entscheidung fällen zu können, muß man noch zwei weitere Punkte zu Hilfe nehmen, nämlich 9 waagrecht und 10 senkrecht. Auch hier wird verlangt, daß die Endziffer von 9 waagrecht gleich der Anfangsziffer von 10 senkrecht ist.
Für die Zahlenpaare 1 waagrecht und 2 senkrecht eignen sich nur 125 und 512 oder 512 und 216. In beiden Fällen ist die Ziffernsumme von 1 waagrecht (Bedingung für 10 senkrecht) immer 8. Es ist daher 10 senkrecht 64. Daraus folgt, daß 9 waagrecht 36 ist, weil nur die beiden Quadrate 16 und 36 als Einerstelle eine 6 haben. 16 ist nicht verwendbar, weil die 3. Potenz von 4 nur 2stellig ist (2 senkrecht). Es ist daher 1 waagrecht 512 und 2 senkrecht 216. Als nächstes läßt sich 7 senkrecht eintragen (513). So löst man Schritt für Schritt das gesamte Rätsel, das vollständig aufgelöst folgendes Bild ergibt:

¹5	1	²2		³4
5		⁴1	⁵3	5
⁶6	⁷5	6	1	
⁸8	1		⁹3	¹⁰6
	¹¹3	5	6	4

87 Auch dieses Kreuzzahlrätsel löst man wie die vorangegangenen. Als ersten Ansatzpunkt nimmt man 8 waagrecht, und zwar muß die letzte Ziffer auf jeden Fall eine Null sein (das 10fache einer dreistelligen Zahl, nämlich von 15 waagrecht). Zweiter Ansatzpunkt: Die beiden letzten Ziffern von 7 senkrecht müssen zwei Nullen sein (das Quadrat ganzer Zehner ergibt immer zweimal die Null am Schluß). Das vollständig gelöste Rätsel ergibt dann folgendes Bild:

¹5	²4	7	³6		⁴6
⁵8	4		⁶3	⁷5	6
3		⁸3	0	2	0
⁹2	¹⁰3	4		9	
	¹¹8	3	¹²3	0	¹³4
¹⁴2	4		¹⁵3	0	2

88 Wenn es eine mittelste Hausnummer gibt, muß die Anzahl der Häuser ungerade sein. Gäbe es eine gerade Anzahl, so müßte um 1 Haus mehr sein, und die letzte Nummer wäre x, und die Schule hätte die Nummer x/2. Die Summe aller Nummern ist daher bei der hier gegebenen ungeraden Zahl $(x-1) \cdot x/2$, das ist laut Aufgabe 2701. x ist daher 74. Die Schule hat die Nummer 37. Es gibt insgesamt 73 Hausnummern. (Lösung mit quadratischer

$$\text{Gleichung } \frac{x^2}{2} - \frac{x}{2} - 2701 = 0.)$$

89 Es sind gegeben:

Zehner:	1	2	2	2	2	3	3
Einer:	5	5	5	5	6	7	9

Die eindeutig bestimmte Zahl ist 25, denn wie man die Ziffern auch zusammenstellt, immer wird eine 2 und eine 5 zusammenkommen, weil 4mal die Ziffer 2 und 4mal die Ziffer 5 vorhanden sind.

90 Als Beispiel der Lösung:

$$5^2 - 3^2 = 25 - 9 = 16$$

$$3 + 5 = 8; \frac{8}{2} = 4; 4^2 = 16$$

Es gibt für diese Aufgabe eine unbegrenzte Anzahl von Lösungen, die sich alle auf die ursprüngliche zurückführen lassen. Die Aufgabe läßt sich als einfache diophantische Gleichung lösen, etwa mit dem Ansatz $x^2 - y^2 = \left(\dfrac{x + y}{2}\right)^2$ oder mit dem Ansatz $x^2 = (x + y)^2 - (x - y)^2$, wobei im zweiten Fall x das arithmetische Mittel der beiden Zahlen und y der Abstand vom arithmetischen Mittel ist. Das Ursprungstripel ist 3, 5 und 4. Alle Tripel, die sich daraus ergeben, daß man diese drei Zahlen mit einer vierten erweitert, entsprechen den geforderten Bedingungen, wie etwa 6, 10 und 8 oder 9, 15 und 12 usw.

91 Hier hilft nur Probieren. Schaffen einer genügend großen Zahl durch Multiplikation, von der man weiteres abziehen kann und Ausgleichendes addieren, zum Beispiel:

$$
\begin{array}{rr}
2 \cdot 19 = 38 & 7 \cdot 13 = 91 \\
- \; 40 & - 9 \cdot 11 = 99 \\
+ \quad 7 & + \quad 8 \\
- \quad 5 & \overline{\qquad 0} \\
\overline{\qquad 0} &
\end{array}
$$

92 Wie bei der vorigen Aufgabe.

$$
\begin{array}{rr}
9 \cdot 8 = 72 & 66 : 6 = 11 \\
- \; 63 & + \quad 9 \\
+ \quad 3 & + \quad 4 \\
+ \quad 5 & - \; 19 \\
- \; 17 & - \quad 5 \\
\overline{\qquad 0} & \overline{\qquad 0}
\end{array}
$$

93 In der zweiten Aufgabe senkrecht kann e nur 1 sein; dann kann f in der dritten Aufgabe senkrecht nur 2 sein; h in der ersten senkrechten Aufgabe muß größer als 1 oder 2 sein, usw. zu lösen durch Überlegungen wie bei Aufgabe 75 oder wie bei den Kreuzzahlrätseln.

$$
\begin{array}{ccc}
58 & + \; 94 & = 152 \\
\cdot & + & + \\
6 & + \; 48 & = \; 54 \\
\hline
348 & 142 & 206
\end{array}
$$

94

$$
\begin{array}{ccc}
168 & - \; 26 & = 142 \\
: & - & - \\
14 & \cdot \; 8 & = 112 \\
\hline
12 & + \; 18 & = \; 30
\end{array}
$$

95

$$
\begin{array}{ccc}
22 & - \; 8 & = \; 14 \\
+ & + & \cdot \\
105 & - \; 89 & = \; 16 \\
\hline
127 & + \; 97 & = 224
\end{array}
$$

96 Die dreistellige Zahl heißt 375. Die Zahl 105 erlaubt 4 Primzahlkombinationen. Nur eine davon entspricht den geforderten Bedingungen.

97 Ähnlich wie Aufgabe 96. Die Zahl heißt 297.

98 Die Reihenfolgen ihrer Größen sind:
$2^{2^2} = 16$; 222; $22^2 = 484$; $2^{22} = 4194304$

99 Der Größe nach geordnet und in Zehnerpotenzen ausgedrückt, haben die 8 Zahlen folgenden Wert:

$2^{2^{2^2}}$, 2222; 222^2; 22^{2^2}; 22^{22};

10^2; 10^3; 10^4; 10^5; 10^{29};

2^{222}; 2^{22^2}; $2^{2^{22}}$;

10^{67}; 10^{145}; $10^{1260000}$

Zur Erläuterung der Zehnerpotenzen: Z. B. 2222 ist ungefähr 10^3, also eine 1 mit 3 Nullen; $10^{1260000}$ ist eine 1 mit 1260000 Nullen.

Interessante und verblüffende Tatsachen

I Verlängert man den um einen Ball gelegten Faden um einen Meter, und würde man den Faden rundherum gleichmäßig abstehen lassen, so würde der Abstand annähernd 16 cm betragen. Würde man nun dasselbe Experiment mit der Erde machen und einen Faden um den Äquator legen und ihn ebenfalls um einen Meter verlängern, so würde der Faden ebenfalls abstehen — aber wie weit?

2 Eine Kugel von 12,7 cm Durchmesser wiegt etwa 1 kg. Sie hängt an einem so dünnen Faden oder Draht, daß dieser sie gerade noch tragen kann. Der Draht hat eine Stärke von 0,1 mm. Die Kugel ist also 1270mal so dick wie der Draht. Wie stark müßte das Drahtseil sein, um daran die Erde hängen zu können, die einen Durchmesser von 12.700 km hat und 5,56mal so schwer wie Wasser ist?

3 Würde im Jahre 1 nach unserer Zeitrechnung ein einziger Pfennig zu 4% auf Zins und Zinseszins angelegt worden sein, so würde jeder glauben, daß dies bis heute eine enorme Summe ausmachen würde, doch kaum einer würde die tatsächliche Summe glauben. Es sind 865.986 Quadrillionen 626.476 Trillionen 236.508 Billionen 270.156 Millionen und 786.660 DM und 24 Pfennig. Dieser Betrag ist aber schon im Jahre 1875 erreicht. Die Summe entspricht nach dem heutigen Geldwert etwa 588 Goldkugeln, von denen jede die Größe der Erdkugel hat.
Wenn das Geld nicht zu vier, sondern zu 5% angelegt worden wäre, so wären das im Jahre 1875 schon 36.337 Millionen solcher Goldkugeln gewesen.

4 Jedes Jahr wird ein winziger Teil unseres Planeten von einer Grippeepidemie überschwemmt, und wir wundern uns, wie rasch Millionen Menschen angesteckt werden können. Folgendes Beispiel möge veranschaulichen, wie sich eine solche Ansteckung ausbreiten könnte: Ein Mensch wird von einem Grippevirus infiziert, er steckt in der nächsten Viertelstunde 3 weitere Personen an und von diesen werden in der nächsten Viertelstunde wieder je 3 Personen angesteckt usw., jeder Neuangesteckte steckt also in der nächsten Viertelstunde wieder 3 Personen an; steckt keiner mehr als 3 Personen an, so ist innerhalb von 5 Stunden die ganze Menschheit grippekrank. Die gesamte Menschheit ist mit 5,2 Milliarden angenommen.

5 Würde im Genfer See die ganze Menschheit gleichzeitig ein Bad nehmen, so würde das Wasser nur um etwa 50 cm steigen.

6 Wie dick würde ein Blatt Papier werden, das 0,01 mm stark ist, wenn man es 50mal faltet?

7 Wie alt muß man werden, um eine Million Sekunden zu erleben, und wie alt müßte man werden, um eine Billion Sekunden zu erleben?

8 Je länger die Seite eines Würfels ist, um so kleiner wird die Maßzahl der Oberfläche im Verhältnis zu der des Volumens. Diese Tatsache sei an 3 Beispielen gezeigt:
Ist die Seite des Würfels 2 cm, dann ist die Oberfläche 24 cm² und das Volumen 8 cm³. Das Verhältnis ist daher O : V = 3 : 1.
Ist die Seite 6 cm, ist das Verhältnis 1 : 1.
Ist die Seite 12 cm, so ist das Verhältnis 1 : 2.
usw.

Wir nehmen nun einen Würfel von 10 cm Seitenlänge, dann ist die Oberfläche 600 cm² und das Volumen 1000 cm³. Das Verhältnis ist daher 3 : 5. Verwandeln wir aber die 10 cm der Seite in 1 dm, so ist das Verhältnis der Oberfläche zum Volumen 6 : 1. Damit wäre „bewiesen", daß das Verhältnis 3 : 5 gleich ist dem Verhältnis 6 : 1. Worin liegt der Trugschluß?

9 $\frac{1}{2} + \frac{1}{3} + \frac{1}{4} + \frac{1}{5} +$ usw. ist eine unendliche Reihe. Mit jedem Glied wächst die Summe dieser Reihe. Da die Glieder immer kleiner werden, wird die Zunahme immer geringer. Um den Wert 1 zu erreichen braucht man die ersten 3 Brüche. Um den Wert 2 zu erreichen, braucht man die ersten 12 Brüche. Wie viele Brüche würde man brauchen, um den Wert 100 zu erreichen?

10 Wer könnte sich das wohl leisten, einen Monat lang in der Form zu sparen, daß er am 1. des Monats 1 Pfennig, am 2. des Monats 2 Pfennig, am nächsten Tag 4 Pfennig — immer doppelt soviel wie am Vortag — in die Sparbüchse legt? Wieviel müßte man wohl am 31. des Monats in die Büchse legen?

LÖSUNGEN

1 Der Faden um den Ball bildet den Umfang eines Kreises. Man berechnet ihn $2 \cdot \pi \cdot r$, wobei $\pi = 3{,}14$ und r der Radius (Halbmesser des Kreises) ist. Kurz: $u = 2 \cdot \pi \cdot r$. Verlängert man den Faden um 1 m, so werden Umfang und Radius größer. Man könnte sagen $U = 2 \cdot \pi \cdot R$. Den Unterschied der Umfänge ($= 1$ m) erhält man, wenn man ihre Differenz bildet: $1\text{ m} = 2 \cdot \pi \cdot R - 2 \cdot \pi \cdot r$ oder $1\text{ m} = 2 \cdot \pi \cdot (R - r)$. Nun ist $(R - r)$ der Abstand des Fadens vom Ball nach der Verlängerung. Aus der Rechnung $1\text{ m} = 2 \cdot \pi \cdot$ Abstand erkennen wir bereits, daß die Größe des Radius keinen Einfluß auf die Rechnung hat, weil er ja nirgends mehr vorkommt. Schließlich ist 1 m gebrochen durch $2 \cdot \pi =$ Abstand. Da wir keine veränderlichen Größen mehr haben, ist der Abstand konstant: Ein um 1 m verlängerter Faden um den Äquator würde also ebenfalls ca. 16 cm vom Boden abstehen.

2 Will man die Erdkugel an einem Drahtseil aufhängen, braucht man zunächst das Gewicht der Erde. Man berechnet es $\dfrac{4 \cdot \pi \cdot r^3}{3}$ mal spezifischem Gewicht (Artgewicht). Das ist etwa 53 mit 20 Nullen oder $53 \cdot 10^{20}$ t. Der Faden, an dem die kleine Kugel hängt, hat einen Durchmesser von 0,1 mm. Für die Tragkraft ist aber nicht der Durchmesser, sondern der Querschnitt wichtig. Man berechnet ihn nach der Formel $r^2 \cdot \pi$, das ist 0,0078 oder aufgerundet 0,008 mm². Für eine Tonne ist daher ein Querschnitt von 8 mm² notwendig. Man braucht für $53 \cdot 10^{20}$ t 8mal soviel mm²-Querschnitt, das sind $434 \cdot 10^{20}$ mm². Errechnet man aus diesem Querschnitt zuerst den Radius des Seiles, an dem die Erde hängen soll, so ist er = Querschnitt gebrochen durch π (etwa $= 3$) und daraus die Wurzel: $434 \cdot 10^{20} : 3 = 144 \cdot 10^{20}$; daraus die Wurzel ist $12 \cdot 10^{10}$. Der Radius ist also $12 \cdot 10^{10}$ mm oder 120.000 km, der Durchmesser folglich 240.000 km: Das ist rund 19mal mehr als der Erddurchmesser (12.740 km).

3 Wird eine Geldsumme wie in der Aufgabe angelegt, so verdoppelt sich bei 4 % das Kapital nach rund 18 Jahren. Im Jahre 18 lägen etwa 2 Pfennig auf der Sparkasse, nach weiteren 18 Jahren 4 usw. Bis zum Jahre 1800 wären das 2^{100}, was dasselbe bedeutet wie die Zahl 2 hundertmal als Faktor gesetzt ($2 \cdot 2 \cdot 2 \ldots - 100$mal), eine lange, lange Rechnung. Wer Lust und viel Zeit hat, kann diese Multiplikation ja einmal durchführen. Er müßte schließlich zu dem in der Aufgabe angeführten Ergebnis gelangen.

4 Diese Aufgabe beruht auf der gleichen Überlegung wie Aufgabe 3. Die angesteckten Personen verdreifachen sich jede Viertelstunde. Also $3 \cdot 3 \cdot 3 \ldots 20$mal $= 3^{20}$. Zwanzigmal deshalb, weil 5 Stunden 20 Viertelstunden haben.

5 Wenn man annimmt, daß das spezifische Gewicht des Menschen etwa gleich dem des Wassers ist, und wenn man weiter annimmt, daß das mittlere Gewicht eines Menschen (einschließlich aller Kinder) etwa 50 kg beträgt, dann braucht man für 1 m³ 20 Menschen. Der Genfer See ist rund 580 km² groß. Nimmt man nun an, daß die Erde knapp 6 Milliarden Menschen beherbergt, so wäre folgende Rechnung anzustellen: 6 Milliarden Menschen haben ein Volumen von 300 Millionen m³. Diese würden auf einer Fläche von 580 Millionen m² das Wasser um rund 50 cm steigen lassen.

6 Nach der 1. Faltung wäre das Papier 0,02 mm oder 2^1 hundertstel mm, nach der 2. Faltung 0,04 mm oder 2^2 hundertstel mm dick usw. Nach der 50. Faltung erhielte man 2^{50} hundertstel mm; das sind rund 11.126 und 12 Nullen oder $11.126 \cdot 10^{12}$ hundertstel mm oder 111 Millionen km. So dick wäre das Papier geworden.

7 Für 1 Million Sekunden genügen 12 Tage, aber 1 Billion Sekunden sind mehr als 31.000 Jahre.

Ein Tag hat 24 Stunden à 60 Minuten à 60 Sekunden.
1.000.000 Sekunden : 60 = 16.666 Minuten.
16.666 Minuten : 60 = 276 Stunden.
276 Stunden : 24 = 11,5 Tage.

1 Billion ist 1 Million mal 1 Million. Das Ergebnis von 11,5 Tagen muß also wieder mit 1 Million malgenommen werden. 11.500.000 Tage sind durch 365 geteilt etwa 31.500 Jahre.

8 Oberfläche und Volumen eines Körpers lassen sich in kein echtes Verhältnis bringen, weil man ganz allgemein eine Fläche nicht mit einem Rauminhalt (Volumen) vergleichen kann, ebenso wie man zum Beispiel ein Gewicht nicht mit einer Farbe vergleichen kann.

9 Nimmt man an, daß man für keinen Bruch mehr als 2 cm braucht, um ihn aufzuschreiben, so müßte der Papierstreifen, auf den man die Brüche schreibt, so lang sein, daß er um die Milchstraße gewickelt eine Papierrolle von 500.000 km Dicke ergibt.

10 Am 1. Tag 1 Pfennig = 2^0, am 2. Tag 2 Pfennige = 2^1, am 3. Tag 4 Pfennige = 2^2, am 4. Tag 8 Pfennige = 2^3 usw. Die Hochzahl ist jeweils um 1 kleiner als das Datum. Danach müßte man am 31. Tag 2^{30} Pfennige in die Büchse legen. 2^{30} Pfennige sind aber mehr als 1 Milliarde Pfennige oder mehr als 10 Millionen DM. Die Sparsumme am Ende des Monats wäre annähernd 20 Millionen DM.

Interessante Beziehungen zwischen Zahlen

1 Die Summen ungerader Zahlenreihen. Bei allen Reihen ungerader Zahlen, sofern sie mit 1 beginnen, ist die Summe immer eine Quadratzahl, z. B.:

$$1 + 3 = 4 = 2^2$$
$$1 + 3 + 5 = 9 = 3^2$$
$$1 + 3 + 5 + 7 = 16 = 4^2$$
$$1 + 3 + 5 + 7 + 9 = 25 = 5^2$$
$$1 + 3 + 5 + 7 + 9 + 11 = 36 = 6^2 \text{ usw.}$$

2 Das letzte Glied einer ungeraden Zahlenreihe.
Mit Hilfe des letzten Gliedes einer solchen Zahlenreihe, sofern sie mit 1 beginnt, läßt sich die Summe der Zahlenreihe bestimmen, z. B.:
1, 3, 5, 7, 9; das letzte Glied ist 9, dazu 1 addiert $(9 + 1 = 10)$ und dann die Hälfte genommen = 5; 5 ist jene Zahl, die man zum Quadrat erheben muß, um die Summe der Zahlenreihe zu erhalten. Ein anderes Beispiel: Das letzte Glied ist 13; $13 + 1 = = 14 : 2 = 7^2 = 49$.

3 Die natürliche Zahlenreihe.
Die natürliche Zahlenreihe ist die Zahlenfolge 1, 2, 3, 4, 5, 6, 7 und so weiter. Es ist z. B.:

$$(1 + 2 + 3 + 4)^2 = 1^3 + 2^3 + 3^3 + 4^3$$
$$100 = 1 + 8 + 27 + 64 = 100$$

In Worten ausgedrückt: Das Quadrat der Summe einer natürlichen Zahlenreihe ist gleich der Summe der dritten Potenz der einzelnen Glieder.
Dies gilt für alle natürlichen Zahlenreihen, sofern sie mit 1 beginnen.

4 Eine merkwürdige Ziffernfolge: 142857. Diese 6stellige Zahl hat folgende Eigenschaften: Denkt man sich diese 6 Ziffern der Zahl im Kreis angeordnet, so folgt also auf die 7 wieder die 1. Man kann nun beliebige 6stellige Zahlen aus diesem Ring entnehmen, wie etwa 428571 oder 285714 und auch 142857. Multipliziert man eine dieser Zahlen mit 2 oder 3, 4, 5 oder 6, ändert sich die Ziffernfolge nicht, multipliziert man sie mit 7, erhält man lauter Neuner. Multipliziert man sie mit einem Vielfachen von 7, erhält man wie-

der lauter Neuner, vorausgesetzt, daß man jene Ziffern, die vor den letzten 6 Stellen stehen, zur 6stelligen Zahl addiert. ($142857 \cdot 28 = 3999996$; 3 zur restlichen Zahl addiert ergibt wieder 999999).
Multipliziert man die ursprüngliche Ziffernfolge mit einer nicht durch 7 teilbaren Zahl, aber größer als 7, dann erhält man wieder die ursprüngliche Zahlenfolge, wenn man dabei so verfährt wie bei der Multiplikation mit einem Vielfachen von 7.
Diese Eigenschaften sind nicht zufällig, sondern für den Mathematiker erklärbar und beweisbar. Es gibt mehrere solche Zahlen.

5 Eine Zahl durch Verwendung aller Ziffern von 0 bis 9 darstellen.
Bedingung ist, daß jede Ziffer nur einmal verwendet werden darf. Es gibt für jede Zahl mehrere Lösungen.

$$2 = \frac{13584}{06792} \; ; \; 3 = \frac{17469}{05823} \; ; \; 4 = \frac{15768}{03942} \; ; \; 5 = \frac{14835}{02967}$$

$$6 = \frac{34182}{05697} \; ; \; 7 = \frac{16758}{02394} \; ; \; 8 = \frac{25496}{03187} \; ; \; 9 = \frac{97524}{10836}$$

6 Teilbarkeit von Zahlen.
In der Schule lernt man Teilbarkeitsregeln und vielfach auch, daß es für die Teilbarkeit durch 7 keine Regel gibt. Im nachfolgenden sei eine solche gegeben: Jede mehrstellige Zahl läßt sich so in 2 Gruppen teilen, daß man die letzte Ziffer als eine Gruppe (b) und die restliche Zahl als eine Gruppe (a) annimmt. Z. B. 518, Gruppe b ist 8, Gruppe a ist 51. Ist nun $(a - 2b) = 51 - 2 \cdot 8 = 51 - 16$ durch 7 teilbar, dann ist die ganze Zahl durch 7 teilbar; $51 - 16 = = 35$; daher ist 518 durch 7 teilbar.
Ist die Zahl nach der ersten Anwendung der Regel noch zu groß, um die Teilbarkeit leicht feststellen zu können, so wendet man die Regel so oft an, bis das Resultat eindeutig feststeht. Ebenso sind die Regeln für die Teilbarkeit durch 13 $(a + 4b)$, für 17 $(a - 5b)$ und für 19 $(a + 2b)$ anzuwenden.

7 Das Zweiersystem (Dualsystem oder dyadisches Zahlensystem).

Immer häufiger findet der Computer in Wirtschaft, Verwaltung und Fortschritt Verwendung. Auf welchem System beruht er? Das System muß den Eigenschaften des elektrischen Stromes gerecht werden, und der unterscheidet nur zwei Zeichen, das ist + und — oder Stromfluß und Stromunterbrechung. Alle Arbeiten, die eine solche Maschine leisten kann, werden auf mathematische Operationen zurückgeführt und diese ins Dualsystem übertragen.

Im normalen Leben benützen wir das Zehnersystem, also 0 und 9 Ziffern. Das Zweiersystem kennt demnach nur 0 und 1 als Ziffer. Die 0 hat dieselbe Funktion wie im Zehnersystem, sie zeigt den Stellenwert an. Die 1 wird als Potenz von 2 gerechnet (im Zehnersystem als Potenz von 10), sie ist um so höher, je weiter sie von der letzten Stelle entfernt ist. Steht 1 als 1. Stelle von rechts gerechnet, hat sie den Wert 1; an der 2. Stelle von rechts hat sie den Wert 2 ($= 2^1$); als 3. Stelle immer von rechts gerechnet den Wert 4 ($= 2^2$); als 4. Stelle hat sie den Wert 8 ($= 2^3$). Die Hochzahl gibt die Anzahl der Nullen an, die hinter der 1 stehen müßten. Z. B. 1 = 1; 10 = 2; 100 = 4; 1000 = 8 usw.

Es bedeutet daher z. B. die Zahl 101101 im Zweiersystem, immer von rechts angefangen, $1 + 2^2 + 2^3 + 2^5 = 1 + 4 + 8 + 32 = 45$.

8 Die Zahl π.

Multipliziert man den Durchmesser eines Kreises mit der Zahl π (pi), so erhält man den Umfang. Nun ist diese Zahl π keine endliche (rationale), sondern eine irrationale Zahl, d. h., sie kann mit Dezimalstellen nicht genau bestimmt werden. Auf 6 Dezimalstellen lautet sie 3,141592..., sie ist also größer als 3,141592 aber kleiner als 3,141593. Die Genauigkeit verzehnfacht sich mit jeder Dezimalstelle. Die Genauigkeit auf 30 Stellen ist 3,14159265358979323846264383279... Sie wurde bereits auf mehr als 500 Dezimalstellen berechnet. Es sei hier ein Vergleich für die Genauigkeit bei »nur« 100 Dezimalstellen gegeben.

Man stelle sich eine Kugel vor, deren Radius der Abstand Erde-Sirius (170 Billionen km, das sind 170 Millionen mal Millionen km) ist. Diese Kugel ist angefüllt mit Bakterien, von denen in 1 Kubikmillimeter wieder 1 Billion Bakterien Platz haben. Die Anzahl der Bakterien würde eine Zahl mit 74 Stellen ergeben. Man denke sich nun diese Bakterien auf eine gerade Linie aufgelegt, wobei der Abstand von einem Bakterium zum nächsten wieder die Entfernung Erde-Sirius (170 Billionen km) beträgt. Diese ungeheure Strecke sei der Durchmesser eines Kreises, dessen Umfang man nach zwei Methoden bestimmt, einmal durch Messung (die einwandfrei genaueste Methode) und das anderemal durch Berechnung mit der auf 100 Dezimalstellen bestimmten Zahl π. Der Unterschied der beiden Resultate gibt die Ungenauigkeit an, die durch die Unvollständigkeit der Zahl π entsteht. Der Unterschied beträgt weniger als 1 Millionstel Millimeter! So genau sind 100 Dezimalstellen, wie genau erst deren 500!

9 Der Goldene Schnitt.

Der Goldene Schnitt ist ein Verhältnis von verschieden langen Strecken zueinander. Man findet ihn sehr häufig in der klassischen Kunst und in der Natur. Es ist ein dem Auge wohlgefälliges Verhältnis.

Der Goldene Schnitt teilt eine Strecke so in 2 Teile, daß sich der kleinere Teil (a) zum größeren Teil (b) wie der größere Teil (b) zur ganzen Strecke verhält; a : b = b : c.

Jedes dieser Verhältnisse hat den Wert $\frac{1}{2} \cdot (\sqrt{5} - 1)$, was sich algebraisch ohne besondere Schwierigkeit errechnen läßt. Drückt man diesen Wert in einer Dezimalzahl aus, so erhält man auf 6 Dezimalstellen genau 0,618034. Wenn man also eine Strecke (oder eine andere Größe) mit dieser Zahl multipliziert, so stehen beide Werte im Verhältnis des Goldenen Schnittes.

Beispiel: Die Zahl 10.

Es verhält sich

$$\frac{a}{b} = \frac{b}{c} \quad \text{oder} \quad \frac{6,18}{10} = \frac{10}{16,18}$$

10 Die Zahlenfolge des Fibonacci.

Fibonacci (Leonardo da Pisa) war ein italienischer Mathematiker, der im 13. Jahrhundert lebte.

Eng mit dem Goldenen Schnitt hängt die Zahlenfolge

des Fibonacci zusammen, sie lautet: 1, 2, 3, 5, 8, 13, 21, 34, 55, 89, 144 ... Um eine nachfolgende Zahl zu finden, muß man die beiden vorangehenden Zahlen addieren. Stellt man mit diesen Zahlen Verhältnisse auf, so ergeben diese wieder eine Folge: $1/2$, $2/3$, $3/5$, $5/8$, $8/13$, $13/21$, $21/34$, $34/55$, $55/89$, $89/144$, $144/233$ ...; rechnet man diese Verhältnisse, 1 : 2, 2 : 3, 3 : 5 usw., aus, so erfährt man, daß sie sich immer mehr dem Verhältnis des Goldenen Schnittes nähern. So ist 144 : 233 = 0,618026, während der Wert des Goldenen Schnittes 0,618034 ist. Alle diese Verhältnisse, beginnend mit $1/2$, findet man in der Natur, z. B. bei der Anordnung der Blätter um einen Stengel. Um von einem Blatt zum anderen zu kommen, macht man entweder $1/2$ oder $3/5$ oder $5/8$ Spiralwindung um den Stengel; solche Verhältnisse finden sich auch bei Föhrenzapfen, bei der Zwiebel, beim Huflattich u. a. Die Kerne einer Sonnenblume sind spiralenförmig um den Mittelpunkt angeordnet. ·Diese Spiralen laufen sowohl nach rechts als auch nach links. Die Zahl der Spiralen, die vom Mittelpunkt ausgehen und nach der einen Windungsrichtung laufen, verhalten sich zur Zahl der Spiralen der anderen Windungsrichtung bei sehr großen Sonnenblumen wie 89 : 144, kleinere Sonnenblumen haben Verhältnisse von 34 : 55 oder 21 : 34 oder 13 : 21, also immer Verhältnisse aus der Folge von Fibonacci. Auch den Aufgaben 33 und 34 aus dem Kapitel »Von Längen, Flächen und Körpern« liegen Verhältnisse dieser Zahlenfolge zugrunde: (8 · · 21 + 1 = 13 · 13; 5 · 13 — 1 = 8 · 8) 5, 8, 13, 21.

Allgemeine Lösungshilfen

Viele Schwierigkeiten in diesem Buch kann man durch Nachdenken, mit Versuchen oder Probieren überwinden. Mit dem Blick auf solche Möglichkeiten wurde die Zusammenstellung vorgenommen.

Je mehr man sich jedoch mit den Lösungen der einzelnen, oft recht umständlichen Aufgaben befaßt, desto mehr spürt man das Verlangen, sich von den doch zufälligen Erfolgen des Probierens zu entfernen und zu einem Weg zu kommen, der sozusagen »automatisch« die Lösung ergibt. Sehr gut, denn das ist gerade der Weg vom logischen Denken zur Mathematik, der eines der angestrebten Ziele unseres Zahlenspielens ist.

Allerdings, das muß nun gleich betont werden, kann mathematisch-rechnerische Arbeit nur dann Erfolg haben, wenn mit richtigem Nachdenken für die Aufgabe eine solche Form gefunden wurde, daß man mit der Rechnung einsetzen kann. War diese Vorbereitung irrtümlich, so kann auch die Rechnung nur ein unsinniges Resultat ergeben.

Für das allgemeine Umgehen mit der Mathematik und dem Rechnen braucht man außerdem ein gewisses Handwerkszeug. Für manchen Jüngeren, der das eine oder andere auf der Schule noch nicht »gehabt« hat, werden vielleicht die folgenden allgemeinen Lösungshilfen noch für einige Zeit »zu schwer« sein; kein Grund dafür, das Buch in die Ecke zu werfen. Anderen werden die allgemeinen Lösungshilfen eine Auffrischung des Schulwissens bedeuten, eine Wiederholung dessen, was vielleicht schon halb vergessen war.

Die verschiedenen Rechnungsarten sind im folgenden nur insoweit erwähnt und kurz behandelt, als sie zur Lösung der Aufgaben erforderlich sind. Sie umfassen

1. die einfache Proportion;
2. das Bruchrechnen mit den natürlichen Zahlen;
3. die Gleichung mit einer und zwei Unbekannten;
4. die gemischtquadratische Gleichung;
5. die diophantische Gleichung;
6. den pythagoreischen Lehrsatz.

I DIE PROPORTION

Wenn man beispielsweise 2 verschiedene Gewichte einer Ware hat, so stehen diese beiden Gewichte in einem Verhältnis. Sind die Gewichte 2 und 5 kg, so wäre das Verhältnis 2 : 5. Nun kann man sagen, wenn sich die Gewichte wie 2 : 5 verhalten, dann müssen sich auch die Preise dieser beiden Mengen wie 2 : 5 verhalten. Dann wäre also Gewicht 2 : 5 gleich Preis 2 : 5. Die Gleichstellung von 2 oder mehrerer Verhältnisse nennt man eine Proportion.

Von einer solchen Proportion ist immer 1 Glied unbekannt, welches zu berechnen ist. Unser Beispiel könnte so lauten: 2 kg kosten 18 DM, wieviel kosten 5 kg? 2 : 5 (ist das Verhältnis der Gewichte) und 18 : x (ist das Verhältnis der Preise). Die beiden Verhältnisse werden gleichgesetzt, es lautet daher die Proportion 2 : 5 = 18 : x.

Um nun das x ausrechnen zu können, muß folgendes beachtet werden: Das Produkt der inneren Glieder (5 und 18) muß gleich sein dem Produkte der äußeren Glieder (2 und x); daher $5 \cdot 18 = 2 \cdot x$; wenn 90 gleich 2 x sind, dann ist x = 45; 5 kg kosten 45 DM.

Gewicht und Preis, Arbeit und Lohn, Weg und Zeit, Anzahl der Maschinen und Arbeitsleistung und viele, viele andere Größen stehen in einem gleichen oder »geraden« Verhältnis: *Je mehr* Gewicht, *um so mehr* Preis, oder *je weniger* Arbeit, *um so weniger* Lohn, also: *je mehr, um so mehr* oder *je weniger, um so weniger*, das sind gerade Verhältnisse (direkt proportional).

Dagegen stehen Arbeiter und Arbeitszeit, Zeit und Geschwindigkeit, Anzahl der Maschinen und Arbeitszeit und natürlich noch viele andere Größen in einem umgekehrten Verhältnis, das heißt: *Je mehr* Arbeiter, *um so weniger* Arbeitszeit, oder *je weniger* Zeit, *um so größer* die Geschwindigkeit usw., also: *je mehr, um so weniger* oder *je weniger, um so mehr* ist ein umgekehrtes oder »ungerades« Verhältnis (indirekt proportional).

Ein Beispiel für indirekt proportionale Größen: Ein Auto braucht von A nach B bei 60 km/h 2 Stunden und 40 Minuten. Wie schnell muß es fahren, um in 2 Stunden am Ziel zu sein?

$$\downarrow \begin{array}{l} 160 \text{ Min.} - 60 \text{ km/h} \\ 120 \text{ Min.} - x \text{ km/h} \end{array} \uparrow$$

Die Überlegung heißt: je weniger Minuten, um so größer die Geschwindigkeit. Das Verhältnis der Zeiten ist 160 : 120, dagegen heißt das Verhältnis der Geschwindigkeiten x : 60 (nicht 60 : x). Die Pfeile deuten die Verhältnisse an. Man beginne zweckmäßigerweise mit dem x, wenn die Proportion aufgestellt wird. Der 1. Pfeil wird vom x weg gezogen.

x : 60 = 160 : 120   Jetzt Produkte bilden:
120 x = 160 · 60   Jetzt x ausrechnen:
x = 160 · 60 : 120
x = 80

Die Geschwindigkeit müßte 80 km/h sein. Vor dem Bilden der Produkte könnte gekürzt werden. Immer ein Innenglied mit einem Außenglied.

2 BRUCHRECHNEN

Hoffentlich werden die paar Zeilen über das Bruchrechnen von einigen älteren Lesern nicht gleich überblättert, weil die Abneigung davor noch lebhaft in Erinnerung ist.

In Wirklichkeit ist Bruchrechnen weder schwierig noch langweilig, vorausgesetzt, daß es nicht Selbstzweck ist, sondern ein Mittel, um mathematische Probleme, die interessant erscheinen, zu lösen.

Ein Bruch (z. B. $^3/_4$) ist ein Verhältnis zwischen 2 Zahlen oder auch eine nicht ausgeführte Division. Die obere Zahl ist der Zähler, die untere der Nenner. Mit Brüchen kann man alle Grundrechnungsarten durchführen.

Addition und Subtraktion:

Wenn in der Weinstube 3 Gäste sitzen, von denen der eine $^1/_2$ l Wein, der nächste $^3/_4$ l und der dritte $^5/_8$ l Wein bestellt hatten, und die Kellnerin rechnet die Mengen zusammen, weil einer für alle bezahlt, dann sind darin bereits alle Schwierigkeiten der Addition enthalten, so leicht ist das Bruchrechnen.

Brüche kann man addieren, wenn sie alle den gleichen Nenner haben ($^3/_4 + ^1/_4 + ^5/_4 = ^9/_4$). Ist dies nicht der Fall ($^1/_2 + ^3/_4 + ^5/_8$), so muß man die Brüche so verändern, daß sie den gleichen Nenner bekommen (man muß sie »erweitern«).

Man sucht eine möglichst kleine Zahl, in der alle Nenner enthalten sind (in unserem Falle ist dies 8, weil 2, 4 und 8 enthalten sind). Nun bringt man alle Brüche auf Achtel. Um aus Halben Achtel zu erhalten, muß man mit 4 erweitern (erweitern = Zähler und Nenner mit der gleichen Zahl multiplizieren) daher

$$\frac{1 \cdot 4}{2 \cdot 4} = \frac{4}{8}; \quad \frac{3 \cdot 2}{4 \cdot 2} = \frac{6}{8}; \quad \frac{5 \cdot 1}{8 \cdot 1} = \frac{5}{8},$$

dann können

$^4/_8 + ^6/_8 + ^5/_8$ leicht addiert werden = $^{15}/_8$.

Noch ein Beispiel: $^2/_3 + ^3/_4 - ^4/_5 = ?$ Die kleinste Zahl, in der alle Nenner enthalten sind, ist 60 (60 ist der gemeinsame Nenner); $^2/_3 =$

$$\frac{2 \cdot 20}{3 \cdot 20} = \frac{40}{60}; \quad \frac{3}{4} = \frac{3 \cdot 15}{4 \cdot 15} = \frac{45}{60};$$

$$\frac{4}{5} = \frac{4 \cdot 12}{5 \cdot 12} = \frac{48}{60}; \quad \frac{40}{60} + \frac{45}{60} - \frac{48}{60} = \frac{37}{60}$$

Multiplikation:

Sie ist wohl die leichteste unter allen Bruchrechnungen. Die Regel heißt: »Zähler mal Zähler und Nenner mal Nenner«, z. B.:

$$\frac{5}{8} \cdot \frac{4}{5} = \frac{5 \cdot 4}{8 \cdot 5} = \frac{20}{40} = \frac{1}{2}; \quad \frac{2}{3} \cdot \frac{5}{4} \cdot \frac{3}{5} = \frac{30}{60} = \frac{1}{2}.$$

Von $^{20}/_{40}$ bzw. $^{30}/_{60}$ auf $^1/_2$ kommt man durch Kürzen der Brüche. Kürzen heißt Zähler und Nenner durch die gleiche Zahl dividieren.

$$\frac{30}{60}/ : 2 = \frac{15}{30}/ : 3 = \frac{5}{10}/ : 5 = \frac{1}{2}.$$

Sind die Faktoren einer Multiplikation nicht lauter Brüche, sondern sind auch ganze Zahlen oder Dezimalzahlen darunter, so verwandelt man ganze Zahlen und Dezimalzahlen in Brüche, z. B.:

$$\frac{5}{4} \cdot 3 \cdot \frac{2}{6} \cdot 1,5 = \frac{5}{4} \cdot \frac{3}{1} \cdot \frac{2}{6} \cdot \frac{15}{10}.$$

Danach verfährt man wie oben.

Division:

Die Division ist zwar mit der Multiplikation eng verwandt, doch gibt es wichtige Unterschiede: Bei der Multiplikation dürfen die einzelnen Brüche untereinander vertauscht werden, das ist bei der Division auf keinen Fall möglich. Bei der Division wird mit dem Kehrwert des zweiten Bruches multipliziert, z. B. $\frac{3}{4} : \frac{3}{2}$. Zuerst wird vom 2. Bruch $(\frac{3}{2})$ der Kehrwert gebildet, das ist $\frac{2}{3}$, dann heißt die Rechnung

$$\frac{3}{4} : \frac{3}{2} = \frac{3}{4} \cdot \frac{2}{3} = \frac{3 \cdot 2}{4 \cdot 3} = \frac{6}{12} \text{ oder } \frac{1}{2}$$

Auch der Doppelbruch gehört zur Division: $\dfrac{\frac{4}{5}}{\frac{2}{3}} =$

$$\frac{4}{5} : \frac{2}{3} = \frac{4 \cdot 3}{5 \cdot 2} = \frac{12}{10} = \frac{6}{5}.$$

Auch für die Division gilt, was im letzten Absatz des Kapitels »Multiplizieren« gesagt wurde.

3 DIE GLEICHUNG

Sehr viele Aufgaben des vorliegenden Buches lassen sich mit Hilfe einer Gleichung lösen. Ihr Wesen ist in folgender Rechnung enthalten: $2 \cdot 12 + 3 \cdot 4 = 30 + 6$. Jede Gleichung hat also eine linke und eine rechte Seite. Beide Seiten sind durch das Gleichheitszeichen verbunden. In jeder Gleichung ist eine Größe unbekannt, sie wird meist durch den Buchstaben x ausgedrückt, z. B.: $2 \cdot x + 3 \cdot 4 = 30 + 6$ oder $2 \cdot 12 + 3 \cdot 4 = x + 6$ oder usw.

Die Gleichung ist gelöst, wenn das x allein auf einer Seite steht, also ausgerechnet ist. Dies erreicht man durch Umformen der Gleichung. Die wichtigste Umformungsregel lautet: Eine Zahl (oder Zahlengruppe) wird auf die andere Seite der Gleichung gebracht, indem man mit ihr die entgegengesetzte Rechenoperation durchführt. Aus einer Addition wird daher eine Subtraktion und umgekehrt; aus einer Multiplikation wird eine Division und umgekehrt. Unsere Gleichung hat gelautet:

$2 x + 3 \cdot 4 = 30 + 6$.

Um diese Gleichung zu lösen, wird zuerst die Zahlengruppe $3 \cdot 4$ auf die andere Seite gebracht. Auf der linken Seite wird sie jedenfalls addiert, daher wird sie rechts subtrahiert:

$$2 x + 3 \cdot 4 = 30 + 6$$
$$2 x \qquad = 30 + 6 - 3 \cdot 4$$

Nun wird die rechte Seite vereinfacht (die Zahlen soweit wie möglich zusammengezogen), eine Regel, die jederzeit angewendet werden soll.

$$2 x = 30 + 6 - 3 \cdot 4$$
$$2 x = 36 - 12$$
$$2 x = 24$$

Jetzt wird die Zahl 2, die mit dem x durch ein (unsichtbares) Malzeichen verbunden ist, auf die rechte Seite durch Division (entgegengesetzte Rechenoperation von der Multiplikation) gebracht.

$$2 x = 24$$
$$x = 24 : 2$$
$$x = 12$$

Die Gleichung ist gelöst. Als Probe wird der für x gefundene Wert in der *ersten* Gleichung eingesetzt und ausgerechnet: $2 \cdot 12 + 3 \cdot 4 = 30 + 6$. Eine etwas kompliziertere Form der Gleichung ist jene, die zwei oder mehr Unbekannte aufweist. Grundsätzlich ist zu sagen, daß zur Lösung solcher Aufgaben so viele Gleichungen erforderlich sind wie sie Unbekannte enthält. Eine Gleichung mit 2 Unbekannten besteht daher aus 2 Gleichungen. Ein Beispiel: Franz und Karl sind zusammen 35 Jahre alt, ihr Altersunterschied ist 3 Jahre. Wie alt ist jeder? — Das Alter des Franz sei x Jahre, das des Karl y Jahre. Die Gleichung lautet daher $x + y = 35$; $x - y = 3$. Die Gleichungen werden untereinander geschrieben und dann so verändert, daß schließlich eine Gleichung mit einer Unbekannten entsteht. In unserem Fall werden beide Gleichungen addiert:

$$x + y = 35$$
$$x - y = 3$$

$2 x = 38$ und $x = 19$. Um die 2. Unbekannte auszurechnen, wird der für x gefundene Wert in einer von den beiden ursprünglichen Gleichungen eingesetzt, so daß wieder eine Gleichung mit nur einer Unbekannten entsteht. Die Antwort würde lauten: Franz ist 19, Karl 16 Jahre alt.

Die Methode der Addition läßt sich anwenden, wenn eine von den beiden Unbekannten in beiden Gleichungen in gleicher Anzahl, aber mit verschiedenem Vorzeichen vorhanden ist. Ist eine Unbekannte wohl in gleicher Anzahl, aber mit gleichem Vorzeichen vorhanden, so muß die eine Gleichung von der anderen subtrahiert werden. Die Subtraktion erfolgt in der Form, daß alle Vorzeichen der zu subtrahierenden Gleichung geändert werden. Ein Beispiel: $2x + 3y = 17$; $x - 2y = -2$; diesmal multipliziert man die 2. Gleichung mit 2, damit wir für x die gleichen Koeffizienten erhalten.

$$x - 2y = 2 \, / \cdot 2$$
$$2x - 4y = -4$$

Nun erst kann die Subtraktion erfolgen. Man zieht die 2. Gleichung von der 1. ab:

$$
\begin{array}{r}
2x + 3y = 17 \\
-2x + 4y = +4 \\
\hline
7y = 21
\end{array}
$$

Weitere Lösung wie bei der Additionsmethode.

Noch eine Lösungsmethode sei hier angeführt. Die Einsetzungsmethode: Man drückt in einer Gleichung eine Unbekannte durch die andere aus und setzt diese in der anderen Gleichung dafür ein.

Ein Beispiel aus dem Kapitel »Von Zahlen und Ziffern«, Aufgabe 53: Von 2 Zahlen ist die Summe doppelt so groß wie die Differenz und diese doppelt so groß wie ihr Quotient. Wie heißen die Zahlen?

Die beiden Zahlen nennen wir x und y, dann ist $x + y = 2(x - y)$ und $x - y = 2x : y$; aus der 1. Gleichung folgt durch Ausrechnen und Ordnen $x = 3y$. In der 2. Gleichung wird nun für x gleich $3y$ eingesetzt:

$$x - y = 2x : y$$
$$3y - y = 2 \cdot 3y : y$$

Durch Vereinfachung erhält man: $2y = 6$, $y = 3$ und $x = 9$. Die Zahlen heißen 9 und 3.

Damit sind die Lösungsmethoden noch lange nicht erschöpft, doch für unsere Bedürfnisse genügen sie.

4 DIE GEMISCHTQUADRATISCHE GLEICHUNG

Manche Aufgaben führen zu Gleichungen, in denen die Unbekannte nicht nur in der ersten Potenz (x), sondern auch in der zweiten Potenz (x^2) vorkommt,

daher der Name. Die Aufgabe 75 aus dem Kapitel »Rätsel aus verschiedenen Sachgebieten« führt zu einer solchen Gleichung: Eine Gesellschaft macht zusammen eine Zeche von 60 DM. Fünf Personen können nichts bezahlen, von den restlichen muß deshalb jede um 1 DM mehr bezahlen. Aus wie vielen Personen bestand die Gesellschaft? In der Aufgabe ist stillschweigend vorausgesetzt, daß jede Person gleich viel konsumiert und daher die gleiche Zeche hat.

Die Anzahl der Personen sei x und die Höhe der Einzelzeche y DM. Dann ist $x \cdot y = 60$ und $(x - 5)(y + 1) = 60$; aus der ersten Gleichung folgt $y = 60 : x$; setzt man in der zweiten Gleichung diesen Ausdruck $(60 : x)$ für y ein, erhält man nach Umformung und Vereinfachung $x^2 - 5x - 300 = 0$. Jede gemischtquadratische Gleichung muß auf diese Form gebracht werden; allgemein wird das so ausgedrückt: $x^2 + ax + b = 0$ (wobei a der Koeffizient von x und b die unbenannte Zahl ist; x^2 darf keinen Koeffizienten haben).

Bei der Berechnung des x verwendet man eine Formel, die aus der allgemeinen Gleichungsform entwickelt wurde. Ihre Entstehung ist hier nicht angeführt, weil sie für die Lösung der Aufgabe ohne Bedeutung ist. Jede dieser Gleichungen führt zu zwei Lösungswerten x_1 und x_2. Die Formel heißt:

$$x_{1,2} = -\frac{a}{2} \, \genfrac{}{}{0pt}{}{+}{-} \sqrt{\frac{a^2 - 4b}{4}}$$

Auf unsere Aufgabe übertragen heißt dies:

$$x_{1,2} = +\frac{5}{2} \, \genfrac{}{}{0pt}{}{+}{-} \sqrt{\frac{25 - 4 \cdot 300}{4}} \, ;$$

$$x_1 = \frac{5}{2} + \frac{35}{2} = 20; \quad x_2 = -15.$$

Der brauchbare Wert ist 20. Es waren 20 Personen.

5 DIE DIOPHANTISCHE GLEICHUNG

Diophantisch nennt man eine Gleichung, wenn sie mehr Unbekannte aufweist, als Gleichungen vorhanden sind.

Die Aufgabe 98 aus dem Kapitel »Rätsel aus verschiedenen Sachgebieten« kann so gelöst werden. Der Ansatz ist in den Lösungen angeführt, er lautet:

$9x + 5 = 13y + 7$. Die Gleichung wird zuerst so weit umgeformt, daß eine Unbekannte allein auf einer Seite steht: $x = \dfrac{13y + 2}{9}$

Nun wird die rechte Seite in der Form weiter behandelt, daß man alle Ganzen (sowohl die y als auch die besonderen Zahlen) herauslöst, so daß man erhält:

$x = y + \dfrac{4y + 2}{9}$.

$\dfrac{4y + 2}{9}$ sei a, dann ist $4y + 2 = 9a$.

$4y = 9a - 2$ und $y = \dfrac{9a - 2}{4}$; wieder werden die Ganzen wie vorher herausgelöst:

$y = 2a + \dfrac{a - 2}{4}$; $\dfrac{a - 2}{4}$ sei b und $a = 4b + 2$.

Hat man diese Form erreicht, setzt man für die zuletzt eingeführte allgemeine Zahl (in unserem Fall ist dies b, bei anderen Gleichungen könnte man bis c oder gar d kommen) den Wert 1 ein. Also $a = 4 \cdot 1 + 2$; a ist dann 6; $y = 2a + b$ daher $= 13$ und $x = y + a = 13 + 6 = 19$. Die Werte für x und y führen zur Lösung der Aufgabe (siehe Lösungen der Aufgabe 98 im erwähnten Kapitel).

6 DER PYTHAGOREISCHE LEHRSATZ

Um in einem rechtwinkeligen Dreieck, und nur in einem solchen, mit Hilfe von 2 gegebenen Seiten die 3. Seite berechnen zu können, bedient man sich der Erkenntnis des griechischen Gelehrten Pythagoras, der den Beweis erbrachte, daß in jedem rechtwinkeligen Dreieck das Quadrat über der Spannseite = c (immer die längste Seite, auch Hypotenuse genannt) den gleichen Inhalt hat wie die Summe der Quadrate der beiden anderen Seiten = a und b (Lotseiten oder Katheten).

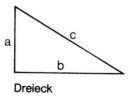

Dreieck

Es gilt also: $c^2 = a^2 + b^2$; die Umkehrungen des Lehrsatzes lauten $a^2 = c^2 - b^2$ und $b^2 = c^2 - a^2$; c ist demnach $\sqrt{a^2 + b^2}$ usw.

Ein Beispiel: $a = 28$, $b = 45$, wie groß ist c? $c^2 = a^2 + b^2$; $a^2 = 784$, $b^2 = 2025$, $c^2 = 2809$ und $c = 53$.

Bei allen Flächen, in denen durch eine Diagonale oder Höhe rechtwinkelige Dreiecke entstehen (Quadrat, Rechteck, Raute, Deltoid, Trapez, alle anderen Dreiecke), von denen zwei Abmessungen gegeben oder eindeutig bestimmt sind, läßt sich der pythagoreische Lehrsatz anwenden.

Diagonale

Quadrat

Rechteck

Höhe und Diagonale:

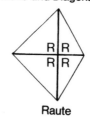

Raute

Deltoid

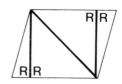

Trapez

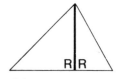

nicht rechtwinkeliges Dreieck

Haben alle drei Seiten eines rechtwinkeligen Dreiecks ganzzahlige Werte, so spricht man von pythagoreischen Dreiecken. Es gibt unzählige solcher Dreiecke, noch mehr aber gibt es, bei denen zumindest eine Seite eine irrationale Größe ist.

QUADRATZAHLEN UND WURZELN

Diese Zahlen mit sich selbst multipliziert ergeben die rechts stehenden Quadratzahlen	Die Wurzeln aus diesen Quadratzahlen sind in der linken Spalte aufgeführt
1	1
2	4
3	9
4	16
5	25
6	36
7	49
8	64
9	81
10	100
11	121
12	144
13	169
14	196
15	225
16	256
17	289
18	324
19	361
20	400
21	441
22	484
23	529
24	576
25	625
26	676
27	729
28	784
29	841
30	900
31	961
32	1024
33	1089
34	1156
35	1225
36	1296
37	1369
38	1444
39	1521
40	1600
41	1681
42	1764
43	1849
44	1936
45	2025
46	2116
47	2209
48	2304
49	2401
50	2500

FORMELN FÜR FLÄCHENBERECHNUNGEN

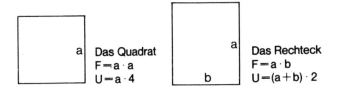

Das Quadrat
$F = a \cdot a$
$U = a \cdot 4$

Das Rechteck
$F = a \cdot b$
$U = (a + b) \cdot 2$

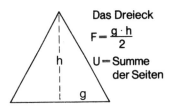

Das Dreieck
$F = \dfrac{g \cdot h}{2}$
$U = $ Summe der Seiten

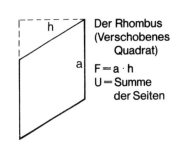

Der Rhombus (Verschobenes Quadrat)
$F = a \cdot h$
$U = $ Summe der Seiten

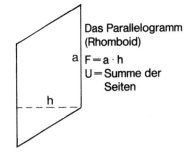

Das Parallelogramm (Rhomboid)
$F = a \cdot h$
$U = $ Summe der Seiten

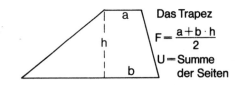

Das Trapez
$F = \dfrac{a + b \cdot h}{2}$
$U = $ Summe der Seiten

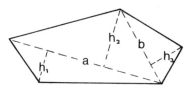

Das Vieleck

$$F = \frac{a \cdot h_1 + a \cdot h_2 + b \cdot h_3}{2}$$

Der Kreis

$U = d \cdot 3,14$
$F = r \cdot r \cdot 3,14$
3,14 ist die Zahl π

FORMELN FÜR RAUMBERECHNUNGEN

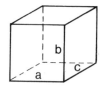

Der Würfel

$a = b = c$
$I = a \cdot b \cdot c$
$O = a \cdot b \cdot 6$

(6 Quadrate)

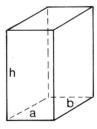

Die rechtwinklige Säule (Quader)

$I = a \cdot b \cdot h$
$O = (a \cdot b) \cdot 2 + (a \cdot h) \cdot 2 + (b \cdot h) \cdot 2$

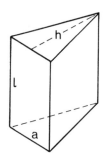

Die dreieckige Säule (Prisma)

$$I = \frac{a \cdot h \cdot I}{2}$$

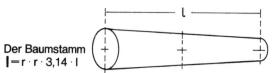

Der Baumstamm
$I = r \cdot r \cdot 3,14 \cdot I$

Ein Baumstamm hat am Zopf eine kleinere Schnittfläche als beim Stock. Man nimmt deswegen zur Inhaltsberechnung den mittleren Durchmesser.

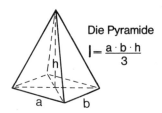

Die Pyramide

$$I = \frac{a \cdot b \cdot h}{3}$$

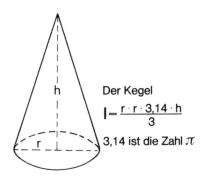

Der Kegel

$$I = \frac{r \cdot r \cdot 3,14 \cdot h}{3}$$

3,14 ist die Zahl π

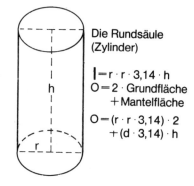

Die Rundsäule (Zylinder)

$I = r \cdot r \cdot 3,14 \cdot h$
$O = 2 \cdot$ Grundfläche $+$ Mantelfläche
$O = (r \cdot r \cdot 3,14) \cdot 2 + (d \cdot 3,14) \cdot h$

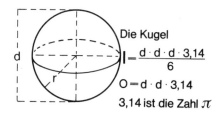

Die Kugel

$$I = \frac{d \cdot d \cdot d \cdot 3,14}{6}$$

$O = d \cdot d \cdot 3,14$

3,14 ist die Zahl π